BIM 在通信基站工程中的应用

姚云龙　秦　阔　胡桂彬　黄　兴　编著
陆　皞　章跃军　主审

中国建筑工业出版社

图书在版编目（CIP）数据

BIM 在通信基站工程中的应用/姚云龙等编著. —北京：中国
建筑工业出版社，2018.10
ISBN 978-7-112-22537-8

Ⅰ.①B… Ⅱ.①姚… Ⅲ.①通信工程-工程设计-计算机辅助
设计-应用软件 Ⅳ.①TN91

中国版本图书馆 CIP 数据核字（2018）第 181021 号

责任编辑：王 梅 武晓涛
责任设计：李志立
责任校对：焦 乐

BIM 在通信基站工程中的应用

姚云龙 秦 阔 胡桂彬 黄 兴 编著
陆 皞 章跃军 主审

*

中国建筑工业出版社出版、发行（北京海淀三里河路 9 号）

各地新华书店、建筑书店经销

北京科地亚盟排版公司制版

北京富生印刷厂印刷

*

开本：787×1092 毫米 1/16 印张：15¾ 字数：387 千字
2018 年 11 月第一版 2018 年 11 月第一次印刷
定价：**52.00** 元（含增值服务）
ISBN 978-7-112-22537-8
（32611）

前　言

　　BIM 在建筑工程领域中的运用已逐步成熟，但在通信基站工程中的运用却还处于探索阶段，如何在通信基站工程中使用 BIM 提升工作效率，提高工作成果急需深入探究。通信基站工程与其他工业与民用建筑工程相比，具有体量小、功能单一、数量多、覆盖广的特点。其全生命周期各阶段工作内容甚至比普通建筑工程复杂，因而在研究 BIM 在通信基站工程中的应用同时，应研究该领域相关软件及思路在通信基站工程全生命周期中的应用。

　　本书通过探讨 BIM 技术和通信基站工程特点，结合建筑工程领域国家标准、数据中心应用成果，制定 BIM 在通信基站工程中的应用思路和应用标准。对通信基站工程常用建设类型（单管塔、三管塔、塔房一体化、土建机房、设备等）建立了建筑信息模型，并详细讲述了建模方法。在建立建筑信息模型的基础上探讨通信基站工程设计、施工、运维阶段如何运用建筑信息模型，进而探讨在通信基站工程中如何实现 BIM 全生命周期应用。

　　本书采用 Autodesk Revit 软件平台，结合建筑、结构、水暖电多专业全方位的 BIM 工具，实现通信基站工程的建筑、结构、暖通、电气、消防、电源、通信、监控报警等三维信息模型建立。结合基于 Autodesk Revit 软件平台进行二次开发的工程管理软件、Autodesk 公司其他工程软件以及地理信息系统软件等，在通信基站工程建筑信息模型的基础上，创建施工信息模型、竣工信息模型以及运维信息模型等，用于通信基站工程全生命周期各阶段。

　　本书提出在通信基站工程全生命周期管理，结合统计、分析、模拟、监测、监控、物联网、云计算、智能设备、人工智能等，对通信基站工程进行深入型数字信息化。采用地理信息系统辅助基站选址、分析、展示、管理等；采用施工信息模型进行工程量计算、进度跟踪、造价控制、复杂工艺施工过程模拟、工程质量控制等；采用传感器和无线射频识别技术结合运维信息模型对基站设备进行全方位管理，采用云计算响应基站海量数据储存要求和计算分析要求等。提出通信基站工程全面实现信息化，将通信基站工程推进到全生命周期管理阶段。

　　全书共分为 12 章，其中第 1 章～第 4 章分析了通信基站工程产品、创建信息模型软件、施工建造流程以及运维管理标准等，对通信基站工程按专业和产品类型进行划分，详细剖析了通信基站工程建筑信息模型使用的软件类型、应用思路等，并制定了相关标准；第 5 章～第 10 章详细阐述通信基站工程中单管塔、三管塔、塔房一体化、土建机房、铁塔基础以及设备的模型制作方法和建筑信息模型组装过程；第 11 章讲述通信基站工程模型总装配，以实际工程项目展示完整通信基站工程的模型装配过程；第 12 章对通信基站工程全生命周期应用进行了分析，给出了先进的运维管理理念，并对其中部分应用给出了相应的实践方法，该章对 BIM 在通信基站工程的全生命周期各阶段应用进行的探讨，有助于促进通信基站工程在全生命周期实现数字信息化。

　　本书由姚云龙统稿，并负责第 1 章、第 2 章、第 3 章、第 4 章、第 8 章、第 10 章、第

11 章、第 12 章的编写，秦阔负责第 5 章、第 9 章的编写，黄兴负责第 6 章的编写，胡桂彬负责第 7 章的编写，毕昱负责全书文稿校对，全书由陆皞、章跃军主审。

本书编写过程中得到中国铁塔股份有限公司、中国通信服务股份有限公司、华信咨询设计研究院有限公司领导和同事的支持和帮助，特别感谢余征然、朱东照、汤静波、陆皞、章跃军、夏春华、胡征宇、孙洪法、田大年、章坚洋、宋冰、江彩云、张帆、孙天兵、王欣朋、陈维健、池远东、竹影、阎勇琦、朱国泉、张佚伦、沈忠明、周燕青、张珩、周静蕴、陈栋、何颖、尹炳承、屈海宁、罗春来、任高杰、李爱通、韦安逢等给予的帮助。感谢家人给予的鼓励和支持。

虽然本书凝聚了对 BIM 和通信基站工程实践的总结，以及对全生命周期理论与实践的思考，但由于时间比较仓促，以及限于作者的理论水平和实践经验有限等原因，难免有错误出现，期待读者和专家提出宝贵的意见和建议，并通过电子邮件反馈给作者（83278864@qq.com），不胜感激。也希望就 BIM 在通信基站中的应用以及在通信建筑中的应用和广大读者继续探讨。

2018 年 5 月于西子湖畔

目 录

第 1 章 绪 论

BIM（Building Information Modeling，建筑信息模型）可应用于通信基站工程全生命周期，支持项目信息跨阶段应用和实时更新，有效提高设计、施工、运维及管理工作效率；可采用工程预拼装、施工过程模拟等技术检测冲突，降低错误率，显著降低成本；可结合地理信息系统、智慧云平台、全方位运行监管等方式实现通信基站工程全生命周期信息化。BIM 的出现是一次工程建设行业产业革命。

我国 BIM 发展迅速，无论从政府层面还是企业层面，均大力推广在工程中使用 BIM。近几年 BIM 在各项工程中深入使用，其逐渐由"高大上"的技术新贵演变为"低调奢华内涵"的实用方法，并已逐渐嵌入工程施工过程和运维管理的流程中。当今时代是"大数据"时代，BIM 数据中的"I"（Information，信息）在通信基站工程全生命周期过程中将无限增加和扩展。随着采用 BIM 的企业增多，诸多产业链上将采用 BIM 作为沟通工具，促使 BIM 向更深层次发展，逐渐实现通信基站工程全生命周期信息化。本书通过编制应用思路、制定标准、创建通信基站工程族库，为 BIM 在通信基站工程中应用奠定坚实基础，便于结合通信基站工程领域和 BIM 领域开展全生命周期应用。

1.1 建筑信息模型定义

BIM 是以计算机三维数字技术为基础，集成各种相关信息的工程数据模型。以通信基站工程的各项相关信息数据作为基础，建立三维建筑模型，通过数字信息仿真模拟建筑物真实信息，通过运算为设计、施工、运维管理提供协同功能。麦格劳·希尔建筑信息公司将建筑信息模型定义为创建并利用数字模型对项目进行设计、建造及运营管理，即利用计算机三维软件创建完整的建筑工程数字信息模型，模型中包含详细工程信息，且将数字模型和工程信息应用于建筑工程的设计、施工、运维等建筑全生命周期过程。

国家规范《建筑信息模型应用统一标准》GB/T 51212—2016 对 BIM 的定义如下：BIM 是指在建设工程及设施全生命周期内，对其物理和功能特性进行数字化表达，并依此设计、施工、运营的过程和结果的总称。

美国国家 BIM 标准（NBIMS）对 BIM 的定义由三部分组成：

1）BIM 是一个设施（建设项目）物理和功能特性的数字表达；

2）BIM 是一个共享的知识资源，是一个分享有关设施的信息，为该设施从建设到拆除的全生命周期中的所有决策提供可靠依据的过程；

3）在项目的不同阶段，不同利益相关方通过在 BIM 中插入、提取、更新和修改信息，以支持和反映其各自职责的协同作业。

综合以上定义可知，采用 BIM 体系可将建设单位、设计单位、施工单位、监理单位、勘察单位等项目各参与方集中在同一平台上，共享同一个建筑信息模型。该模型不是简单地将数字信息进行集成，而是一种数字信息在设计、施工、运维各阶段中的应用，其有利于项目可视化、精细化建造。BIM 支持通信基站工程集成管理环境，可以使通信基站工程在其整个进程中显著提高效率、大量减少工程流程中的各类风险。BIM 适用于通信基站工程全生命周期各阶段建筑信息模型的创建、使用和管理。

1.2　建筑信息化发展历程

在全球信息化的环境下，经济社会的发展进入以信息技术为主要驱动力的新经济阶段，信息技术的创新能力、普及广度和应用深度已经影响到企业综合实力和发展潜力，企业如果跟不上信息技术的发展，容易与外部环境脱节，最终影响到企业的兴衰。

建筑行业在 20 世纪通过计算机代替手工绘制图纸实现了从传统手工绘图提升到现代化、高效率、高精度的 CAD 制图方式，此外，CAE 的应用充分提升了工程行业的分析效率和计算精度。尽管分析计算、设计绘制均实现了数字信息化，但仅采用 CAD、CAE 实现的数字信息化仍处于起步阶段，属于基础性应用，不具备将信息数据传递到下一个工作环节的能力。随着数字信息化的进一步发展，在工程全生命周期采用数字信息技术进行全过程管理可有效提高企业的管理效率，采用数字信息化提升管理水平已成为企业参与国内外市场竞争的前提。逐渐形成了以 CAD、CAE 为主体，以计算文件、工程图纸为核心的设计模式，采用数字信息化技术的工程管理模式，但该模式存在信息模型不共享、不能传递到各参建单位的缺陷，该缺陷会导致工程中增加人力耗费以及增大工程差错等情况出现。

伴随复杂建筑工程出现，以及建设各方对工程建设过程合理性及工程造价准确控制性的要求，传统设计模式和工程管理模式的缺点逐渐暴露。伴随计算机硬件和软件水平的发展、操作技术人员的普及，数字信息化进入深层次应用阶段，以工程数字信息模型为核心的全新设计、施工、运维管理模式成为行业数字信息技术发展的必然方向。采用工程数字信息模型可以协同整条产业链，进行上下游行业间的信息集成、传递、共享、交互等，企业信息化也将变成多业务集成应用，实现信息技术在建筑行业的全面渗透、综合集成和深度融合，促进创新发展、绿色发展和智能发展，提高建筑行业的集约化水平。建筑行业作为国民经济的重要支柱产业以及基础产业，采用 BIM 将有助于实现建筑行业上下游各产业协同，促使节约成本、提高效率、改善管理，并提高整个行业竞争力。因而，建筑数字信息化是建筑行业发展中非常重要的阶段。

发达国家的建筑信息化建设起步较早，从 1975 年"BIM 之父"——佐治亚理工大学的 Chuck Eastman 教授提出了 BIM 理念，到如今 BIM 在建筑行业广泛应用，BIM 的研究经历了三大阶段：萌芽阶段、产生阶段和发展阶段。受到 1973 年全球石油危机的影响，美国全行业需要提高行业效益。在此环境下，1975 年，Chuck Eastman 教授在其研究的课题 "Building Description System" 中提出 "a computer-based description of a building"，阐述建筑工程的可视化和量化分析，有助于提高工程建设效率。随着研究深入，美国在 20 世纪末期提出虚拟建设概念，2006 年，美国国家标准与技术研究院基于 IFC（Industry Foundation Classes）标准开始制定美国国家 BIM 标准，初步形成了美国 BIM 标准体系。此外，加拿大、欧洲、新加坡、中国香港等地也在进行 BIM 相关研究。

中国经过"十五"、"十一五"期间的努力，建筑数字信息化技术得到了长足的进步，特别是"十一五"期间开展了 BIM 相关研究，如"建筑业信息化标准体系及关键标准研究"、"基于 BIM 技术的下一代建筑工程应用研究"等课题。2007 年，中国勘察设计协会主办了"全国勘察行业信息化发展技术交流论坛"，首次在全国性行业会议上讨论 BIM 在建筑设计中的革新及应用；2008 年，中国建筑学会举办了建筑信息模型主题研讨会，探讨如何在国内工程建设行业中推广 BIM；2010 年，中国勘察设计协会举办了 BIM 应用大赛；2010 年，中国工程图学学会在北京主办了"BIM 技术在设计、施工和房地产企业协同工作中的应用"国际技术交流会；2010 年，中国勘察设计协会在台湾举办了"2010 海峡两岸工程建设行业 BIM 高峰交流会"；2011 年，住房和城乡建设部颁布了《2011—2015年建筑业信息化发展纲要》，明确将"加快建筑信息模型（BIM）、基于网络的协同工作等新技术在工程中的应用，推动信息化标准建设，促进具有自主知识产权软件的产业化，一批信息技术应用达到国际先进水平的建筑企业"列入总体目标。在"十二五"、"十三五"期间，我国建筑开始大量采用建筑信息化技术，各省市相关部门，各研究单位针对 BIM 发布相关研究成果。

根据国家提出建筑业信息化的要求，清华大学 BIM 课题组开展了研究工作，得出多项研究成果：《设计企业 BIM 实施标准指南》《中国建筑信息模型标准框架研究》等。住房和城乡建设部组织开展 BIM 标准规范制定工作，已颁布《建筑信息模型应用统一标准》等规范标准，正在制定《建筑工程设计信息模型制图标准》、《建筑工程施工信息模型应用标准》等规范标准。

此外，部分省市也提出了相应省级规范标准。如由北京市规划委员会管理，北京市勘察设计和测绘地理信息管理办公室、北京工程勘察设计行业协会、清华大学等单位经广泛调查研究，以《中国建筑信息化技术发展战略研究》和《中国建筑信息模型标准框架研究（CBIMS）》为理论基础，制定了北京市地方标准《民用建筑信息模型设计标准》。上海市提出《上海市推进建筑信息模型技术应用三年行动计划（2015—2017）》，2015—2017 年，分阶段、分步骤推进建筑信息模型技术应用，建立符合上海市实际的 BIM 应用配套政策、标准规范和应用环境，构建基于 BIM 的政府监管模式，到 2017 年在一定规模的工程建设中全面应用 BIM。由上海市住房和城乡建设管理委员会管理，华东建筑设计研究院有限公司和上海建科工程咨询有限公司会同相关单位编制了上海市工程建设规范《建筑信息模型应用标准》。浙江省在贯彻落实《住房和城乡建设部关于印发推进建筑信息模型应用指导意见的通知》（建质函［2015］159 号）和《浙江省绿色建筑条例》的基础上，总结浙江省 BIM 应用现状、并广泛征求意见的基础上，由浙江省住房和城乡建设厅管理，浙江大学建筑设计研究院有限公司、浙江省建工集团有限责任公司和浙江省建筑设计研究院等，编制了浙江省地方标准《浙江省建筑信息模型（BIM）技术应用导则》，该导则推动 BIM 在浙江省建设工程中的应用，要求全面提高浙江省建设、设计、施工、业主、物业和咨询服务等单位的 BIM 应用能力，规范 BIM 应用环境，从 BIM 实施的组织管理和各技术应用点详细进行了阐述。其他省市也在陆续制定 BIM 规范标准。

在 BIM 发展过程中，计算机软件的贡献必不可少。北美、欧洲多家公司提供的软件推动了 BIM 发展。其中建筑行业较为常用的 BIM 软件平台主要有 Autodesk、Bentley、Dassault Systems 和 Graphisoft 四个平台，其占据了目前 BIM 软件市场的绝大多数份额。我国企业根据工程特点以及自身习惯选择 Autodesk 平台较多，部分企业选择 Bentley 平台。此外，在中国各省市将 BIM 提上日程的同时，国内基于 BIM 各软件平台开发的二次软件也在不断发展与完善，如鸿业 BIM 软件、探索者 BIM 软件、天正 BIM 软件、广联达 BIM 软件、智慧云平台等。同时，多种计算分析软件与 BIM 软件正在达成数据格式的互导互换，建筑信息模型为工程各阶段的信息转换提供了便利，减少工程各参建方投入建立数字信息模型的工作时间，提高工作效率。采用符合数据互换格式的 BIM 文件可使得参与工程建设的各方在使用 BIM 中获得更大的经济效益、社会效益以及生态效益。

1.3 通信建筑工程信息化应用

在规范标准制定以及软件开发使用的基础上，采用 BIM 建设的工程项目越来越多，其中重要复杂项目往往全流程采用 BIM。上海世博会世博演艺中心、德国馆、上海馆、国家电力馆等多个项目采用 BIM 设计、施工及运维管理。上海中心大厦复杂扭转的建筑外表皮几乎无法用 2D 图纸来表达，Gensler 项目团队通过可视化的 BIM 来完成建筑表达，在"共同数据环境"中共享建筑信息模型，使各参建方都能在虚拟条件下进行有效沟通交流。工程管控力的加强与重复性工作的减少使得上海中心大厦施工单位花费 73 个月完成 57.6 万 m² 的楼面空间建设，对比类似项目建设速度加快了 30%，充分展现了 BIM 具有整合式工作管理与促进合作的核心优势。北京凤凰国际传媒中心建筑型体为非线性，项目团队在设计时需要寻求全新的工作方法以及更详细的 3D 模型，以便为后续施工阶段服务，项目在实施过程中采用 BIM 整合各类非图形信息，并将其分享在同一个"共同数据环境"中，降低工程中存在的设计和施工风险，节约时间的同时提高工程质量，创建了可以在运维管理中进行调度与分析的建筑信息模型，楼宇安保控制、能耗等数据要素均被整合进建筑信息模型，在该项目的全生命周期中得以应用。除以上建筑外，很多近年建设的复杂建筑采用了 BIM 技术，BIM 已经深入工程应用，尤其在大型项目的冲突检查、施工模拟等方面，BIM 凸显其重要性。

随着 BIM 在建筑行业的兴起，其优势越来越被其他行业所关注，许多与基础建设相关的行业开始引入 BIM。除在复杂外观类建筑中广泛应用 BIM 外，在"共同数据环境"中共享信息模型也被成功使用在工业建筑中，BIM 使得各参建方能在虚拟条件下进行有效沟通，常被用于解决设计阶段复杂管线及生产设备的冲突碰撞问题。该问题在考虑不周到时容易导致施工及安装两个阶段存在问题，可能引发严重后果。传统设计中，通过多专业反复核对沟通降低出错概率，经常需要耗费大量时间，沟通效率低下，且沟通质量较低。在采用 BIM 软件建立建筑信息模型的基础上，可以采用软件冲突检查工具完成管线与结构之间、管线与管线之间、结构与建筑之间等多专业间的碰撞冲突检查，在项目实施前就可以发现工程中可能存在的问题，通过模拟施工过程能找到合理的施工顺序、优化现场布置等，从而节约工程投资、确保工程进度、提高工程质量。

通信建筑工程与普通建筑工程相比，其涉及专业繁多，根据使用类别可分为数据中心、办公建筑、汇聚机房、节点机房、基站工程等。目前通信领域主要在数据中心采用 BIM，汇聚机房、节点机房与数据中心机房类似，但涉及专业管线较为简单，目前不采用 BIM，以后随着 BIM 在全生命周期应用中的发展可逐步推广使用，办公建筑与普通建筑工程类似。通信建筑工程中除办公建筑外，其他建筑功能类似，本节以数据中心为例，总结如下：

数据中心涉及专业十余种，其以建筑为数据中心的基础载体，除普通建筑信息数据外还应包含生产配套数据、工艺配套数据，以上数据均包含构件和设备等信息数据。具体包含总平、建筑、结构、电气、暖通、给水排水、消防、通信、电源、动环等相关专业信息数据，各专业又包含多项子项工程信息数据，详见表1.3-1～表1.3-3。

不同建筑类型其承载体数据不同，不同建筑研究的信息数据也存在差异。对于大型数据中心不仅需要研究建筑构件的可视化，更需要研究生产配套设备、工艺配套设备的可视化，且需要根据数据中心特点分析合适的参数化指标，在精确参数化的基础上将数据中心的构件及设备等建立信息模型。

数据中心建筑信息模型　　　　　　　　　　　　　　　表1.3-1

专业	内容
总平	场地建筑物、道路、综合管线、绿化等
建筑	建筑结构件、构造件、孔洞、设备、防火分区等
结构	基础、柱、梁、板、墙、支撑、楼梯、特种结构等

数据中心生产配套信息模型　　　　　　　　　　　　　表1.3-2

专业	内容
电气	配电箱、灯具、开关、插座、线路、防雷接地等
消防	火灾自动报警、监控、气体灭火系统等
给水排水	泵房、水处理房、管道、阀门、管网、设备等
暖通	锅炉房、散热器、管道、通风道、空调、制冷设备、防排烟、管道、阀门等

数据中心工艺设备信息模型　　　　　　　　　　　　　表1.3-3

专业	内容
通信	机柜、设备、底座、走线架、尾纤槽等
电源	变电站、发电机、开关箱、控制柜、高低压供配电、母线、桥架、地沟等
动环	监控、传感设备、线路桥架、记录输出、报警等
暖通	空调末端配套子系统等

数据中心从项目立项阶段正式启用全流程信息技术建设理念，采用BIM结合精确参数化技术建立建筑信息模型、生产配套信息模型、工艺配套信息模型，实现设计、施工、运维管理全面信息化。采用参数化建立构件和设备信息模型，包括坐标参数化、物理参数化、功能参数化、时间参数化、名称参数化等。建设信息管理团队管理数字信息模型，项目各参建方均需建立熟知并可以操作信息系统的信息团队，在统一的信息平台上完成各自的工作内容，实现多专业各参建方同步沟通。运维阶段可通过信息平台对构件和设备的维护、拆除、更新、再投入等进行实时监控，并能结合物理参数及功能参数对数据中心进行多种分析得出最优化运行方案。结合数据中心通信技术，通过智慧云平台对各类信息模型进行整理、储存、交换、更新，可为整个项目全生命周期各阶段提供全方位信息支持。创建的信息模型可在项目的全生命周期内为各参建方提供及时、准确的可视化信息，促使产业全流程生产力水平不断提高。

近年使用BIM建设的数据中心如雨后春笋般在全国各地展开。中国电信云计算贵州信息园是中国电信集团两大云计算数据中心之一，项目总投资 70 亿元，总建筑面积 34 万 m²，包含 29 座数据楼、5 万机架、80 万台服务器，建成后将成为国家级数据中心和国家级战略性新兴产业发展示范基地。现阶段实施项目建筑面积约 5 万 m²，在设计阶段就引入了 BIM，通过建立完备信息的建筑信息数据、生产配套数据、工艺设备配套数据，使得工程在设计阶段很好地解决了以往构件容易发生碰撞的难题，在实际施工中无碰撞问题出现，有效提高工程效率，并加快工程进度。中国电信云计算贵州信息园鸟瞰图如图 1.3-1 所示，建筑信息模型如图 1.3-2 所示。

　　BIM 在通信建筑工程中的应用不断深入，解决了通信建筑工程碰到的各种难题。目前，BIM 已从最基本的碰撞检查阶段，升级为产业链协同工作阶段。2016 年，中国电信浙江创新园就是按照产业链协同方式开展工作。设计单位直接采用 BIM 进行设计，利用 BIM 的碰撞检查功能确保工程设计质量，采用导出的工程量清单编制概算；施工单位在管理系统中导入 BIM 信息模型及工程量清单，结合施工进度得出各阶段资金预算，并根据资金及资源配置情况合理安排园区施工顺序；建设单位能够完整了解和模拟工程实际情况，参与施工进度和工程质量管理；运维单位在项目运营时进行跟踪管理，时刻跟进工程中的设备、管线等变化。中国电信浙江创新园鸟瞰图如图 1.3-3 所示，信息体验中心建筑信息模型如图 1.3-4 所示，生产配套信息模型如图 1.3-5 所示，数据中心工艺设备信息模型如图 1.3-6 所示。

图 1.3-1　中国电信云计算贵州信息园鸟瞰图

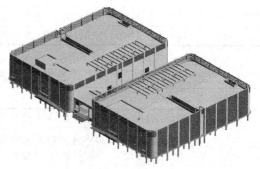

图 1.3-2　中国电信云计算贵州信息园
建筑信息模型

图 1.3-3　中国电信浙江创新园鸟瞰图

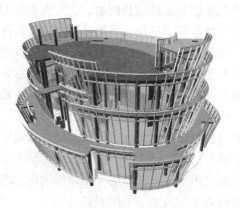

图 1.3-4　信息体验中心建筑信息模型

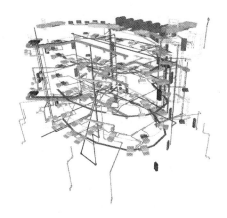

图 1.3-5　生产配套信息模型

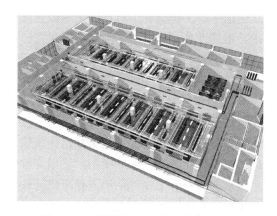

图 1.3-6　数据中心工艺设备信息模型

BIM 可以在新建项目中使用，也可以在改造项目中使用。在建筑的使用过程中，当发生使用功能改变时必须对既有建筑重新进行功能分析，并根据改造后的使用功能对原建筑进行改造。传统改造流程首先收集原建筑二维图纸，在原图纸的基础上重新绘制二维图纸，根据新绘制的二维图纸进行施工。然而既有建筑通常布置有繁杂多样的管道和设备，许多信息不能准确反映到二维图纸中，当改造后新建筑功能布置较为复杂时，往往由于既有建筑改造阶段的土建相关人员对原建筑及改造建筑缺乏整体性观念，交流不到位等其他因素，导致工程效率较低，各专业对原建筑认识不足致使新增设备与既有设备存在冲突风险。BIM 在建筑中的使用可以有效解决既有建筑改造实施过程中存在的此类问题。

某数据中心机房原设计使用功能为茶叶生产厂房，在后期使用时建筑功能修改为数据中心，两种建筑类型在功能要求上存在较大差异。缺乏对两种建筑整体认识，则会影响工程进度和工程质量。为有效解决改造过程中存在的问题，在项目设计阶段引入 BIM，用于分析既有建筑改造中存在的各种难题。该工程实现了 BIM 在既有建筑改造设计及施工中应用，并得出在既有建筑改造中使用 BIM 的相关成果：既有建筑改造涉及专业较多，对原建筑进行详细分析建立建筑信息模型，有利于各参建单位对建筑内部空间和全貌有一个充分的认识；既有建筑 BIM 模型可将既有建筑构件、拆除建筑构件、新增建筑构件进行区分定义，既有利于不同阶段效果展示，又可以对不同阶段设备位置进行校核，还可通过整理构件表得到需要拆除及新增的建筑构件类型和数量，有利于统计工程量；充分考虑既有建筑涉及专业及改造后涉及专业，并根据与原有建筑是否相关划分为两大类，分别建立不同的信息模型，最后对两个信息模型进行链接形成整体模型，采用 BIM 进行碰撞检查，消除各专业冲突；通过 BIM 协同实现各阶段信息化，给使用方提交的可以是整个 BIM 模型以及采用该模型生成的图纸，有利于指导工程实施。

1.4　通信基站工程信息化应用

目前，通信基站工程领域，能够采用 BIM 进行通信基站设计的单位屈指可数。随着大型通信行业设计单位在数据中心中使用 BIM 技术，其相应的 BIM 团队逐步建立，部分单位开始研究 BIM 在通信基站工程中的应用。

通信基站工程具有信息化应用的天然优势，例如通信基站工程建筑类型和设备均较为简单，重复性高，可采用标准化图纸建立标准化模型，从而实现一模多用，通过修改各模型内设备配置，可快速实现对通信基站工程领域的数字信息化。通信基站工程数字信息化后具有以下优势：

1. 全能性

采用数字信息化的通信基站工程建筑信息模型，可采用各种分析软件对基站进行分析，得到相应的优化配置。如将基站建筑信息模型和城市地理信息系统结合，可将某个区域的基站全部布置在三维地图中，采用三维地图中的各种地理信息辅助进行基站选址、分析、展示、管理等工作；采用工程量统计软件可对基站进行工程量计算和跟踪，能够精确控制基站各阶段各工序的工程费用；采用过程模拟软件可实现基站施工过程模拟，为复杂地形和复杂环境的情况提供施工组织技术支撑；采用工程管理软件和监测系统，结合建筑信息模型可对工程过程进行事前控制、事中控制和事后控制；采用造价管理软件，实现对工程造价的管控；采用传感器和无线射频识别技术结合运维信息模型对基站设备进行全方位管理；采用云计算响应基站海量数据储存要求和计算分析要求等。通信基站工程全面实现信息化，将可为基站带来全能全方位的发展。

2. 高效性

目前，通信基站工程由于工程体量较小，因而在新技术、新方法等方面研究较少，仍处于粗放式增长阶段。具体体现在以下方面：在设计阶段，新建基站和改造基站均需要通过人工多次现场查勘才能确定设计方案，严重浪费人员配置，增加工程成本等；在施工阶段，由于施工单位主观原因或客观原因，导致各种工程质量问题，致使基站出现安全隐患或推迟交付时间等；在运维管理阶段，建设方和运维方缺少基站基础数据，无法对基站进行管理；基站监测设备集成化、信息化程度低，通常为单独模块独立传输至独立平台进行报警，且报警并不能与处理直接联动，往往会导致在事故发生时错过纠正的黄金时间，从而导致工程损失进一步扩大，出现无法控制的局面。

采用数字信息化的通信基站工程建筑信息模型、施工信息模型、竣工信息模型以及运维信息模型，结合传感器、无线射频识别技术、物联网、云计算、智能设备等数字信息手段，在通信基站工程出现传统疑难问题时，可针对问题高效解决，不仅提高各参建单位的工作效率，更能为工程节约投资。如通过地理信息系统可实现三维地图选址，并进行实时数据更新与分析计算，采用手持端设备结合云计算技术可实现一次性站址定位；通过施工过程模拟、工程监控以及云计算技术等可对施工过程进行全方位监控和深度模拟，确保消除各种工程安全隐患，且可实现对工程质量、进度以及成本的高效管控；通过现场监测、云计算、智能化设备以及人工智能实现基站自动监控、报警、分析以及处理等全流程自动化。

3. 便捷性

通信基站工程涉及基站数量众多，其中部分基站建设于荒郊野外，甚至建设于无人海岛、戈壁滩等地点。由于交通不便，传统维护方式经常会出现维护跟不上导致出现事故的情况，采用数字信息化技术，有助于采用科学手段解决此难题。

4. 信息性

由于通信基站工程涉及的使用单位较多，所以在传统的统计方法中，较难形成完整的信息统计数据。且工程实施过程中的数据存在收集不完整，容易丢失的特点。采用建筑信息模型有助于通信基站工程从工程伊始就进行准确完整的信息统计，在工程实施过程中，各参建单位不断添加工程信息，信息模型将逐步扩大，最后形成包含空间位置、属性、时间等全方位参数的完整信息模型，为通信基站工程运维管理服务。

除以上提及的优势外，采用 BIM 的通信基站工程还具有信息模型的一切特点，信息模型特点将在第 1.5 节详述。

本书通过探讨 BIM 技术和通信基站工程特点，结合建筑工程领域国家标准、数据中心应用成果，制定 BIM 在通信基站工程中的应用思路和应用标准。通过分析通信基站工程常用建设项目的产品组成，得出了常用类别为单管塔、三管塔、塔房一体化、土建机房、基础、设备等。对以上各类别，分别阐述其相应的创建 BIM 模型方法。在建立模型的基础上探讨通信基站工程设计、施工、运维阶段如何使用建筑信息模型，进而探讨在通信基站工程中如何实现 BIM 全生命周期应用。通过研究发现在通信基站工程建筑信息模型的基础上，可创建施工信息模型、竣工信息模型以及运维信息模型等。结合统计、分析、模拟、监测、监控、物联网、云计算、智能设备、人工智能等，可对通信基站工程进行深入型数字信息化，通过各功能的实现，促进通信基站工程繁荣发展。

1.5　信息模型特点

BIM 具有信息完备性、参数化、一致性、可视化、协调性、模拟性、优化性和可出图性等八大特点。以下对八大特点做简要介绍。

1. 完备性

BIM 可对工程对象进行三维几何信息和拓扑关系的描述以及完整的工程信息描述，可在 BIM 中添加与工程相关的完整信息数据，为工程的全生命周期提供服务，信息完备程度将影响到工程施工、运维、拆除、改建等多个后续阶段，采用 BIM 采集并更新信息，维护全部信息的正确运行对工程全生命周期非常重要。

2. 参数化

通过参数而不是数字建立和分析模型，简单地改变模型中的参数值就能建立和分析新的模型。采用 BIM 建立的各种族，可通过参数调整反映不同尺寸，族参数保存了图元作为数字信息化构件的所有信息。信息参数化有助于快速改变现有模型形成新的模型，虽然在族库创建初期，会花费大量时间，但伴随企业族库的丰富，信息参数化后的族将有效提高工作效率，不仅能及时修改，还能实现多项工程共用。

3. 一致性

从设计、施工到运维及管理，建筑信息模型贯穿项目全生命周期。采用 BIM 建立的三维模型数据库，不仅包含了建筑设计信息，而且可容纳从设计到建成使用，甚至使用周期终结的全过程信息。在建筑的全生命周期中，建筑信息的一致化将有助于施工与设计的一致性，维护与运行的一致性，拆除和改造的一致性等，避免信息不对称带来的工程问题。通过参数模型整合各种项目的相关信息，在项目策划、设计、施工、运维及管理的全生命周期过程中进行共享和传递，使工程技术人员对各种建筑信息作出正确理解和高效应对，为设计团队以及包括建筑运营单位在内的各参建单位提供协同工作的基础，在提高生产效率、节约成本和缩短工期方面发挥重要作用。

4. 可视化

即"所见即所得"形式。随着结构分析手段的提升，近几年建筑形式正在向复杂造型演变，许多非线性造型无法靠平面图纸体现出来，不能满足设计与施工的沟通需求。采用 BIM 将以往的线条式构件转变为三维立体实物图，展示在工程各参建单位面前，同时在模型中加入完备的参数化信息，可在三维空间按照 1∶1 比例实现所涉及的各专业图元。图元之间形成互动性和反馈性的可视化，有助于解决专业间的冲突和矛盾。可视化结果不仅可以用来作为效果图展示以及生成工程各类报表，更重要的是项目设计、施工、运维及管理中的沟通、讨论、决策都可在可视化状态下进行，提高了项目的沟通效率，有助于加快工程建设进度，降低工程中的错误风险。

5. 协调性

项目各专业、各阶段需要协调配合，并处理碰撞冲突等工程问题。在复杂工程建设中，项目专业间的协调显得非常重要，项目各参建方协调及相互配合有助于将工程实施各流程中的矛盾降到可控范围，促使项目建设效率提高。将以往施工阶段经常碰到的冲突问题提前到设计阶段进行解决，采用 BIM 协调功能在建筑物建造前期对各专业的碰撞问题进行协调，生成协调数据供各专业修改使用。BIM 的协调性服务可供多专业处理协调性工作。

6. 模拟性

采用软件可模拟不能在真实世界中进行操作的事物，如采用软件进行节能模拟、紧急疏散模拟、日照模拟、热能传导模拟等。在招投标和施工阶段可以进行包含项目发展时间的 4D 模拟，可以根据项目特点进行施工过程模拟，结合施工组织模拟，确定合理的施工方案指导施工，同时还可以进行包含造价控制的 5D 模拟，指导成本控制。运维阶段可模拟设备的运行情况，以及故障发生时的处理方法，并对故障处理及设备替换进行登记报损，实现项目全生命周期投资追踪。

7. 优化性

优化性受信息、复杂程度和时间的制约。BIM 提供了建筑物涉及的所有信息，准确的信息是合理优化操作的前提。项目的复杂性给优化带来困难，采用 BIM 可以做更好的优化，其拥有的多种优势提供了对复杂项目进行优化的可能。BIM 带来的便捷性及参数化的图元都能缩短项目操作时间，从而为项目带来宝贵的优化时间。

8. 可出图性

目前，大部分设计单位采用二维出图方式，采用具有特定规则的平面表示方法，但在实际使用过程中二维图纸并不能达到直观展现的效果。对于复杂项目，二维出图方式将不能有效表达建筑详细信息。采用 BIM 可对建筑物进行了可视化展示、协调、模拟、优化等工作，并可以出具各专业三维图纸、二维图纸、综合管线图、碰撞检查侦错报告和建议改进方案等。

1.6　信息化展望

随着计算机硬件及软件的发展，以及数字信息化技术的推进，BIM 在实际工程中得到大量应用，BIM 促使项目各参建单位采用共同信息模型参与全生命周期各阶段。

设计阶段建立的 BIM 模型可有效解决各专业冲突碰撞问题。参数化图元可为清单编制单位提供准确的工程量信息。由设计阶段传达给施工阶段的信息模型，可在 3D 模型基础上添加时间参数形成 4D 模型，有助于制定合适有效的施工方案，并有利于控制施工进度。施工完结模型可传递给建设单位形成运维信息模型，可在运维阶段为使用单位提供准确的信息模型，有助于运维阶段对构件及设备的数字化管理，时刻跟进建筑工程中的设备、管线变化，以及设备的使用更新，并可结合财务对固定资产进行报损登记等操作。

BIM 在工程中的应用，正在成为设计、施工、运维管理模式的重大变革。采用 BIM 进行通信基站工程设计，将为通信基站工程带来新的智能发展方向。

第 2 章　BIM 软件

在 BIM 发展过程中，北美、欧洲等多家公司提出了多种 BIM 平台。建筑行业较为常用的 BIM 软件平台主要有 Autodesk、Bentley、Dassault Systems 和 Graphisoft，其占据了建筑行业 BIM 软件市场的多数份额。国内多家公司基于各 BIM 软件平台开发的二次软件也在不断发展与完善，如鸿业 BIM 软件、探索者 BIM 软件、天正 BIM 软件、广联达 BIM 软件、智慧云平台等。BIM 软件种类很多，需要分类论述。BIM 软件分类方法分为三种：何氏分类法、AGC 分类法、厂商/专业分类法。

1. 何氏分类法

何氏分类法由国内知名 BIM 应用专家何关培先生创建，其对在全球具有一定市场占有率且在国内市场具有一定影响力和知名度的 BIM 软件进行梳理和归纳，提出 BIM 软件主要由 BIM 核心建模软件及周边软件组成。BIM 核心建模软件主要为 Autodesk、Bentley、Dassault Systems 和 Graphisoft 四个软件平台，周边软件包含方案设计软件、绿色分析软件、结构分析软件、机电分析软件、深化设计软件、模型检查软件、造价管理软件、运营管理软件、碰撞检查软件、可视化软件等。该分类方法符合国内市场实际情况，本书参考何氏分类法对通信基站工程领域的 BIM 软件应用进行描述。

2. AGC 分类法

AGC（Associated General Contractors of American）是指美国总承包商协会。AGC 把 BIM 软件分成八大类：

1）概念设计和可行性研究软件；

2）核心建模软件；

3）分析软件；

4）加工图和预制加工软件；

5）施工管理软件；

6）算量和预算软件；

7）计划软件；

8）文件共享和协同软件。

3. 厂商/专业分类法

厂商/专业分类法主要从软件生产厂家及所服务的行业类别进行划分，种类较为繁杂。平台类划分按照厂商进行分类；专业类软件通常根据涉及专业进行划分，如建筑专业设计软件、给水排水设计软件、建筑结构设计软件、建筑节能设计软件、施工造价算量软件等。

以上所述的四大 BIM 软件平台，Autodesk 公司提供的 Revit 软件包含建筑、结构和机电三个专业，适合于民用建筑使用。此外，AutoCAD 在市场具有占有性优势，Autodesk 软件成为目前国内知名度最高、应用最广的平台，国内二次开发软件多数基于 Autodesk 公司软件创建。Bentley 公司提供的建筑、结构和设备系列产品在工业设施和市政基础设施领域具有巨大优势，国内广泛用于工业设施。Graphisoft 公司提供的 ArchiCAD 定位于建筑学专业软件，缺乏其他专业的相关软件，较为单一，国内使用较少。Dassault 公司提供的 CATIA 是全球最高端的机械设计制造软件，其在航空、航天、汽车等领域占有垄断地位。

本书采用 Autodesk 发布的相关软件和基于 Autodesk 平台二次开发的软件对通信基站工程建筑信息模型进行深入探讨。此外，鉴于通信基站工程的特殊性，对该领域的其他专业软件也将进行简单描述，供读者参考使用。

2.1　Autodesk 平台

Autodesk 公司针对建筑工程领域提供了专业系统的 BIM 平台和完整的、具有针对性的解决方案。其提供的整体 BIM 解决方案覆盖了工程建设行业的众多应用领域，涉及建筑、结构、水暖电、土木工程、地理信息、流程工厂、机械制造等主要专业。针对不同领域的实际需要，提供了建筑设计套件、基础设计套件等综合性的工具集，支持企业的 BIM 应用流程。其中，面向建筑全生命周期的 BIM 解决方案以 Autodesk Revit 软件产品创建的智能模型为基础，面向基础设施全生命周期的 BIM 解决方案以 AutoCAD Civil 3D 土木工程设计软件为基础。同时，还有一套补充解决方案用以扩大 BIM 的效用，包括项目虚拟可视化和模拟软件、AutoCAD 文档和专业制图软件以及数据管理和协作系统软件。

Autodesk 公司涉及 BIM 类软件主要包括：Autodesk Revit Architecture，Autodesk Structure，Autodesk Revit MEP，Autodesk 3DS Max，AutoCAD，Autodesk Robot，Autodesk Green Building Studio，Autodesk Ecotect，Autodesk QTO，Autodesk Navisworks Manage，Autodesk Navisworks Simulate，Autodesk Buzzsaw，Autodesk Constructware，BIM 360 Glue 等。其中建筑行业使用较多的为欧特克建筑设计套件，该套件作为一款完整的建筑软件解决方案，集成了建筑、结构、水暖电系统设计以及施工管理等多专业所需的 BIM 及 CAD 工具，套件的功能主要包括：设计建模、建筑可视化、分析模拟、多专业协调、出图和编制技术文档以及算量和工程造价估算等。其中，高级版产品主要包含 Autodesk Revit（含 Architecture、Structure、MEP 专业模块）、Autodesk 3DS Max Design、Autodesk Navisworks Simulate 等。

本书将采用欧特克建筑设计套件作为通信基站工程建筑信息模型的搭建平台。

2.1.1　Autodesk Revit

Revit 的原意为 Revise immediately，意为"所见即所得"，是由 Revit Technology 公司于 1997 年开发的三维参数化建筑设计软件。2002 年，Autodesk 公司收购 Revit Technology，Revit 正式成为 Autodesk 三维解决方案产品线中的一部分。经过多年的开发和发展，Revit 成为建筑、结构、水暖电多专业全方位的 BIM 工具，成为全球知名的三维参数化 BIM 设计平台。

Autodesk Revit 是以 BIM 为概念的三维参数化设计软件，Autodesk 公司以 Revit 技术平台为基础推出的专业版软件，包括 Revit Architecture、Revit Structure、Revit MEP 三款专业设计工具。经过十多年的成长，已经成为最为普及的 BIM 平台软件，基于 Autodesk Revit 平台的二次开发软件也大量涌现，如速博、鸿业、探索者等给出了相应的二次开发软件，可用于设计、施工、运维管理各流程。

Revit Architecture 是针对建筑设计师和工程师开发的三维参数化建筑设计软件，利用 Revit Architecture 可以让建筑师在三维设计模式下，方便地推敲设计方案、快速表达设计意图、创建三维建筑信息模型、并以模型为基础，得到所需的建筑施工图，从概念到方案，最终完成整个建筑设计过程。

Revit Structure 是面向结构工程师的建筑信息模型应用程序。它可以帮助结构工程师创建更加协调、可靠的模型，增强团队间的协作，并可与常用的结构分析软件双向关联，如 PKPM、盈建科、Midas、Etabs、SAP2000 等可通过 IFC 等格式与 Revit 进行双向数据关联，部分软件已内置对应接口程序。Revit 参数化管理技术有助于协调模型和文档中的修改和更新，Revit 系列软件具备自动生成平、立、剖面图档，自动统计构件明细表，各图档动态关联等所有特性。

除 BIM 模型外，Revit Structure 还提供了分析模型及结构受力分析工具，允许结构工程师灵活处理各结构构件的受力关系、受力类型等。结构分析模型中包含有荷载、荷载组合、构件大小，以及约束条件等信息，以便在其他行业领先的结构计算分析应用程序中使用。

Revit Structure 还为结构工程师提供了钢筋绘制工具，可以绘制平面钢筋、截面钢筋，以及处理各种钢筋折弯、统计等信息，还提供了快速生成梁、柱、板等结构构件的钢筋生成向导，以便高效建立构件的钢筋信息模型。采用 Revit 平台进行二次开发的插件，如速博、鸿业、探索者等均给出了较为简便的模型建立方法。速博针对钢筋混凝土，可以帮助用户定义并生成所需要的构件，这些构件包括梁、柱、板、扩展基础、连续基础、楼板洞口和桩基承台等，并可以定义构建简单或复杂的配筋模式，以及完成简单的钢结构节点处理。随着 BIM 发展，必然有更加方便的配筋实现方案，将会推进 BIM 在结构设计及制图过程中的应用。

Revit MEP 是面向机电工程师的建筑信息模型应用程序，其以 Revit 为基础平台，针对机电设备、电工和给水排水专业，提供了设备及管道三维建模及二维制图工具。通过数据驱动的系统建模和设计优化设备与管道专业工程，能够让机电工程师以机电设计过程的思维方式展开设计工作。

Revit MEP 提供了暖通设备和管道系统建模、给水排水设备和管道系统建模、电力电路及照明计算等一系列专业工具，并提供智能的管道系统分析和计算工具，可以协助机电工程师快速完成机电 BIM 三维模型，可将系统导入 Ecotect Analysis、IES 等能耗分析和计算工具中进行模拟和分析。

在工业设计领域，利用 Revit MEP 可以建立工厂中各种设备、设施以及连接管线的 BIM 模型，利用 Revit 的协调和冲突检查功能，可以在设计阶段协调各专业，消除可能存在的冲突碰撞。

2.1.2 Autodesk Navisworks

Autodesk Navisworks 是一款用于整合、浏览、查看和管理建筑工程过程中多种模型和信息的数据管理平台。主要功能包括各专业模型整合（支持 60 多种常见文件格式，如 3ds Max、AutoCAD、SketchUp、Revit 等）、冲突检查与审阅、渲染表现、制作场景动画、施工过程模拟、数据整合管理、工程量计算等。

实际工程涉及专业数量较多，采用单一软件通常无法全面解决工程中遇到的各种问题。此外，工程设计与制图会使用多种软件创建不同的模型用于计算分析和制图表达，但不同软件之间不能很好地进行信息数据交换，阻碍了信息数据整合。因而，需要一款能够用于整合多种模型和信息的数据管理平台，Autodesk Navisworks 就是在这样的环境下应运而生。

Navisworks 可以读取多种三维软件生产的数据文件，从而对工程项目进行整合、浏览和审阅。采用 Navisworks 不仅可以整合 dwg、3ds、fbx 等 Autodesk 公司的格式文件，也能整合 Bentley、Dassault Systems、Graphisoft、SketchUp 等非 Autodesk 公司的格式文件，还可以整合 Microsoft Project、Microsoft Excel、PDF 等任意格式的外部数据，最后整合为同一个 BIM 模型。

Navisworks 通过整合多种三维软件形成单个 BIM 模型，允许用户对完整的 BIM 模型文件协调和审查。通过优化图形显示与算法，使得普通计算机也能流畅地查看所有的数据模型文件。利用系统提供的碰撞检查工具可以快速发现模型中潜在的冲突风险，采用审阅和测量工具对模型中发现的问题进行标记和讨论，方便团队内部沟通解决。可以采用整合 Microsoft Project 生成的施工节点信息，将施工进度数据与 BIM 模型自动对应，使得 BIM 中每个模型图元具备施工进度计划的时间信息，实现 3D 模型数据与时间信息的统一，达成 4D 应用。

Navisworks 是实现数据和信息整合的重要环节，它使得信息数据在设计环节与施工环节中实现无缝对接，为各专业工程人员提供最高效的沟通平台，并有助于整理工程数据管理流程。

2.1.3　BIM 360 Glue

Autodesk BIM 360 Glue 是一款基于云计算的建筑信息模型软件。采用 Autodesk BIM 360 Glue 软件，所有项目成员都可通过桌面终端、移动设备和网络界面查看项目信息，开展模型调整和冲突检查，使 BIM 贯穿于项目全流程。

Autodesk BIM 360 Glue 强化了基于云计算的协作和移动接入，有助于确保整个项目团队参与协调过程，缩短协调周期，为团队成员提供了可以随时随地查看设计文件的工具。除此之外，项目设计和建造相关的团队还能方便地查看最新项目模型并实时进行冲突检查，节省项目设计和建设项目所需的时间和资金，移动设备引入建筑行业的做法正在引发项目各阶段模式的重大变革。

BIM 360 包括 Autodesk 云储存、Autodesk 终端应用等一系列基于云的服务。在云计算成为主流服务的时代，Autodesk 提供了"BIM 360"基于云的全方位 BIM 服务。采用 Autodesk BIM 360 Glue 软件将 nwd 格式数据文件上传云储存，在移动终端上查看非加密的 nwd 格式数据。

工程在实现过程中，无论是方案演示，还是冲突检查，当需要现场沟通时，桌面版应用程序难以做到实时性。在云计算和大数据的背景下，Navisworks 可以将完成数据整合、校审后的场景数据发布为第三方数据格式，如 nwd 数据格式。可采用 Autodesk BIM 360 Glue 在移动终端进行浏览和查看三维场景，实现 BIM 数据出现在工程的每一个角落。使用 Autodesk BIM 360 Glue 软件，用户能够更方便地在 Autodesk Navisworks 软件和 Autodesk BIM 360 Glue 之间进行无缝切换，用户可以"随时随地"访问关键项目数据的 Autodesk Navisworks 模型，从而创建出更加智能和流畅的工作流程。

Autodesk BIM 360 Glue 目前可支持超过 50 种不同的文件格式，用户可运用 Autodesk BIM 360 Glue 进行团队协作，并将调整后的模型直接输入到 Autodesk Navisworks 软件中，以便于在 Autodesk Navisworks 中进一步对项目进行高级分析、制定施工动画以及工程量统计等。

2.2　结构分析软件

目前，采用相同的数据格式与 Revit 实现双向关联的结构分析软件主要有：PKPM、YJK、MIDAS、ETABS、SAP2000、3D3S、ABAQUS、ANSYS 等。部分软件设置有对应的接口程序，如 PKPM、YJK 等软件设置有与 Revit 互相转化的数据接口，可实现模型数据互传，并可根据修改内容实现更新。其他结构分析软件可通过 IFC 等格式与 Revit 进行数据转换。通信基站工程使用较多的结构分析软件介绍如下：

2.2.1　3D3S

3D3S 设计软件是由同济大学独立开发的 CAD 软件系列，同济大学拥有自主知识产权。上海同磊土木工程技术有限公司运营，经过不断的研发和开拓应用，在中国钢结构设计领域应用广泛。该软件在钢结构和空间结构设计领域具有独创性，填补了国内该类结构工具软件的空白。3D3S 使用客户基本覆盖了各大钢结构设计单位和钢结构企业。

3D3S 可对任意结构进行基本分析和高级分析，其中建筑结构系统包含厂房、混凝土多高层、屋架桁架、网架网壳、塔架、幕墙、索膜、变电构架、弯扭构件、幕墙热工、实体建造等，均可直接生成 Word 文档计算书和 AutoCAD 设计及施工图。

3D3S 软件采用塔架模块实现通信铁塔、输电线路铁塔、拉线塔等钢结构直立式的结构建模、内力计算、构件设计、节点设计、出图等全套的设计流程。

通信基站工程中的铁塔设计可以采用 3D3S 完成结构计算，采用 IFC 数据格式与 Revit 软件进行数据传输，实现 BIM 数据互传。

2.2.2　YJK

YJK 建筑结构设计软件系统是一套全新的集成化建筑结构辅助设计系统，功能包括结构建模、上部结构计算、基础设计、砌体结构设计、施工图设计和接口软件六大方面。在优化设计、节省材料、解决超限等方面提供系统的解决方案。

YJK 软件是面向国际市场的建筑结构设计软件，既有中国规范版，也有欧洲规范版。结构设计软件系统包括：YJK 建筑结构计算软件（YJK-A）、YJK 砌体结构设计软件（YJK-M）、YJK 结构施工图设计软件（YJK-D）、弹塑性动力时程分析软件（YJK-EP）、YJK 基础设计软件（YJK-F）、YJK 钢结构施工图设计软件。接口类软件包括：YJK 和 PDMS 接口软件、YJK 和 Bentley 接口软件、YJK 和 PDS 接口软件、YJK 和 ABAQUS 接口软件、YJK 和 Tekla 接口软件、YJK 和 SAP2000 接口软件、YJK 和 STAAD 接口软件、YJK 和 MIDAS 接口软件、YJK 和 ETABS 接口软件、YJK 和 Revit 接口软件。

机房设计采用 YJK 完成建筑结构计算，采用 YJK 和 Revit 接口软件进行数据传输，实现 BIM 模型互导及更新。在通信基站工程中，YJK 建筑结构设计软件可为机房工程的分析计算提供数据依据，计算分析文件可转换为 Revit 文件供其他专业使用。

2.2.3　MIDAS

迈达斯公司在各个领域具备完整的产品线，构成整体解决方案，可以实现从线性分析到非线性分析，从整体分析到细部分析，从地上结构到地下结构，从分析设计到施工检测，从安全性设计到经济性设计，从软件应用到工程咨询，从提供产品到定制开发。整体解决方案的提供，不仅全方位地提高工程师的技术水平和设计水平，而且提升了使用单位的竞争力，也为行业向更高、更好的方向发展提供了基础。

MIDAS 软件产品涉及四个领域：桥梁领域、建筑领域、岩土领域、仿真领域。

桥梁工程领域，采用 midas Civil、midas Smart BDS、midas Civil Designer、midas FEA 协同工作，能完成桥梁结构的整体分析、细部分析、规范设计、施工图绘制以及校审等工作。

建筑结构领域，采用 midas Building、midas Gen、midas Gen Designer、midas FEA 共同组成整体解决方案。工程师可根据工程的需要，灵活选用不同软件的组合，取长补短，发挥软件的最大优势，满足各种高端分析需求。其中 midas FEA 为目前唯一一款全部中文化的土木结构专用仿真分析软件，可用于土木领域的高端非线性分析（钢筋单元、裂缝分析、粘结滑移分析）和细部分析。

岩土工程领域，采用三维岩土分析和隧道有限元软件 midas GTS NX 对周边环境进行数值模拟，最大限度地考虑岩土和周边环境的复杂性；使用智能化的二维岩土分析与设计软件 midas SoilWorks 针对最危险区域细部分析，以保证设计的最优化及精确性；针对基坑工程，基坑支护设计平台软件 midas GeoX 可结合最新地方和国家规范进行分析计算。

仿真工程领域，采用 midas NFX 作为仿真分析驱动设计平台，涵盖结构、温度、流体及相互间的耦合分析，可以为产品分析提供整体解决方案，可满足多物理场分析、疲劳寿命分析、优化设计、刚柔耦合分析等。midas NFX 能够为建筑行业提供如风洞试验、高层建筑的风载荷、钢结构细部、结构破坏等高端分析；为桥梁行业提供桥梁护栏、桥墩破坏、流场等高端分析；为岩土行业提供溃坝、挡水桩设计等高端分析。

MIDAS 软件可完成铁塔、机房等结构的设计计算，并能够采用 midas FEA 进行细部分析，以及采用 midas NFX 进行仿真分析，可为铁塔结构深度分析提供技术支持。MIDAS 和 Revit 可采用接口进行数据传输，实现信息数据互导及更新。

除以上介绍的结构分析软件外，在通信基站工程中还会使用到 SAP2000、ABAQUS、ANSYS 等通用型有限元分析软件。

2.3　绿色分析软件

绿色分析软件可使用建立的 BIM 模型，对项目进行日照、风环境、热工、景观可视度、噪声等方面的分析和模拟。主要包括以下软件：IES（Integrated Environmental Solutions）整合了一系列模块化的组件用以进行建筑性能模拟和分析计算；Autodesk 公司提供的主要软件有 Echotect、Green Building Studio 等；国内主要有鸿业规划日照软件、天正软件日照和节能系统等。

Green Building Studio 是 Autodesk 公司的一款基于 Web 的建筑整体能耗、水资源和碳排放分析工具。用户可以用插件将 Revit 等 BIM 软件中的模型导出为 gbXML，并上传到 GBS 服务器，计算结果将即时显示并可以进行导出和比较。GBS 的主要功能包括：能耗和碳排放计算结果、建筑整体能耗分析、碳排放报告、水资源利用和支出评估、光伏发电潜力、Energy STAR 评分、针对 LEED 进行自然采光评价、项目地理信息、精确气象模拟、详细气候分析、风能潜力、自然通风潜力、方案比较等。

GBS 采用了目前流行的云计算技术，具有强大的数据处理能力和效率，其基于 Web 的特点也使信息共享和多方协作成为其先天优势。同样强大的文件格式转换器，为 BIM 软件平台与专业的能量模拟软件之间架设无障碍桥梁。

2.4 深化设计软件

采用 Autodesk 平台对复杂工程建立 BIM 模型，在处理复杂节点时往往非常困难，需要寻求新的深化设计软件。实际使用中，以 Tekla Structures、SDS/2、CADPIPE、CAD-Duct 等为代表的预制加工及加工深化软件运用广泛。

Tekla Structures（Xsteel）是由芬兰 Tekla 公司开发的一款钢结构详图设计软件，作为目前最具影响力的基于 BIM 的钢结构深化设计软件，Tekla 可使用 BIM 核心建模软件提交的数据，对钢结构进行面向加工、安装的详细设计，即生成钢结构施工图（加工图、深化图、详图）、材料表、数控机床加工代码等。

Tekla 通过创建三维模型自动生成钢结构详图和各种报表。在保证三维模型正确的基础上，程序可保证钢结构详图深化设计中构件之间的正确性，自动生成各种报表和数控切割文件，可以服务于工程全流程。Tekla 程序包含 600 多个常用节点，节点均采用参数化管理，创建节点时点取某节点填写参数，然后选主部件和次部件即可完成节点创建，并可以随时查询所有制造及安装的相关信息，随时校核选中的几个部件是否发生碰撞。

Tekla 与 Revit 之间可通过 IFC 格式文件或者在 Revit 软件中安装 Tekla 插件解决。此外，可以采用 Navisworks 等软件对两个软件制作的模型进行整合。

2.5 其他软件

采用 Autodesk 平台进行 BIM 核心建模，结合绿色分析软件、结构分析软件、深化设计软件基本可以完成通信基站工程的模型建立，在实际使用中除以上四种类型软件外，还涉及方案设计软件、机电分析软件、模型检查软件、造价管理软件、运营管理软件、模型碰撞检查软件、可视化软件等。

其中模型检查和模型碰撞检查常用 Autodesk Navisworks、广联达模型检查产品 GMC来实现，方案设计可采用 Google 公司的 SketchUp 等实现，机电分析采用鸿业、博超、IES Virtual Environment 等实现，造价管理采用 Innovaya、Solibri、鲁班算量系列软件、广联达算量系列软件、鲁班项目基础数据分析系统等实现，运营管理采用 ArchiBUS、FacilityONE、Allplan、ArchiFM、Field BIM 等实现。

随着 BIM 在各大工程中的推广使用，相关专业 BIM 软件必然会取得进一步发展。考虑到实际工程中建造成本只占全生命周期总成本的 25%，运维阶段成本占全生命周期总成本的 75%，因而，迫切需要发展运维阶段软件。目前，比较匮乏的造价管理软件和运营管理软件需要得到更快的发展，同时平台也需要向能够综合全生命周期各项软件的方向发展。

2.6　数据互导

采用 Autodesk 平台建立 BIM 核心模型，同时采用方案设计软件、绿色分析软件、结构分析软件、机电分析软件、深化设计软件、模型检查软件、造价管理软件、运营管理软件、模型碰撞检查软件、可视化软件等周边软件，进行信息模型补充建设，采用多种软件建立的信息模型需要进行相互数据互导，以便形成具备完备性的建筑信息模型。

Autodesk 公司发布的各项软件，由于其来自同一家公司，各产品之间具备良好的数据互导性，可实现信息间的有效传递，形成基于智能模型的数据信息交互过程。Autodesk 公司内部的数据交换方式主要有两种：同一环境中的功能集成应用和软件间数据格式的直接保存和读取。

Autodesk 公司与其他公司开发的软件之间通常采用 IFC 格式数据文件进行交换，或软件之间互相开发接口程序。通过接口程序或 IFC 格式数据文件，周边软件可实现与 Autodesk 核心建模软件之间的模型数据互导。Autodesk 除支持 IFC 格式数据文件外，其还包括其他 openBIM 数据格式，可用于 BIM 数据、gbXML、LandXML 和更多数据格式的施工运营建筑信息交换。其中，IFC 数据模型包含几何图形和"智能"建筑图元属性以及其在建筑模型中的相互关系，在项目全生命周期中支持多领域、集成、开放的 BIM 工作流程。

为工程便利，周边软件与 BIM 核心建模软件应达成相同的数据格式文件，根据《建筑信息模型应用统一标准》GB/T 51212—2016 规定，建设工程各参与单位之间模型数据互用协议应符合国家现行有关标准的规定；当无相关标准时，应商定模型数据互用协议，明确互用数据的内容、格式和验收文件。在实际工程应用中，通常采用具有直接或间接支持 IFC 数据格式的各类软件，采用 IFC 格式作为结构化的标准文件格式，进行数据格式的统一。其中"直接支持"是指软件可以直接导入和导出 IFC 格式文件，"间接支持"是指软件可与其他支持 IFC 格式的软件相互关联，通过其他辅助软件导入和导出 IFC 格式文件。IFC 是目前 BIM 应用领域较为通用的标准格式。各类 BIM 软件可采用 IFC 格式进行数据转换。

IFC 标准是由国际协同工作联盟 IAI 为建筑行业发布的建筑产品数据表达标准。自 1997 年 1 月 IAI 发布 IFC1.0 以来，IFC 经历了 6 个版本的更替，已成为一个完整的 ISO 标准，推出的 IFC2X4 版本被认为是一个对于 Open BIM 协同设计跨时代的版本。

IFC 标准本质上是建筑物和建筑工程数据的定义，反映现实世界中的对象。它采用了一种面向对象的、规范化的数据描述语言（EXPRESS）作为数据描述语言，定义所有用到的数据。EXPRESS 语言通过一系列的说明来进行描述，这些说明主要包括类型说明、实体说明、规则说明、函数说明与过程说明。IFC 模型可以划分为四个功能层次：即资源层、核心层、交互层和领域层。每个层次都包含一些信息描述模块，并且模块间遵守"重力原则"：每个层次只能引用同层次和下层的信息资源，而不能引用上层资源。这样上层资源变动时，下层资源不受影响，保证信息描述的稳定。

周边软件与 BIM 核心建模软件采用具有相同数据格式的 IFC 格式文件进行信息数据互导。采用 IFC 作为一个信息交换的标准格式，包含工程涉及的详细信息，工程信息与工程信息管理需求，逐渐衍生出 AEC 管理软件，增加如下相关概念：成本、材料、生命周期、运行更换等，逐渐应用到运维管理阶段，采用 IFC 格式逐步应用于项目全生命周期。

IFC 包含的建筑领域信息极为广泛，一个领域中的类别可能就会有多重不同的描述方式，而不同的描述方式可能就会造成 BIM 软件对于信息导入或导出有不同的解读与传唤，进而产生数据的缺漏或失真，而除了 BIM 中转换为 IFC 时所包含的项目数据遗失，交换后 BIM 模型也时常产生问题。目前周边软件与核心模型平台软件之间或多或少存在一些问题，IFC 标准也需要陆续进行调整，逐步使得各软件生成的 IFC 格式文件能够达到相互共享。

第3章 应 用 思 路

研究 BIM 在通信基站工程中的应用思路，需要对其进行深入剖析。首先需要研究通信基站工程中包含的产品类型，在对产品类型进行透彻分析的基础上，开展研究 BIM 在通信基站工程项目中如何开展全流程应用。

为研究清楚通信基站工程中包含的产品类型，可先对其进行科学划分。根据其在实际应用中涉及的设计专业、施工建造中常用的施工流程以及运维阶段涉及的管理内容等，可将其按专业和产品类型进行划分。通信基站工程与数据中心类似，涉及专业十余种，包含总平、建筑、结构、电气、暖通、给水排水、消防、通信、电源、动环等，实际应用时通信基站工程体量较小，可对专业内容进行合并，合并后的专业通常可分为：建筑、结构、电气、消防、设备等专业；根据工程产品类型，可将通信基站工程分为：铁塔、机房、基础、设备四大部分。本书结合实际工程特点，根据通信基站工程产品类型对通信基站工程加以应用研究。

3.1 应用思路概述

通信基站工程通常由铁塔、机房、基础、设备组成，以铁塔和机房作为主要载体。以下根据工程产品类型对通信基站工程涉及内容进行详细描述。

1. 铁塔

铁塔是通信基站工程中最主要的构成部分，其投资占工程投资比例较大，也是通信设备挂载的载体。主要包含结构、设备两部分，通信铁塔属于高耸钢结构，钢结构节点绘制复杂。实际应用中可采用 Revit Structure 及基于该平台开发的插件进行创建，对于特别复杂的铁塔节点可采用钢结构专业深化设计软件（如 Tekla）进行创建，铁塔挂载设备详见设备部分。

2. 机房

通信基站工程机房与常见工业与民用建筑相比，其体量非常小，涉及的功能也较为单一，采用 Autodesk Revit 即可满足模型创建要求。采用 Revit Architecture、Revit Structure、Revit MEP 三部分功能可分别建立机房的建筑、结构、暖通、电气建筑信息模型。机房涉及的设备比较简单，与数据中心不同，可不区分建筑信息模型、生产配套设备模型和工艺配套设备模型，而是选择将机房建立成一体的建筑信息模型，该模型应包含所有机房涉及的专业。

3. 基础

铁塔与机房均为上部结构，需要设置于基础之上。常用的基础形式有桩基础、短桩基础、筏板基础、独立基础、条形基础等类型。各种基础类型均属于土木工程中的基本类型，可采用 Autodesk Revit 实现建筑信息模型建立，复杂基础类型可通过创建族制作。基础钢筋放置可采用 Revit Structure 自带的工具，也可采用基于 Autodesk Revit 平台开发的二次软件进行创建，如速博、探索者、鸿业等工具。

4. 设备

通信基站工程中的设备属于笼统的概念范畴，包含多个专业：电气、暖通、给水排水、消防、通信、电源、动环等，实际应用时体量较小，对这些专业进行了归并，统称为设备。

实际通信基站工程涉及的设备主要包含：通信设备、传输设备、电源设备等。机房内部放置综合柜、传输柜、电源柜、空调等设备，通过走线架、电缆、线缆、光纤等连接。铁塔上部挂载发射天线、监测设备等，通过线缆与机房内部设备连接。

通信基站工程建筑信息模型根据专业划分和工程产品类型划分结果详见表 3.1-1、表 3.1-2。

通信基站工程建筑信息模型专业划分　　　　　　　　　　表 3.1-1

专业	内容
建筑	含建筑、总平两部分
结构	基础、柱、梁、板、墙、支撑、楼梯、特种结构等
电气	配电箱、灯具、开关、插座、线路、防雷接地等
消防	火灾自动报警、监控、气体灭火器等
设备	含通信设备、电源设备、动环设备、暖通设备等

通信基站工程建筑信息模型工程产品类型划分　　　　　　表 3.1-2

产品	内容
铁塔	主杆、斜杆、横杆、横隔杆、辅助杆、法兰、螺栓、平台、支架、爬梯、避雷针等
机房	砖混结构、混凝土框架结构、钢结构、铝合金结构、外置机柜或其他类型的结构形式等
基础	桩基础、短桩基础、筏板基础、独立基础、条形基础等
设备	通信设备、传输设备、电源设备、空调、走线架、电缆、线缆、光纤、天线、监测设备等

通信基站工程各产品在建立建筑信息模型时涉及多种软件，采用不同的三维软件创建完成的 BIM 模型，可通过 Navisworks 等软件进行数据整合，通过整合方式形成具有完备性信息的 BIM 模型，实现碰撞检查、指导工程施工以及参与到项目的全生命周期各阶段。结合工程管理软件进行维护更新，做到设备及资产的实时管理，实现全生命周期信息化，即设计、施工、运维全面实现信息化。结合通信基站工程需要对各类信息模型进行整理、储存、交换、更新，可为整个项目全生命周期中运营、维护、更新等阶段提供全方位的信息支持。创建的信息模型可在项目的全生命周期内为各参建单位提供及时、准确的可视化信息，促使整个行业生产力水平不断提高。

在通信基站工程中采用 BIM 进行全生命周期管理，可在建立信息模型基础上，采用参数化方式建立构件和设备信息模型，包括坐标参数化、物理参数化、功能参数化、时间参数化、名称参数化等。构件参数化后的信息模型不仅有利于快速修改，更能够与生产设备相关联，提高生产效率。项目各参建方均需建立熟知并可以操作信息系统的信息团队，在统一的信息平台上完成各自的工作内容，实现多专业协调。运维阶段可通过信息平台对构件和设备的维护、拆除、更新、再投入等进行实时监控，并能结合物理参数及功能参数对通信基站工程进行多种分析得出最优化运行方案。

3.2　产品分析

通信基站工程可分为铁塔、机房、基础、设备四大部分，其中铁塔类型较多，造型复杂，是通信基站工程信息模型中较难实现的，机房、基础、设备较为简单，为得到合适的应用思路，需要对通信基站工程中产品类型进行深入分析。

3.2.1　铁塔类型

铁塔选型应综合考虑客户需求、建设场景和塔型特点等因素，统筹当期建设和后期运行维护，做到因地制宜、经济实用。在满足客户需求及场地要求等条件下，应优先选用标准化塔型。标准塔型的选择应依据天线挂高、天线数量、平台形式、平台数量及平台间距等，对比分析达到塔型方案最优化。所选铁塔类型应在满足建设方当期需求的前提下，适当考虑业务发展的需求。

根据不同场景选用塔型包含单管塔、景观塔、三管塔、四管塔、角钢塔、支撑杆、仿生树、塔房一体化、抱杆、增高架、拉线塔、拉线围笼、美化天线等。各塔型适宜建设的场景类别见表3.2-1。

铁塔类型及适宜建设场景类别　　　　　　　　表 3.2-1

序号	铁塔类型	适合场景
1	单管塔	城区、居民小区、高校、商业区、景区、郊区、工业园区、铁路沿线等
2	景观塔	城市广场、体育场馆、公园、景区等有很高景观需求的区域
3	三管塔	郊区、县城、乡镇农村、铁路沿线等对景观要求较低、易于征地的区域
4	四管塔	
5	角钢塔	
6	支撑杆	山区、丘陵等对景观要求较低、较难搬运的区域
7	仿生树	公园、景区等有特殊景观需求区域
8	塔房一体化	快速覆盖区域，拆迁施工区域，管线密布、不可开挖区域，应急通信等
9	抱杆	密集城区、县城等对景观化要求低、对天线挂高要求低的区域
10	增高架	密集城区、县城等对景观化要求低、对天线挂高要求高、天线数量需求大的区域
11	拉线塔	县城、偏远郊区、乡镇农村等对景观化要求低、挂载天线数量需求少的区域
12	拉线围笼	县城、偏远郊区、乡镇农村等对景观化要求低、挂载天线数量需求大的区域
13	美化天线	密集城区、县城等有一定景观需求的区域
14	多功能塔	城市广场、体育场馆、公园、景区、居住区、道路等有多功能需求的区域
15	异形塔	有针对性需求的特殊场景或特殊材料等

注：1. 单管塔是单根钢管构成的直立式高耸结构，其主体多为圆形或多边形截面焊接钢管。
　　2. 单管塔通常有双轮景观塔、灯杆景观塔、路灯杆塔、插接式单管塔、外爬支架式单管塔等类型。
　　3. 角钢塔是由角钢构成的自立式高耸钢结构。
　　4. 三管塔、四管塔是指主材采用钢管，其余采用角钢或钢管构成的自立式高耸钢结构。
　　5. 拉线塔、拉线围笼是指由立柱和拉线构成的高耸钢结构。
　　6. 塔房一体化是将机房、铁塔及基础一体化的高耸结构，主要由铁塔体系、机房体系及配重体系组成，具有集成快速、易于搬迁的特点。
　　7. 支撑杆、抱杆是指由支撑臂和主杆组成的自立式高耸钢结构，支撑臂可设置2方、3方或多方。
　　8. 仿生树是指在单管塔表面采用仿生材料制作类似于松树、棕榈树或其他树种的自立式高耸钢结构。
　　9. 美化天线是指根据环境给通信天线设置美化外罩，使其融入环境相协调，如水桶形、方柱形、变色龙、排气筒、假山石、射灯等。
　　10. 多功能塔是指结合安防、照明、广告、充电、监测等功能的自立式高耸钢结构，是通信基站工程新业务发展的类型，也是铁塔发展的趋势，多杆合一将有效降低土地的占用成本。
　　11. 异形塔是指有针对性需求的特殊场景建设的塔型，如仿古型钢制建筑塔，仿花瓣形钢塔等。

从表 3.2-1 可知，铁塔类型按造型分为很多种类。针对多种类型的铁塔，可根据不同的分类方法进行分类。按照组合方式的不同分为：单杆式（单管塔，仿生树等）、格构式（三管塔、角钢塔、增高架、抱杆等）、拉线式（拉线塔、拉线增高架等）；按照区段不同分为：塔基段、增高段、挂载天线段等；按照连接方式不同分为：插接式、法兰式、节点板连接式等；按照是否设置检修平台分为：平台式和支架式；按照美化方式分为：灯罩式、双轮式、灯头式、仿生式、飘带式等。

目前，铁塔工程主要由中国铁塔股份有限公司投资建设，建设类型主要集中于单管塔、三管塔、塔房一体化，其他塔型类别也有少量建设。各类塔型详细图纸及技术标准可参见中国铁塔股份有限公司企业标准：《通信铁塔技术要求》《塔房一体化技术要求》《塔房一体化标准图集》《通信铁塔标准图集》《美化塔标准图集》等。以上所述企业标准在使用过程中不断更新，使用时应注意是否为最新版本，当版本更新时应注意及时更新版本，采用最新版本进行 BIM 设计。常用铁塔类型详见图 3.2-1。

本书以中国铁塔股份有限公司主要建设的单管塔、三管塔以及塔房一体化作为研究对象，分别建立建筑信息模型，并讨论在全生命周期中的应用。

(a)单管塔　　　　　(b)三管塔　　　　　(c)塔房一体化　　　　　(d)增高架

(e)角钢塔　　　　　(f)景观杆　　　　　(g)仿生树　　　　　(h)复合材料塔

图 3.2-1　常用铁塔类型

3.2.2　机房类型

　　机房选型应综合考虑客户需求、建设场景、地形特点、房屋结构等因素,统筹当期建设和后期运行维护,做到因地制宜、经济实用。在满足客户需求及场地等条件下,应优先选用投资低收益高的类型,同时可根据工期需要选择相关类型。通信基站工程建设的机房通常需求为一层,面积约 $10\sim15m^2$,采用的机房类型通常为土建机房、活动板房、一体化机柜、装配式机房、美化机房等。所选机房类型应在满足建设方当期需求的前提下,适当考虑业务发展的需求。各机房类型适宜建设的场景类别见表 3.2-2,常用机房类型见图 3.2-2。

机房类型适宜建设场景　　　　　　　　　　　　表 3.2-2

序号	机房类型	适合场景
1	土建机房	郊区、县城、乡镇农村、铁路沿线等对景观要求较低、易于征地的区域
2	活动板房	
3	一体化机柜	市区、建筑顶部等征地范围较小,对景观有一定要求的区域
4	装配式机房	市区、郊区、县城等对施工时间有严格要求的区域
5	美化机房	城市广场、体育场馆、公园、景区等有较高景观需求的区域

　　注:1. 土建机房是指采用混凝土、砌块、砖等作为承重体,建设期间需要养护的机房类型。
　　　2. 活动板房是指采用钢框架结构作为承重体系,采用彩钢夹芯板作为墙板的预制类机房。
　　　3. 一体化机柜是指将电源、通信、空调等功能设置在同一个柜体的机柜类型,该机柜可露天放置。
　　　4. 装配式机房是指采用钢框架结构作为承重体系,采用建筑墙板(如 ALC 板)作为围护结构的机房类型,结构构件安装方便,材料均可回收利用,符合国家绿色环保建筑发展趋势。
　　　5. 美化机房是指带有装饰的机房或机柜的统称。

(a)土建机房

(b)活动板房

(c)一体化机柜

(d)美化机房

图 3.2-2　常用机房类型

从图 3.2-2 可见,机房包含很多类型。实际使用受造价控制,美化机房和装配式机房使用较少,工程中基本采用土建机房、活动板房、一体化机柜。调研全国各省份通信基站工程做法,土建机房、活动板房、一体化机柜做法接近,本书对三种机房类型按全国通用做法建立建筑信息模型。

3.2.3 基础类型

铁塔与机房均为上部结构,需要通过基础设置于地基之中,基础安全与否决定了铁塔是否稳定。基础选型应综合考虑客户需求、建设地形、地质情况、运输条件、施工技术等因素,做到因地制宜、经济实用。在满足客户需求及场地地质等条件下,应优先选用造价低的类型。铁塔通常采用的基础形式包括桩基础、刚性短桩基础、筏板基础、独立基础、钢管桩基础、预制基础、锚杆基础等;机房通常采用的基础形式包括桩基础、筏板基础、独立基础、预制基础、条形基础等。此外,建筑物顶部建设的基站工程还包括植筋基础和配重基础。基础适宜建设的场景类别见表 3.2-3、表 3.2-4、表 3.2-5。常用基础类型见图 3.2-3。

本书将以通信基站工程建设中主要采取的筏板基础、独立基础、桩基础、刚性短桩基础、条形基础进行建筑信息模型分析。

铁塔基础类型及适宜建设条件　　　　　　　　　　表 3.2-3

塔型	基础类型	地质类型	施工要求	场地要求
单管塔	独立基础	浅层土承载力满足要求	具备施工开挖范围	田野、乡村等较为空旷的场地
	群桩基础	深层土承载力满足要求	具备机械进场及其他施工条件	田野、乡村等对面积有所限制的场地
	单桩基础	深层土承载力满足要求	具备机械进场及其他施工条件或具备人工挖孔桩施工条件	田野、乡村等较为空旷的场地,也适用于城市市区等对面积严格限制的场地
	刚性短桩基础	土侧向承载力满足要求		
	锚杆基础	中风化、微风化岩石	具备锚杆施工机械及施工条件	岩石山地场地
	钢管桩基础	土侧向承载力满足要求	具备钢管桩施工机械及施工条件	城市市区等对面积严格限制的场地
三管塔	筏板基础	浅层土承载力满足要求	具备施工开挖范围	田野、乡村等较为空旷的场地
	桩基础	深层土承载力满足要求	具备机械进场及其他施工条件或具备人工挖孔桩施工条件	田野、乡村等较为空旷的场地
	锚杆基础	中风化、微风化岩石	具备锚杆施工机械及施工条件	岩石山地场地
塔房一体化	预制基础	浅层土承载力满足要求	具备机械进场及其他施工条件	田野、乡村等较为空旷的场地

机房基础类型及适宜建设条件　　　　　　　　　　表 3.2-4

机房	基础类型	地质类型	结构类型	场地要求
土建机房	独立基础	浅层土承载力满足要求	框架结构	田野、乡村等较为空旷的场地
	筏板基础	浅层土承载力较差	框架结构或砖混结构	
	条形基础	浅层土承载力满足要求	砖混结构	
	预制基础	浅层土承载力满足要求	框架结构或砖混结构	

续表

机房	基础类型	地质类型	结构类型	场地要求
活动板房	筏板基础	浅层土承载力较差	钢框架结构	田野、乡村等较为空旷的场地，也适用于城市市区等对面积有所限制的场地
	条形基础	浅层土承载力满足要求	钢框架结构	
	预制基础	浅层土承载力满足要求	钢框架结构	
一体化机柜	筏板基础	浅层土承载力较差	一体化产品	城市市区等对面积严格限制的场地
	预制基础	浅层土承载力满足要求	一体化产品	

建筑物顶部基础类型及适宜建设条件　　　　表 3.2-5

塔型	基础类型	建筑物结构类型	实施条件	场地要求
屋面增高架	植筋＋配重体系	砖混结构/框架结构	具备可供植筋锚固的结构构件	原建筑屋面应具备实施场地
	预埋体系	框架结构	原建筑或新建建筑具备预埋构件	
	配重体系	砖混结构/框架结构	建筑承重能满足配重基础要求	
屋面支撑杆	植筋＋配重体系	砖混结构/框架结构	具备可供植筋锚固的结构构件	原建筑屋面应具备实施场地
	预埋体系	框架结构	原建筑或新建建筑具备预埋构件	
	配重体系	砖混结构/框架结构	建筑承重能满足配重基础要求	
屋面抱杆	锚固体系	框架结构	具备可供植筋锚固的结构构件	原建筑屋面周边构件具备实施条件
	配重体系	砖混结构/框架结构	建筑承重能满足配重基础要求	

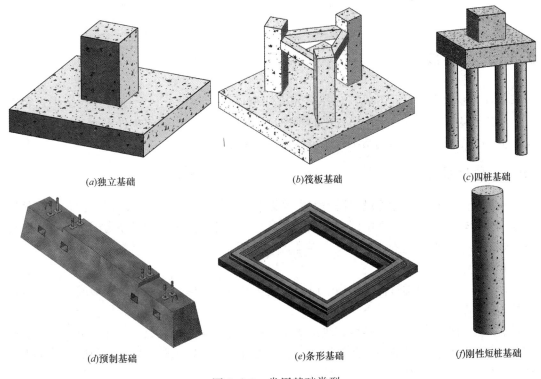

(a)独立基础　　　　　　　　(b)筏板基础　　　　　　　　(c)四桩基础

(d)预制基础　　　　　　　　(e)条形基础　　　　　　　　(f)刚性短桩基础

图 3.2-3　常用基础类型

3.2.4 设备类型

通信基站工程设备根据不同的分类标准可分为不同类别，其中，根据设备与建筑的位置可分为室内设备和室外设备。室外设备主要包括天线设备、信号放大设备、室外机柜（内含各功能模块）等；室内设备主要包括综合柜、传输柜、电源柜、空调等。常用设备见图 3.2-4。

(a)一体化机柜　　　　(b)开关电源　　　　(c)天线　　　　(d)蓄电池

图 3.2-4　常用设备类型

3.3　产品组成单元

各种产品由多个单元组成，对各部分构件组成进行详细分析，根据分析结果进行归类，形成模块化的构件。采用模块化的构件，可建立相应的模块化构件单元，最后通过叠加不同单元组成整个通信基站工程建筑信息模型。

3.3.1 铁塔单元

根据前述分析，实际建设铁塔类型主要集中于单管塔、三管塔、塔房一体化，其他铁塔类别建设较少。本书根据中国铁塔股份有限公司标准图集选择三类铁塔图纸，重点研究三种铁塔相应的模块化构件单元及需要建立的族文件。

1. 单管塔

单管塔是由单根钢管构成的用于通信的直立式高耸结构，主体多为圆形或多边形截面焊接钢管。其主要由塔基、塔身筒、检修平台、脚踏环、天线支架固定件、天线支架、避雷针、美化构件、馈线孔、爬钉、地脚螺栓、附属构件等单元组成。此外，单管塔通过增加各种装饰性构件可扩展为：路灯杆塔、仿生树塔、双轮景观塔、灯杆景观塔、外爬支架塔、插接塔、飘带景观塔等美化类铁塔。

分析单管塔组成单元可知：独立基础、桩基础等基础类型可采用 Revit 软件提供的系统族建立；塔身筒分为圆形截面和多边形截面，可创建不同的族文件来满足使用要求；检修平台和脚踏环可根据实际造型创建相应族文件；天线支架根据形状可由标准钢材创建相应族文件；美化构件可根据图集中提到的不同类型创建相应族文件，塔身连接分为法兰连接和插接连接，其中法兰连接可创建相应的法兰族文件。单管塔主要组成单元如图 3.3-1 所示。

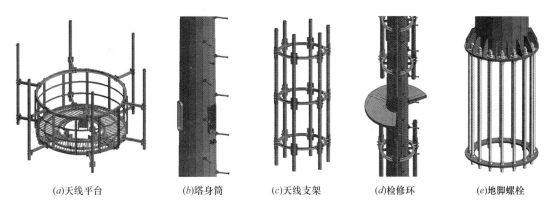

(a)天线平台　　　　　(b)塔身筒　　　　(c)天线支架　　　　(d)检修环　　　　(e)地脚螺栓

图 3.3-1　单管塔主要单元

2. 三管塔

三管塔是指主材采用钢管制作，斜材等采用角钢或钢管制作，塔身截面为三边形的自立式高耸钢结构。其主要由塔基、主材、斜材、横材、检修平台、天线支架、避雷针、爬梯、地脚螺栓、法兰、附属构件等单元组成。此外，四管塔、角钢塔、增高架、支撑杆等结构类型均为格构式，采用各类标准型钢单元组成，具有相同的单元分类原则。

分析三管塔组成单元可知：筏板基础、桩基础等基础类型可采用 Revit 软件提供的系统族建立；格构式塔身由标准型钢组成，可直接采用软件提供的各种标准型钢文件建立相应的族文件；主杆之间法兰连接，可通过创建法兰族文件实现主杆连接；横材、斜材与主杆的连接采用焊接节点板，需要创建相应的节点板族文件；塔身横隔面角钢与横材采用螺栓连，可以通过构件开孔实现；检修平台可通过多个族文件建立嵌套族实现；天线支架根据形状可采用系统提供的标准型钢建立相应的族文件，复杂的天线支架可结合多种族文件嵌套实现；地脚螺栓可建立相应的族文件；附属构件可分别建立相应的族文件。三管塔主要单元如图 3.3-2 所示。

3. 塔房一体化

塔房一体化是将通信的机房、铁塔及基础一体化的高耸结构，主要由铁塔体系、机房体系及配重体系组成，具有集成快速、易于搬迁的特点。塔房一体化由铁塔体系、机房体系、配重体系三部分组成。其中铁塔体系为铁塔、支撑及钢框架底座等结构系统；机房体系为机房及机房与铁塔体系的连接系统；配重体系为铁塔、机房体系的承载和稳定设置的配重式基础系统，配重体系采用装配方式。

铁塔体系与单管塔、三管塔类似，由主杆、斜撑、横材、检修平台、脚踏环、天线支架固定件、天线支架、避雷针、美化构件、馈线孔、爬钉、地脚螺栓、附属构件等单元组成。除中国铁塔股份有限公司公布的《塔房一体化标准图集》外，部分铁塔生产厂家也会提供一些其他造型的塔房一体化产品，其主要组成单元类似。

分析塔房一体化组成单元可知：预制基础需要创建新的族文件来实现；格构式塔身采

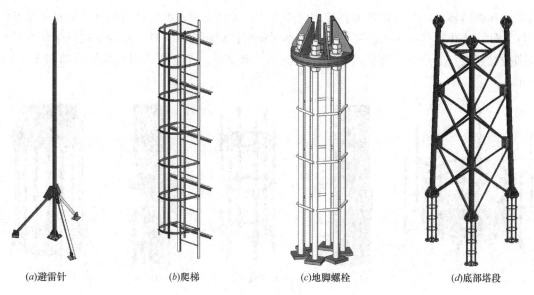

(a)避雷针   (b)爬梯   (c)地脚螺栓   (d)底部塔段

图 3.3-2　三管塔主要单元

用标准型钢加非标准构件组成，标准型钢可直接采用软件提供的各种标准型钢建立相应的族文件，非标准构件可参考单管塔建立族文件的方法建立；塔身之间连接采用法兰单元实现。支撑与主杆、斜杆的连接连接采用焊接节点板，采用软件建立相应的节点板族文件。天线支架、附属构件等单元创建方法与三管塔类似。塔房一体化主要单元如图 3.3-3 所示。

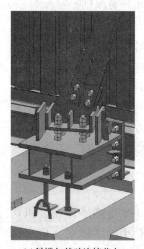

(a)斜撑与基础连接节点   (b)塔脚节点   (c)斜撑与塔身连接节点   (d)天线支架

图 3.3-3　塔房一体化主要单元

3.3.2　机房单元

各省市建设的基本机房类型为土建机房、活动板房、一体化机柜三种。分别介绍如下：

1. 土建机房

土建机房主要为单层建筑，结构类型分为砖混结构和框架结构，通常由基础、柱、梁、板、墙体等单元组成。土建机房大部分单元可采用 Revit 软件内系统族单元建立，对不存在已有族的单元类型可根据要求采用相关族样板文件创建新的族文件，如构造柱族、防盗笼族、馈线孔族、地板族等。本书将在第 8 章对上述新的族文件进行详细描述。

2. 活动板房

活动板房包括普通夹芯板机房、铁甲机房、铝合金机房等类型，主要构件包括基础、柱、梁、支撑、龙骨、板材等单元，与土建机房不同的是活动板房通常采用带波纹状的夹芯板材制作，其他单元基本类似，涉及的单元类型基本可采用软件内系统族实现，对不存在的族可参照土建机房新建族的方法进行创建。建设单位通常向活动板房生产厂家直接采购成品机房，且各厂家活动板房有一定差别，本书不对该成品机房进行描述，只针对具有共性的基础建立建筑信息模型。

3. 一体化机柜

一体化机柜是将通信产品进行深度整合到一台机柜或多台机柜的设备，其包含 UPS、配电、传输、制冷、机柜、消防等多个子系统，通过监控系统对全部系统实现统筹管理。一体化机柜与活动板房类似，均是由生产厂家直接提供产品，各产品存在差别，且存在技术保密要求。本书不对一体化机柜柜体进行描述，只针对具有共性的基础建立建筑信息模型。

活动板房和一体化机柜的基础可通过 Revit 软件内系统族实现。在施工、运维及管理等阶段将对两种机房类型及其内部设备参与的过程控制进行描述。

3.3.3 基础单元

铁塔工程中使用较多的基础类型包括：筏板基础、独立基础、桩基础，刚性短桩基础、条形基础。Revit 软件内置基础族文件可以对独立基础、桩基础，刚性短桩基础、条形基础进行模拟，筏板基础由于其造型特殊性，需要用族样板文件创建新的族文件。各种基础除外观造型应满足相应要求外，还需要配置钢筋，以及设置垫层等相关信息，钢筋配置可采用 Revit Structure 内置的钢筋工具，也可采用速博、橄榄山快模等创建。几种典型的基础类型在 3.2.3 节中已详细介绍，各种基础中涉及的单元类型主要为钢筋单元，如图 3.3-4 所示。

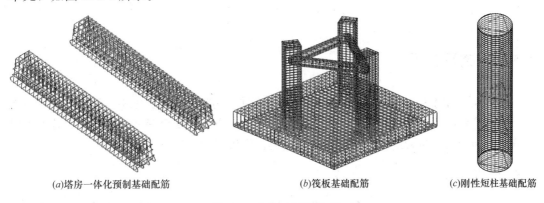

(a)塔房一体化预制基础配筋　　　(b)筏板基础配筋　　　(c)刚性短柱基础配筋

图 3.3-4　基础钢筋单元

3.3.4 设备单元

通信基站工程设备主要包含通信设备、传输设备、电源设备等。设备均为厂家直接提供产品，各产品存在差别，且存在技术保密要求，专业设备的信息模型可直接采用厂家提供的参数化信息模型。本书不对成品设备进行建筑信息建模分析。用于连接各类设备的走线架、电缆、线缆、光纤可分别建立信息模型，用于施工、运维、管理等阶段对各设备参与的全流程进行控制描述。

3.4 产品组装

建立的各类单元最后应按照标准图集进行组装，可分别将铁塔的各构件按图纸要求组装成完整铁塔，将各类设备放入组装好的机房内部，并采用连接单元对设备进行连接。机房与铁塔之间的连接单元单独建立，最后使用 Navisworks 进行整体组装，形成完整的通信基站工程数据信息模型。组装好的各类通信基站产品如图 3.4-1 所示。

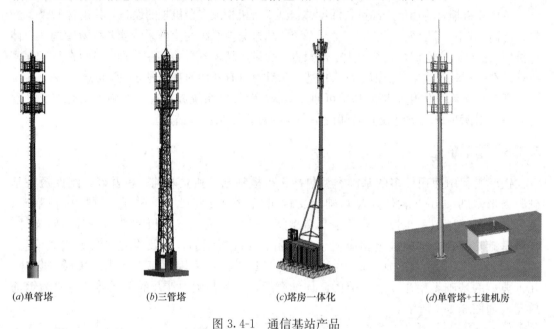

(a)单管塔　　　　　(b)三管塔　　　　　(c)塔房一体化　　　　　(d)单管塔+土建机房

图 3.4-1　通信基站产品

3.5 全流程应用

BIM 可应用于通信基站工程全生命周期：规划、勘察、设计、施工、运维、拆除、改建、管理等各阶段。支持对工程环境、能耗、经济、质量、安全等方面的模拟、检查及性能分析，为项目全过程的方案优化和科学决策提供依据。

3.5.1 设计阶段

通信基站工程应用实施过程中通常由设计咨询单位创建项目建筑信息模型，根据规范规定的建模规则进行建模，保证数据在不同软件及不同合作单位之间的传递是有效的。

通常工民建项目设计由方案设计、初步设计、施工图设计、施工图深化等阶段组成。通信基站工程涉及专业较少，建设工期较短，通常采用一阶段设计，即直接采用施工图模式。在进入设计阶段之前，设计咨询单位应针对通信基站工程建立深化协同设计工作模式。对模型进行拆分以及划分工作界面，制定质量管理与审核流程，对碰撞检查、沟通协调、参照关系、数据格式等应作出统一规定。在规定一致的基础上搭建协同工作平台，在平台上完成施工图设计内容。

根据上海市工程建设规范《建筑信息模型应用标准》DG/TJ 08—2201—2016 规定，设计阶段 BIM 应用内容宜包括：可视化应用、性能化分析应用、量化统计应用、模型调整应用、制图发布应用等。

从实际应用来看，Autodesk Revit 软件可满足通信基站工程的需求，能够实现可视化、性能化、图纸文档、量化统计、制图发布应用等工作流程，采用具有通用数据格式的结构分析软件可以完成铁塔结构的计算分析，采用其他相关软件可完成相应的设计任务。

施工图设计阶段 BIM 模型应达到施工图阶段各专业模型深度要求，并利用各专业 BIM 模型进行设计优化，为项目建设的批复核对分析提供准确的工程项目设计信息，并为施工阶段提供信息数据基础。设计单位应在通信基站工程设计过程中提供可实现全专业、全流程的 BIM 模型。模型构件应表现对应的建筑实体的详细几何特征及精确尺寸，应表现必要的细部特征及内部组成；模型应包含加工、安装所需要的详细信息，以满足施工现场的信息沟通和协调；构件应包含在项目后续阶段（如施工算量、材料统计、造价分析等应用）需要使用的详细信息，包括构件的规格类型参数、主要技术指标、主要性能参数及技术要求、运维信息等。

设计阶段基于平台完成通信基站工程的建筑信息模型，应通过模型评审。确保成果符合实施方案规定的模型精度及建模标准要求。应对使用 BIM 技术与项目各参与方进行设计交底，并指导项目建设实施。涉及修改的项目内容应及时更新模型，确保施工建造阶段模型的准确性。

3.5.2　施工阶段

通信基站工程施工阶段涉及施工总承包单位、专业分包单位、监理单位、造价咨询单位、建设单位等参建方。施工阶段 BIM 模型应由施工总承包进行管理，以设计阶段 BIM 模型为基础，完善并优化施工阶段 BIM 模型，辅助通信基站工程施工与管理。

施工阶段的 BIM 模型应在施工图设计模型基础上，增加施工场地布置、施工机械布置、施工措施等施工配套信息，明确分包工作界面，增加实际参数，可动态反映实际施工工况。施工 BIM 模型应对施工进度进行描述，并在模型中实时更新进度数据，可结合工程造价管理和控制，合理安排工程资金和配套资源计划。可通过添加时间参数，形成 4D 数字信息模型，有助于开展项目现场施工方案模拟、进度模拟和资源管理，提高工程的施工效率，提高施工工序安排的合理性。可进行工程算量和计价，增加工程投资的透明度，控制项目投资。施工总承包单位可协调校核各分包单位施工 BIM 模型，将各分包单位的交付模型整合到施工总承包单位的施工 BIM 模型中，对施工中出现修改的部分及时沟通相关方进行模型更新，并将更新后的模型数据提交其他参与方。利用施工阶段的 BIM 模型有助于通信基站工程进行工程管理。

根据上海市工程建设规范《建筑信息模型应用标准》DG/TJ 08—2201—2016 规定，施工阶段结束后提交的竣工 BIM 模型应包含以下内容：设计最终交付 BIM 模型、专项施工模型、模型说明文件、参考设计文件说明、实物量报表、工程试运行信息、专项验收信息等。竣工模型应根据验收、调试、联动、试运行反馈更新实际性能参数。

3.5.3 运维阶段

建设单位和运维单位利用 BIM 模型进行运维管理，时刻跟进通信基站工程中的设备和管线的变化、更新等内容，可对项目进行全生命周期管理。利用 BIM 模型实现建筑外观、楼层、空间划分、管道布局、设备等的三维可视化及数据信息化，从而进行项目运维管理。

建设单位应对竣工交付的 BIM 模型进行数据更新、校对与审核，确保交付给运维单位的运维 BIM 模型符合工程实际情况。交付的运维 BIM 模型应包含所涉及专业的所有竣工工程信息，所有空间、设备、构件的参数，并对各设备及构件编制资产编码、空间定位以及属性编制，建立运维管理系统数据库，结合楼宇分层和系统拆分等方式组织运维管理。对涉及的各类设备和构件进行实时监测及维护，对需要拆除及更新的构件或设备及时在运维 BIM 模型更新，并进行相应的资产管理。

第4章 标 准 制 定

在通信基站工程全生命周期采用 BIM 技术，所有工程参与单位均会涉及 BIM 模型的使用问题，应制定统一的标准，以便各参建单位能够获得一致的建筑信息模型。满足一致性的建筑信息模型有助于保证表达的质量与准确性，提高信息传递效率，协调通信基站工程各参建单位协作完成工程项目。标准制定应以通信基站工程组成单元标准制定为基础，从基层到整体制定各层次标准。

通信基站工程包含铁塔、机房、基础、设备等，建筑信息模型围绕铁塔、机房、基础、设备相应展开，各专业模型建立的模型单元及其深度可根据相应的专业特点确定。根据专业特点将通信基站工程划分为铁塔、机房、基础、设备四大单项工程。

1. 铁塔单项工程

首先，按铁塔类型划分为多种塔类型，如单管塔、三管塔、塔房一体化等。其次，按功能类别对各类塔型进行模型单元划分，如单管塔可划分为：塔身、维护平台、天线支架、检修孔、馈线孔、避雷针、地脚锚栓、美化外罩、爬钉螺栓、螺栓、防坠落装置、防雷引下线、封堵门洞等；三管塔可划分为：主材、斜材、横材、检修平台、天线支架、避雷针、爬梯、地脚螺栓、法兰、附属构件等。其他塔型具有类似的划分方法。

2. 机房单项工程

首先，按机房类型划分为多种机房类型，如土建机房、活动板房、一体化机柜等。其次，按照相应机房类型涉及的构件单元进行模型单元划分。通常通信基站工程仅涉及一个机房单项工程，个别工程在扩容改造时会涉及增加机房单项工程，由于通信基站工程机房涉及面积小，楼层也只有一层，所以不再区分建筑与结构专业，直接对机房按构件进行划分，如可划分为：外墙、地板、楼板、构造柱、圈梁、地梁、防盗门、馈线窗、雨篷、防水卷材等。

3. 基础单项工程

首先，按基础类型划分为多种基础类型，如独立基础、筏板基础、桩基础等。其次，按基础组成单元进行模型单元划分，如混凝土、钢筋、垫层等。

4. 设备单项工程

首先，按系统划分为照明、暖通、消防、电源、通信五个系统。其次，各系统再按子系统划分为综合柜、传输柜、光缆、电缆、RRU、发射/接受天线等子系统，各子系统又由多个模块构成，如传输柜内放置多个插件模块。系统内部通过连接单元进行组装，最后形成完整的设备模型。

通信基站工程通过以上拆分可形成多个模型单元，对各模型单元建立相应的建筑信息模型，根据实际工程情况选择相应的模型单元进行组装，最后形成通信基站工程建筑信息模型。

从模型单元到组装完整通信基站工程建筑信息模型，不仅涉及模型单元，还涉及族文件、样本文件等内容，在多个参建单位之间进行模型传递还涉及制图深度和数据交互协同等内容，在项目的施工及运维中还涉及管理内容。故而，在通信基站工程全生命周期采用建筑信息模型需要对以上内容制定相应标准，以便在工程全阶段能够达成通用性使用要求。

综上所述，BIM 在通信基站工程中的标准制定包含：模型单元标准制定、族样板标准制定、样板文件标准制定、制图深度标准制定、数据交互协同标准制定、工程管理标准制定等内容。以下详细介绍各标准的要求及制定原则。

4.1 模型单元标准

根据第 3 章对通信基站工程的组成单元详细描述可知，铁塔、机房、基础、设备均由一系列单元组成，各组成单元宜采用统一的规则进行详尽准确的描述，以便在工程中可采用统一标准进行数据交互、协同等操作。模型单元描述及控制的主要参数为：命名编码、属性定义、颜色表示、精度要求、深度要求等。

4.1.1 命名编码

根据《建筑工程设计信息模型制图标准》规定，在建筑工程设计信息模型全生命周期内，为了在三维视图状态下快速识别构件特征、位置、连接、控制、从属关系等信息，应按照模型精细度逐级细化，考虑到通信基站工程通常采用一阶段设计，故而通信基站工程模型单元要求达到施工图阶段相应的模型精细度。模型单元编号可以按照有关交付标准和编码标准一脉相承的原则随模型精细度逐步深入进行扩展，保持核心编号不变，在核心编号的基础上增加相应的编号数据，以满足模型逐步深入的发展需求。模型单元编号特点如下：

1. 模型单元编号应符合下列要求：
1）模型单元编号应力求简明，且易于辨识；
2）模型单元编号规则应符合国家现行有关标准、规范规定及工程编号习惯；
3）模型单元编号可随模型精细度逐步深入而进行扩展，但核心编号应保持一致；
4）模型单元编号宜区分系统，且保持关联性。
2. 模型单元编号格式宜符合下列要求：
1）宜使用汉字、英文字符、数字、下划线"_"和连字符"-"的组合；
2）字段内部组合宜使用下划线"_"，字段之间宜使用连字符"-"分隔；
3）各字符之间、符号之间、字符与符号之间均不宜留空格。
3. 模型单元编号宜由专业简称、模型单元简称、构件序号依次组成，由连字符"-"隔开，同时宜符合下列要求：
1）模型单元编号中的专业简称宜符合有关国家标准和规范的要求；
2）模型单元编号中的模型单元简称宜符合有关国家标准和规范的要求。

根据以上规定，可对通信基站工程涉及的各类模型单元进行准确的命名和编码，该工作对工程量统计、物资采购提供了极大的便利，有助于工程各参建单位迅速并准确掌握构件的专业类别信息，对构件在工程施工、运维等全生命周期的应用起到基础作用。

专业简称和模型单元简称宜与交付标准相统一，采用交付标准中专业简称的中文或英文，相关规定见国家标准《房屋建筑制图统一标准》。模型单元编号可根据工程需要进行拓展，但其基础编号应保持统一，基础编号规定见国家行业标准《建筑工程设计信息模型制图标准》。既可采用中文简称也可采用英文简称，同工程中模型单元简称宜保持风格一致。以下对通信基站工程模型单元涉及的专业简称和模型单元简称进行描述。

模型单元中的建筑专业简称根据国家标准《房屋建筑制图统一标准》确定，见表 4.1-1。

常用建筑专业代码列表 表 4.1-1

专业	专业代码名称	英文专业代码名称	备注
总图	总	G	含总图、景观、测量/地图、土建
建筑	建	A	含建筑、室内设计
结构	结	S	含结构
给水排水	水	P	含给水、排水、管道、消防
暖通空调	暖	M	含采暖、通风、空调、机械
电气	电	E	含电气（强电）、通信（弱电）、消防

模型单元中的通信专业简称根据国家通信行业标准《通信工程制图与图形符号规定》确定，见表 4.1-2。

常用通信专业代码列表 表 4.1-2

名称	代号	名称	代号	名称	代号
光缆线路	GL	电缆线路	DL	同步网	TB
海底光缆	HGL	通信管道	GD	信令网	XL
传输系统	CS	移动通信	YD	通信电源	DY
无线接入	WJ	核心网	HX	监控	JK
数据通信	SJ	业务支撑系统	YZ	有线接入	YJ
网管系统	WG	微波通信	WB	业务网	YW
卫星通信	WD	铁塔	TT		

模型单元中的建筑模型单元简称根据国家行业标准《建筑工程设计信息模型制图标准》，结合通信基站工程中涉及的类型确定，见表 4.1-3。

建筑专业模型单元代码列表 表 4.1-3

构件全称	模型单元简称	代号	构件全称	模型单元简称	代号
墙体	墙	Q	地基	地基	DJ
建筑柱	建-柱	A-Z	基础	基础	JC
结构柱	结-柱	S-Z	楼梯	梯	LT
幕墙	幕	MQ	内墙	内墙	NQ
外门	外门	WM	柱	柱	Z
外窗	外窗	WC	构造柱	构造柱	GZ
屋面	屋	WUM	梁	梁	L
装饰构件	构	GJ	地梁	地梁	DL
设备安装孔洞	洞	KD	圈梁	圈梁	QL
楼面	楼	LM	内门	内门	NM
地面	地	DM	内窗	内窗	NC
地下外围护墙	地下墙	DXQ	室内装饰装修	内装	NZ
地下外围护柱	地下柱	DXZ	各类设备基础	设-基	SJC
散水	散水	SS	运输设备	运-设	SB
台阶	阶	TJ	其他		QT

除表 4.1-3 中所列的建筑专业模型，其他涉及的建筑模型单元可采用拼音首字母代替，以便对该表根据实际工程进行扩展。采用自定义的表达方式，应在《建筑信息模型执行计划》中注明自定义的表达方式及其应用范围。

通信基站工程中涉及铁塔专业的模型单元简称，根据《移动通信工程钢塔桅结构设计规范》《钢结构单管通信塔技术规程》以及中国铁塔股份有限公司企业标准相关图集，铁塔专业整塔模型单元代码列表见表 4.1-4，构件模型单元代码列表见表 4.1-5。

铁塔专业整塔模型单元代码列表　　　　　　　　　　　表 4.1-4

铁塔全称	模型单元简称	代号	铁塔全称	模型单元简称	代号
直立式单管塔	单管塔	DGT	直立式三管塔	三管塔	3GT
外爬支架式单管塔	单管塔-支	DGT-Z	直立式角钢塔	角钢塔	JGT
插接式单管塔（护笼式平台）	单管塔-插护	DGT-CH	插接式单管塔（普通平台）	单管塔-插	DGT-C
直立式增高架	增高架	ZGJ	双轮景观塔（内法兰）	单管-内双	DGT-NS
路灯杆塔	灯杆塔	DGT-CL	风帆景观塔（内法兰）	单管塔-内风	DGT-NF
松树形仿生树	仿生树-松	FSS-CSZ	灯杆景观塔（内法兰）	单管塔-内灯	DGT-ND
多功能路灯杆塔	多功能-塔	DGN-L	花瓣景观塔（内法兰）	单管塔-内花	DGT-NH
双轮插接景观塔	单管塔-插双	DGT-CS	屋面拉线式增高架	增高架-屋面	ZGJ-WM
风帆插接景观塔	单管塔-插风	DGT-CF	屋面拉线桅杆	拉线桅杆-屋面	LXWG-WM
灯杆插接景观塔	单管塔-插灯	DGT-CD	屋顶直立式抱杆	抱杆	BG-WMZL
花瓣插接景观塔	单管塔-插花	DGT-CH	屋顶女儿墙抱杆	抱杆-屋面	BG-WM

铁塔专业构件模型单元代码列表　　　　　　　　　　　表 4.1-5

构件全称	模型单元简称	代号	构件全称	模型单元简称	代号
铁塔结构塔柱主材	主材	ZC	维护平台	平台	PT
水平横杆支撑构件	横杆	HG	天线支架	支架	ZJ
斜杆支撑构件	斜杆	XG	脚踏环	踏环	TH
横隔杆	横隔杆	HGG	避雷针	避雷针	BLZ
辅助杆	辅助杆	FZG	美化天线罩	外罩	WZ
塔身筒段	塔段	TD	馈线孔	馈线孔	KXK
爬梯	爬梯	PT	检修孔	检修孔	JXK
爬钉	爬钉	PD	普通螺栓 4.8 级	螺栓-4.8S	LS-4.8S
插接连接	插接	CJ	普通螺栓 6.8 级	螺栓-6.8S	LS-6.8S
外法兰连接	外法兰	WFL	普通螺栓 8.8 级	螺栓-8.8S	LS-8.8S
内法兰连接	内法兰	NFL	普通螺栓 10.9 级	螺栓-10.9S	LS-10.9S
塔脚底部法兰连接	底法兰	DFL	U 形螺栓 4.8 级	U 螺栓-4.8S	US-4.8S
法兰加劲板	加劲板	JJB	地脚锚栓 45 号钢	锚栓-45#	MS-45#
焊接节点板	焊接板	HJB	地脚锚栓 Q345 钢	锚栓-Q345	MS-Q345
栓接节点板	栓接板	SJB	安防监控	监控	JK
定位板	定位板	DWB	美化花瓣	花瓣	HB
垫片	垫片	DP	美化双轮造型	双轮	SL
美化景观灯	美灯	MD	美化风帆造型	风帆	FF

建筑专业模型单元除以上提到的建筑和结构模型单元，其他专业结合铁塔工程中涉及

的类型，统计见表 4.1-6。

建筑其他专业模型单元代码列表 表 4.1-6

构件全称	模型单元简称	代号	构件全称	模型单元简称	代号
雨水管道	雨水	Y	高压配电线槽	高压	GY
分体式空调管道	分体式空调	FTK	低压配电线槽	低压	DY
空调室外机	空调室外机	SWJ	直流配电线槽	直流	ZL
空调室内机	空调室内机	SNJ	工艺配电线槽	工艺配电	GYD
冷凝水管道	冷凝水	LNS	普通照明线槽	普通照明	ZM
空气调节冷却水管道	冷却水	LQS	应急照明线槽	应急照明	YJ
消防排烟管道	排烟	PY	景观照明线槽	景观照明	JG
事故通风管道	事故通风	SGF	供配电线槽	供配电	GPD
气体灭火器	气灭	QM	智能化线槽	智能化	ZN
消防器材箱	消箱	XX	交流配电箱	配电箱	DX
荧光灯	荧光灯	YGD	开关	开关	KG
应急照明灯	应急灯	YJD	插座	插座	CZ
烟感探测报警器	烟感	YG	温感探测报警器	温感	WG
防盗保护笼	保笼	BL	接地地网	地网	DW

设备专业模型单元结合通信基站工程中涉及的类型，统计见表 4.1-7。

设备专业模型单元代码列表 表 4.1-7

构件全称	模型单元简称	代号	构件全称	模型单元简称	代号
开关电源机柜	开关电源	KY	走线架	走线架	ZXJ
综合机柜	综合柜	ZHG	室内接地排	内排	NP
蓄电池组	电池	DC	室外接地排	外排	WP
电池应力架	电池架	DCJ	动环监控	动监	DJ
传输设备机柜	传输柜	CSG	整流器架	整流器架	ZJ
设备抗震架	抗震架	KZJ	接地扁钢	扁钢	BG
应急发电油机	油机	YJ	馈线电缆	电缆	DL
馈线保护窗	馈线窗	KXC	馈线光缆	光缆	GL

在确定专业简称和模型单元简称后，需要加上构件序号用来对相同类别的模型单元进行区分。模型单元编号拓展采用连字符"-"的组合，可增加关键尺寸、材料、楼层信息、使用状态等信息。

根据以上模型单元定义规则，定义模型单元举例如下：

建-内墙-1-页岩实心砖-MU5-混合砂浆-M10-240mm（A-NQ-1-）

结-基础-3-条形基础-混凝土-C25-1000mm×300mm（S-JC-3-）

电-配电箱-1-（E-DX-1-）

铁塔-单管塔-平台-1-24m-2000mm（TT-DGT-PT-1-）

移动通信-综合柜-1（YD-ZHG-1-）

其中，铁塔模型单元由整塔模型单元和构件模型单元组成。

此外，可根据需要增加工程状态代码：新建 N、保留 E、拆除 D、拟建 F、临时 T、搬迁 M、改建 R 等。

4.1.2 属性定义

通信基站工程所建立的模型单元需要对其自身特性进行描述。模型单元描述通常采用专业简称、模型单元简称、构件序号依次组成，为方便工程应用，通常会在构件序号后增加模型单元特征参数来命名模型单元，通过增加对构件序号的解释，可以在工程应用中快速使用各模型单元。通过对自身特性关键参数进行表述，有助于区分相同模型单元类别中不同的具体模型单元。如单管塔法兰模型单元可进行如下命名编码：

铁塔-单管塔-内法兰-1-650mm-12-M30-24mm 或 TT-DGT-NFL-1。

对于不同类型的单管塔内法兰，可将其命名为 TT-DGT-NFL-2、TT-DGT-NFL-3 等。对于铁塔项目单元可定义其属性文件，如法兰可定义钢材材质、法兰盘外径、法兰盘内径、法兰盘厚度、螺栓分布直径、螺栓孔数量、螺栓孔直径、螺栓型号等参数，通过定义这些属性参数，可区别各模型单元型号。此外，可增加制造厂商、建造维护等信息。图 4.1-1 为采用 Revit 族文件定义的法兰盘属性参数。

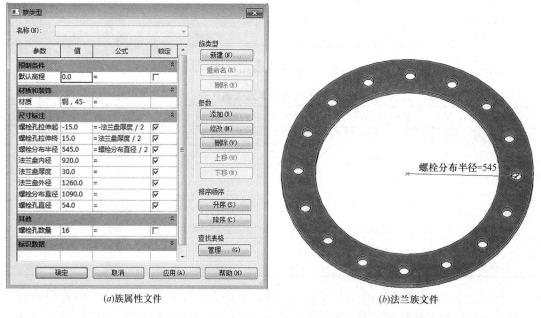

(a)族属性文件　　　　　　　　　　　　(b)法兰族文件

图 4.1-1　法兰盘属性参数

通信基站工程中涉及的模型单元，如塔身、检修平台、脚踏环、天线支架固定件、天线支架、避雷针、美化构件、馈线孔、爬钉、地脚螺栓、附属构件、柱、梁、板、墙体、筏板基础、独立基础、桩基础、刚性短桩基础、条形基础、走线架、电缆、线缆、光纤等，均具有其独特的特征参数，需通过定义特征参数来区分不同模型单元。

4.1.3 颜色表示

建筑信息模型的表达应充分考虑电子化交付和彩色表达方式，以充分发挥 BIM 的优势和特点，能够迅速通过色彩视觉判断出通信基站工程组成系统十分重要，有助于工程在实施过程中避免出现错误。

工程各参建单位协同过程中，建筑信息模型应根据系统设置颜色。考虑到建筑和结构构件涉及的种类和材料搭配比较复杂，涉及建筑和结构两个专业的铁塔、机房、基础三类模型，颜色设置不做特殊规定，实际建模可根据材质相应的颜色进行建模。设备系统颜色设置较为简单，依据系统区分颜色，可以有效提高识别效率和减少错误率，有利于建筑信息模型在运维和管理方面的应用。

参考相关规范，模型颜色设置宜符合表 4.1-8 的要求。

模型颜色设置 表 4.1-8

一级系统	颜色设置值			二级系统	颜色设置值		
	R	G	B		R	G	B
水系统	0	0	255	排水系统	0	0	205
				消防系统	255	0	0
				室外水系统	135	206	235
暖通系统	0	255	0	供暖系统	124	252	0
				通风系统（消防排烟系统除外）	0	205	0
				通风系统（消防排烟系统）	192	0	0
电气系统	255	0	255	供配电系统	160	32	240
				照明系统	238	130	238
				防雷与接地系统	208	32	144
动力系统	—	—	—	油系统	105	105	105
动环监控系统	255	255	0	信息化应用系统	255	215	0
				智能化集成系统	238	221	130
				信息设施系统	255	246	143
				安全系统（火灾自动报警及消防联动控制系统除外）	255	165	0
				安全系统（火灾自动报警及消防联动控制系统）	238	0	0

注：本表来源于《建筑工程设计信息模型制图标准》，除本表所列系统外，通信基站工程中涉及的其他系统可采用自定义颜色设置，并将颜色设置规则在项目传递时同步传递给工程各参建单位。

4.1.4 深度与精度

建筑信息模型深度等级依据《民用建筑信息模型设计标准》，分为几何和非几何两个信息维度，每个信息维度可分为 5 个等级区间。此外，建筑信息模型可按不同专业进行划分。

方案阶段模型应达到 1.0 深度等级，初步设计阶段模型应达到 2.0 深度等级，施工图阶段模型应达到 3.0 深度等级，施工阶段模型应达到 4.0 深度等级，运维阶段模型应达到 5.0 深度等级。在相同阶段下不同专业允许不同的深度要求，具体可结合国内建筑行业现状，并充分考虑与国际通用的模型深度相对应，同时关注建筑全生命周期各阶段的应用需求等，综合考虑以上因素共同确定不同专业的深度要求。

建筑信息模型表达的深度与精度应结合各阶段要求进行，通信基站工程采用一阶段设计，即施工图设计阶段。在满足建模深度要求和模型规划要求的前提下，在建模过程中各专业建模特点如下：

建筑专业：要求墙体、门、窗、顶棚高度等定位准确。为便于数据信息在全流程的应用，墙体采用三道墙的建模规则（外饰面墙＋基墙＋内饰面墙），屋面板建模采用多道楼板的建模规则（屋面保护层＋防水层＋保温层＋找坡层＋结构楼板＋天棚涂料或吊顶做法等），地面可根据实际情况布置，馈线窗、防盗门等按实际尺寸及位置建模。

结构专业：机房部分要求柱、梁、板、墙、基础截面尺寸与定位尺寸准确，配筋信息完备准确，需要做地基处理的工程应包含相应的地基处理信息模型。结构专业除机房外还包括铁塔专业，铁塔要求整塔建设位置定位准确，铁塔各构件截面尺寸与定位准确，用于连接的螺栓、地脚锚栓尺寸与定位准确，相应的基础截面尺寸与定位准确，基础配筋信息完备准确。

电气专业：各系统命名正确，有配电箱、照明设备、插座设备、防雷与接地等设施。

暖通专业：各系统命名正确，空调设备布置到位，其他设备也应有相应的建模，需要设置保温层的风管，保温层也须建模。采用中央空调的，对涉及管线布置的设备、末端等均须建模。采用自然进行冷却的特殊机房应建立相应的模型。

消防专业：消防灭火器型号、数量、位置准确。

设备专业：设备外形尺寸、数量、位置准确，设备之间必要的连接走线架形状、位置准确。设备内部配置信息完备。

以上模型在施工图设计阶段建立时应基于统一的单位和坐标体系：

1）长度单位为毫米（mm），标高单位为米（m）；

2）使用相对标高，坐标原点 Z 轴标高为±0.000；

3）建筑信息模型数据采用通用坐标系。铁塔、机房、基础和设备采用相同轴网、标高，保证模型整合时能够对齐。

建立的建筑信息模型应采用模型单元标准中提出的命名编码规则，便于工程量清单编制，以及各参建单位间的模型传递、使用及更新。

结合施工图设计阶段通信基站工程的特点，从产品类型进行划分，各专业对应的模型深度制定要求详见表 4.1-9。该表按产品类型和专业列举描述了建筑信息模型施工图设计阶段表达深度，相应深度等级为 3.0。

建筑信息模型施工图设计阶段表达深度（深度等级 3.0）　　　　　　表 4.1-9

产品类型	专业	构件深度	
		几何信息	非几何信息
铁塔	结构	结构构件的截面尺寸、型号、定位、节点连接、标高、构件编号、材质信息等	a. 基本信息，如设计使用年限、抗震设防烈度、抗震等级、设计地震分组、场地类别、结构安全等级等 b. 结构荷载信息，如风荷载、雪荷载、裹冰荷载、温度荷载、检修活荷载等 c. 构件构造信息，如构件长细比、径厚比等 d. 对新技术、新材料的相关说明等 e. 其他要求，如耐久性要求、保护层厚度、防腐信息等
机房	建筑	几何尺寸、截面尺寸及定位、名称、材质等	构件相互关联信息、防火性能参数、防水性能参数、节能性能参数、工程量信息、颜色、规格、型号、说明、标注等
	结构	结构构件的截面尺寸、型号、定位、混凝土等级、钢材型号、配筋信息、钢材标号、节点连接信息、标高、构件编号、材质信息等	a. 基本信息，如设计使用年限、抗震设防烈度、抗震等级、设计地震分组、场地类别、结构安全等级、结构体系等 b. 结构荷载信息，如风荷载、雪荷载、温度荷载、楼面恒活荷载等 c. 构件配筋信息，钢筋构造信息等 d. 对新技术、新材料的相关说明等 e. 其他要求，如耐久性要求、保护层厚度等

续表

产品类型	专业	构件深度	
		几何信息	非几何信息
基础	结构	结构构件的截面尺寸、型号、定位参数、混凝土等级、配筋信息、钢材标号、节点连接信息、标高、构件编号、材质信息等	a. 基本信息，如设计使用年限、抗震设防烈度、抗震等级、设计地震分组、场地类别、基础安全等级、基础类型等 b. 上部结构传导的荷载信息，基础地质情况等 c. 构件配筋信息，钢筋构造信息等 d. 对新技术、新材料的相关说明等 e. 其他要求，如耐久性要求、保护层厚度等
设备	设备	设备型号的尺寸及定位参数、标高、名称、材质信息等	构件相互关联信息、功能信息、系统信息等

表 4.1-9 描述了施工图设计阶段建筑信息模型的表达深度，设计单位将按表 4.1-9 要求建立的信息模型传递给施工建造单位，在施工建造阶段，需要对建筑信息模型进行扩充，以满足施工建造阶段的相关需求。扩展内容详见表 4.1-10。

建筑信息模型施工建造阶段表达深度（深度等级 4.0）　　表 4.1-10

产品类型	专业	构件深度	
		几何信息	非几何信息
铁塔	结构	a. 精细化构件细节组成与拆分，如钢构件下料加工 b. 预埋件、焊接件的精确定位及外形尺寸 c. 复杂节点的精确定位及外形尺寸 d. 施工临时措施的精确定位及外形尺寸等	a. 工程量统计信息、主体材料分类统计信息、施工材料分类统计信息 b. 工料机信息 c. 施工组织及材料信息等
机房	建筑	a. 精细化构件细节组成与拆分的几何尺寸、定位信息 b. 最终构件的精确定位及外形尺寸 c. 最终确定的洞口精确定位及尺寸 d. 安装预留的细小孔洞等	a. 工业化生产要求与细节参数 b. 工程量统计信息 c. 施工组织及材料信息等
	结构	a. 精细化构件细节组成与拆分，如钢筋放样及组拼 b. 预埋件、焊接件的精确定位及外形尺寸 c. 复杂节点模型的精确定位及外形尺寸 d. 施工支护的精确定位及外形尺寸等	a. 工程量统计信息、主体材料分类统计信息、施工材料分类统计信息 b. 工料机信息 c. 施工组织及材料信息等
基础	结构	a. 精细化构件细节组成与拆分，如钢筋放样及组拼 b. 预埋件、焊接件的精确定位及外形尺寸 c. 复杂节点模型的精确定位及外形尺寸 d. 施工支护的精确定位及外形尺寸等	a. 工程量统计信息、主体材料分类统计信息、施工材料分类统计信息 b. 工料机信息 c. 施工组织及材料信息等
设备	设备	a. 设备定制加工模型 b. 特殊构件定制加工模型，下料准确几何信息 c. 复杂部位管道整体定制加工模型等	a. 设备、材料、工程量统计信息 b. 施工组织及材料信息等

注：深度等级 4.0 的内容包含深度等级 3.0 对应的所有内容，本表略去 3.0 内容描述。

通信基站工程经过施工建造阶段，建筑信息模型深度已经达到 4.0 等级，满足建筑竣工交付的模型深度要求。此时，通信基站还未添加设备信息，如机房内部设备、铁塔挂载设备等。要达到运营交付标准需要添加更多的信息，特别是总承包工程，需要添加与试运行有关的各种参数，以便能够联动调试。通过试运行进入运维阶段的建筑信息模型，其相应的模型深度等级应扩展到 5.0。

根据实际工程需要，运维阶段建筑信息模型需要添加设备厂家信息、运行参数、维护信息等。扩展内容详见表 4.1-11。

建筑信息模型运行维护阶段表达深度（深度等级 5.0）   表 4.1-11

产品类型	专业	构件深度	
		几何信息	非几何信息
铁塔	结构	竣工铁塔结构构配件的位置、型号及尺寸等	各铁塔设施及构件的维护与运行信息等
机房	建筑	竣工建筑构配件的位置及尺寸等	a. 实际工程采购信息、建筑安装信息、构造信息 b. 各建筑设施及构件的维护与运行信息等
	结构	竣工房屋结构构配件的位置及尺寸等	各结构设施及构件的配筋信息等
基础	结构	竣工基础结构构配件的位置及尺寸等	各基础设施及构件的配筋信息等
设备	设备	安装设备信息模型 实际安装设备构件及配件的位置及尺寸等	a. 采购设备详细信息、管线安装信息 b. 设备管理信息、运维分析信息、系统逻辑信息等

注：深度等级 5.0 的内容包含深度等级 4.0 对应的所有内容，本表略去 4.0 内容描述。

4.2 族标准

项目开发过程中用于组建建筑信息模型的构件需要具备在不同项目之间共享的特点。Revit 自带多种族类型，基本可以满足创建机房和基础模型的需求。然而，铁塔和设备是通信基站工程所特有的类型，铁塔与房屋建筑差别较大，其涉及钢结构构件及复杂节点，Revit 系统族中并未全面包含构成这两类单元的族，仅采用系统族无法完成创建铁塔和设备模型。针对铁塔单元特点，需要创建新的具有针对性的族文件形成铁塔单元族库，以便更加高效运用 Revit 系列软件创建通信基站工程建筑信息模型。

族是组成项目单元的基本构件，同时也是各类参数信息的载体。根据参数集共用、使用上的相同和图形表示的相似性来对图元进行分组，族中不同图元的部分或全部属性可以包含不同的值，但其属性设置是相同的。Revit 族包含可载入族、系统族、内建族三种类型。

1. 可载入族

使用族样板在项目外部创建的 rfa 格式文件，可以载入到项目中，具有高度可自定义的特征。可载入族是用户经常创建和修改的族。

2. 系统族

在项目中预定义，且只能在项目中进行创建和修改的族类型。不能作为外部文件载入或创建，但可以在项目和样板之间复制、粘贴或传递系统族类型。

3. 内建族

当前项目中新建的族，与"可载入族"的区别为：内建族只能存储在当前的项目文件里，不能单独存放成 rfa 格式文件，也不能用于别的项目。

本书主要介绍可载入族在通信基站工程建立建筑信息模型中的应用。建筑信息模型由一系列实例组成，实例就是放置在项目特定位置的单个图元，根据图元的组成特点，可按照类别、类型对图元进行分类。类别是以建筑构件性质为基础，对建筑模型进行归类，如族可划分的类别有门、窗、柱等。每个类别的族可以包含多个类型，类型用于表示族中不同参数值。可载入族将按照"实例→类别→类型"规则进行分类和定义。

在开始创建族时，需要根据不同类别族的特点选择族样板文件，选择不同的族样板，会生成不同特性的族，Revit 族样板为 rft 格式文件。研究族样本共性和特性有助于选择合适的族样板创建可载入族，达到事半功倍的效果。

Revit 内置族样板从分类、功能、使用角度等方面为使用者提供了丰富的样本类型，创建族需要选取合适的样本文件，否则会创建出无法满足功能要求的族文件。选择族样板文件应首先确定族类别。Revit 系统中提供的族类别包含：标题栏、概念体量、注释、结构、轮廓等。族样板文件储存地址为"… \ ProgramData \ Autodesk \ RVT 2016 \ Family Templates \ Chinese"。

4.2.1　族文件命名

Revit 内置族文件结构根据族类别进行分类，可包含多级目录，如一级根目录、二级子目录、三级子目录等，系统族储存地址为"… \ ProgramData \ Autodesk \ RVT 2016 \ Libraries \ China"。根目录可以按专业或功能类别进行分类，子目录可按用途、形式、材质等进行分类。

新建族通过添加各种参数作为限定条件，定义族参数可实现对族的各种控制，形成不同族文件。族参数根据是否需要进行修改分为两种：第一种是在使用中需要进行实时修改的族参数，命名宜采用中文简称，以便不同使用者使用相同族文件时可实现相同效果，此类族在选择"参数类型"和"参数分组方式"时应优先选择方便后续理解沟通和查找修改的类型；另一种族参数为辅助参数，其过程参数通过公式随主要参数自行参变或不参变，此类族参数在使用过程中用户不需要修改或很少修改的，其命名可采用简单的代号或其他简化方式，"参数分组方式"宜选择"其他"。族文件命名应简洁准确，可参考 4.1 命名编码中的专业简称进行命名，根据实际需要添加有助于文件之间区分的特征信息。

根据以上标准，采用单管塔中固定天线支架的槽钢圈进行族文件相关说明。槽钢圈族文件结构目录如下：

一级根目录——常规模型；

二级子目录——天线支架平台，可包含平台编号；

三级子目录——槽钢圈，可包含多种槽钢类型。

根据命名规则，可制定目录为：常规模型/天线支架平台 1/槽钢圈 C12.6。

该族文件名字可采用"支架平台槽钢圈"，需要添加各种族参数作为限定条件，根据该族的使用特点和槽钢的参数特点，对添加的族参数根据是否需要进行修改分为两种：其中直接用来描述槽钢规格的相关参数为需要进行实时修改的族参数，命名采用规范规定的字母名称，"参数类型"选择"长度"，"参数分组方式"选择"尺寸标注"；另一种参数为通过公式表达的辅助参数，采用简单的 x1、x2 等命名，相应的公式栏中编写可随主要参数自行参变的公式，对于不发生参变的角度等数值可直接填写数字，只要满足族文件建立的需要即可，此类在使用过程中用户不需要修改的参数，可将"参数分组方式"归类为"其他"。根据以上所述，制定的支架平台槽钢圈族参数详见图 4.2-1，相应的尺寸标注见图 4.2-2。

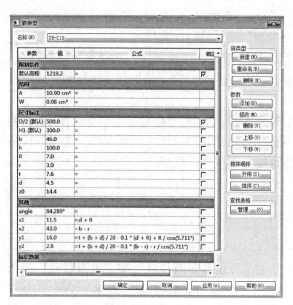

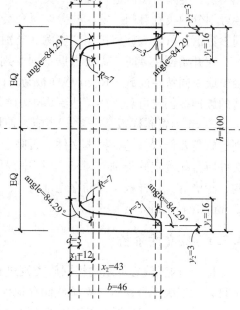

图 4.2-1　支架平台槽钢圈族参数文件　　　图 4.2-2　支架平台槽钢圈尺寸标注

4.2.2　族样板分类

Revit 提供的族样板主要可分为基于主体的样板、基于线的样板、基于面的样板和独立样板等四种类型。

1. 基于主体的样板

基于主体的样板在实际工程中应用广泛，如机房中涉及的防盗门、馈线窗等都是基于墙的族样板文件，可采用"基于墙的公制常规模型.rft"族样板文件进行创建。采用基于主体的族样板创建的族一定要附属于特定的图元中，当主体存在时，才能放置该族，主体不存在时，该族将无法放置在项目中。采用此种类型的族样板主要包括："基于墙的样板"、"基于天花板的样板"、"基于楼板的样板"、"基于屋顶的样板"四种。

采用样板文件中预设的主体模型，并定义新建模型与主体模型之间的几何关系，新建的约束对象会随主体的变化而变化，从而实现基于主体的样板文件特点。

2. 基于线的样板

基于线的样板可用于创建使用两次拾取形式放置的族，包括普通线性效果的基于线和结合阵列功能的基于线。在通信基站工程中使用较少。

3. 基于面的样板

基于面的样板可用于创建基于平面的族，其依附于工作平面或实体表面放置于项目中，不能独立地放置于项目的其他绘图区域。螺栓、检修孔都是基于面的族，可采用"基于面的公制常规模型.rft"进行创建，创建好的螺栓族可以基于法兰或构件表面进行放置，有助于提高布置效率和准确性。

4. 独立样板

独立样板用于创建独立模型，不依赖于任何主体、线、面。创建的模型可在项目中任

意放置，具有很大的灵活性。通信基站工程中使用较多的独立样板有："公制体量．rft"、
"公制常规模型．rft"、"公制环境．rft"等。

　　通信基站工程涉及的族类别众多，以上提到的四种类型均存在，图 4.2-3～图 4.2-5
展示了基于主体的样板、基于面的样板和独立样板三种类型族样板创建的族文件。

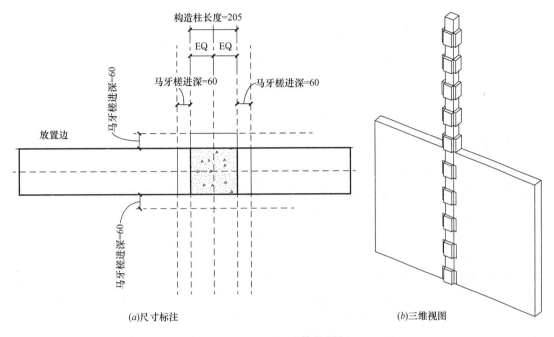

(a)尺寸标注　　　　　　　　　　(b)三维视图

图 4.2-3　基于主体的样板

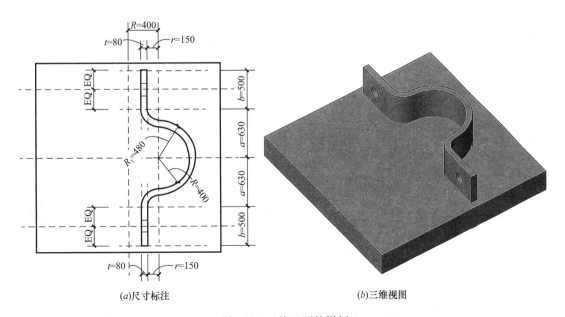

(a)尺寸标注　　　　　　　　　　(b)三维视图

图 4.2-4　基于面的样板

47

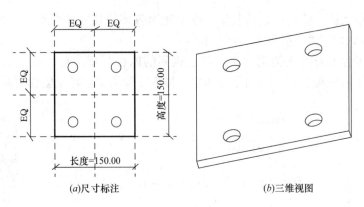

(a)尺寸标注　　　　　　　　　　　(b)三维视图

图 4.2-5　独立样板

4.2.3　族样板特征

　　族样板提供多种文件类型，采用族样板建立族文件过程类似，在使用前需要理解族样板文件的特点，打开族样板文件通常可以看到项目浏览器中"视图"部分包含：两个平面、四个立面、一个三维视图等，如图 4.2-6 所示。对于不同的样板文件其视图部分基本相同，均有默认的参照平面和参照标高，采用预设的参照平面和参照标高可以定义构件族的原点、绘制其他参照平面以及绘制几何图形。

　　对于绘制的几何图形需要定义其族类别和族参数，使用"创建"选项卡"属性"面板中的"族类别和族参数"工具，为正在创建的构件指定预定义族类型的属性。选择不同的"族类别和族参数"，其默认"属性"通常不同。属性会影响到族在项目中的工作特性。使用"创建"选项卡"属性"面板中的"族类型"工具，对现有族类型输入参数值，或在族中创建新的属性类型。除以上提到的族样板文件相同的特点外，每个样板还有其自身特性，如"公制窗.rft"样板文件是基于"基本墙"创建的，该族样板文件中预设了该类别族中涉及的"基本墙"构件；又如采用"基于面的公制常规模型.rft"建立族文件，其基于面的立面视图如图 4.2-7 所示。

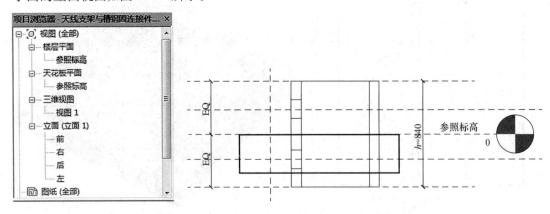

图 4.2-6　族样板视图　　　　　　　图 4.2-7　基于面的立面视图

　　尽管 Revit 提供的族样板文件有多种，但实际使用中产品类型复杂程度远远超过 Revit 提供的样板类型。当所需要创建的族类别在 Revit 系统中没有对应的样板时，可采用"常规模型"样板文件，通过修改其"族类别"各参数属性得到适合的族文件，通用性"常规模型"有：

1）公制常规模型.rft

2）基于两个标高的公制常规模型.rft

3）基于楼板的公制常规模型.rft

4）基于面的公制常规模型.rft

5）基于墙的公制常规模型.rft

6）基于天花板的公制常规模型.rft

7）基于屋顶的公制常规模型.rft

8）基于线的公制常规模型.rft

9）自适应公制常规模型.rft

10）注释/常规注释.rft

以上"常规模型"可创建各种各样的族文件，合适的创建方法有助于族的创建，尤其采用合适的方法创建基于面（线，等）的族文件，有助于提高创建项目的工作效率。Revit 提供的族样板特点均可以单击相应的样板文件进行查看。

4.2.4　创建族样板

族样板有助于提高创建族效率，为工程使用提供更适合的样板文件，除 Revit 软件系统内置的样板文件外，用户可根据工程特点创建新的族样板文件。创建族样板文件可以参考 Revit 内置的族样板文件进行，采用软件自带的族样板进行更改可快速获得新的族样板文件。如果从零开始创建样板文件，需要设置以下关键点：预设参照平面、预设参数（共享参数/类型参数/实例参数）、定义三维构件、加载嵌套族、预设材质、预设对象样式（子类别）等。

此外，除采用软件内工具创建族样板文件，在创建族样板过程中也可调用其他软件。如螺栓族创建过程中，可采用 Execl 表格定义螺栓的关键参数，将关键参数表述为"d＃＃ length＃＃millimeters"等格式，并将 Execl 表格通过.csv 格式转换为.txt 格式，通过螺栓族文件调用螺栓参数.txt 格式文本，形成完整系列螺栓族，如图 4.2-8、图 4.2-9 所示。

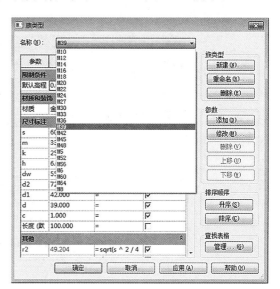

图 4.2-8　螺栓参数.txt 格式文本　　　　　图 4.2-9　全系列螺栓族

4.3 项目样板标准

不同国家使用的规范存在差别，不同工程领域使用的规范也存在差别。为提高建模效率，需要减少重复工作内容，将统一的工作内容建立项目样板文件。Revit 软件内置若干样板用于不同的建筑项目，但仍与国内各领域标准相差较大，因而结合实际工程特点建立适合相应领域的项目样板文件尤为重要。

项目样板为项目设计提供初始状态，项目设计过程在样板提供的平台上进行。通过对项目样板定义可使其满足国家规范和行业标准要求，并可满足企业 ISO 系列标准要求。

项目样板是一种预定义的项目设置，项目样板中定义了项目的初始状态：项目的视图样板、已载入的族、已定义的设置（如标题栏、线样式、线宽、填充样式、材质、单位、捕捉、尺寸标注、对象样式、视图比例等）以及几何图形等信息。Revit 创建项目从项目样板开始，基于样板创建的新项目可继承来自样板的所有族、各项设置以及几何图形。不同项目样板对单位、线形、不同构建的显示等方面存在一定区别，根据工作需要建立各企业及各专业相应的项目样板对快速建模有非常大帮助。采用项目样板为不同项目提供相同的建模标准，有利于减少重复工作量并降低出错概率。

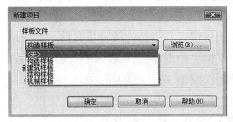

图 4.3-1　内置样板文件类型

4.3.1 项目样板文件创建

打开 Revit 软件后，单击项目下的新建按钮，弹出项目样板的选择框，Revit 软件内置样板文件包含构造样板、建筑样板、结构样板、机械样板四种样板。如图 4.3-1 所示。

Revit 软件除内含的四个样板文件外，也可以根据需要制作符合各项目要求的项目样板文件。项目样板的存储位置可以在开始→选项→文件位置中找到，如图 4.3-2 所示。

图 4.3-2　项目样板文件存储位置

创建样板文件可采用以下方法：

1. 利用完工项目文件创建

采用已完成项目文件创建样板文件，单击"应用程序菜单"按钮，在弹出的列表中选择"另存为-项目样板"命令，直接从已完成项目文件中保存出样板文件。采用该类方法创建的样板文件包含了已完成项目的成果，是快速有效的样板文件创建方法，只需删除其中不需要的图元，即可得到符合要求的样板文件。

2. 修改已有项目样板

通过修改 Revit 软件内置的样板文件，另保存得到新的样板文件。

3. 新建空白项目样板

创建空白项目样板时，可通过导入已有项目中包含的各种信息完成项目标准的传递工作，将已有项目标准传递到空白项目样板中。

具体操作方法为：打开项目，使用"管理"选项卡"设置"面板中的"传递项目标准"工具，打开"选择要复制的项目"对话框，勾选需要传递的设置内容，传递项目标准。项目样板的制作是不断完善的过程，可随项目制作不断进行调整并完善项目样板，以达到适合实际工程表达需要的项目样板文件。新建项目样板的存放位置为："… \ ProgramData \ Autodesk \ RVT 2016 \ Templates \ China"。

4.3.2　项目样板文件定义

项目样板文件在使用时可快速提高建模效率，创建项目样板文件首先要研究样板文件的组成内容。通常一个项目样板文件需要定义如下内容：

1. 项目信息

项目信息可定义项目名称、项目编号、客户名称等信息。

2. 项目浏览器

通过复制视图，修改视图副本名称及视图类型形成新视图集，新视图集的布局及名称应包含所有常用类别。在项目浏览器中可预定义平面视图、标高、明细表、图例、图纸等。

3. 视图样板

不同视图需要满足不同需求，可对视图样板中视图比例、可见性图形替换、视图范围等制定不同规则，使得视图表现满足工程要求。将满足特定需求的视图设置为视图样板，在不同项目中不用重新设置，使用预先设定的视图样板即可满足视图要求，项目视图样板标准化有助于减少视图设置的重复工作。

4. 各项设置

项目中包含多种设置，如标题栏、线样式、线宽、填充样式、材质、单位、捕捉、尺寸标注、对象样式、视图比例等。各项设置简要介绍如下：

1）通过创建标题栏预先定义不同尺寸的图纸边框，也可导入单位使用的标准图框，来完成出图图框的设置；

2）通过线样式可定义不同类型线的类别、线宽、颜色、样式，用来显示不同类别的需求；

3）线宽包括模型线宽、透视图线宽、注释线宽三个类别，通过定义模型线宽可控制墙与窗等对象的线宽，其宽度根据视图比例而定，Revit 模型线宽共有 16 种，每种线宽都可根据视图比例指定大小，其他两类线宽具有相同的定义模式，通过定义线宽可获得不同视图比例下的宽度，并且可以定义三维视图中的线宽；

4）填充样式的填充图案类型包括绘图填充图案和模型填充图案两种类别，其中模型填充图案相对模型保持固定尺寸，而绘图填充图案相对于图纸保持固定尺寸，通过填充样式可定义施工图及三维视图填充图案和填充比例；

5）定义建模构件的材质，设置图像渲染效果；

6）指定长度、角度、坡度角等项目单位，制定各项规程，使其符合国家规范；

7）捕捉定义可制定模型视图的长度标注捕捉增量和角度标注捕捉增量，以及捕捉点类型；通过定义注释的类型属性可定义尺寸标注外观和大小，通过定义临时尺寸标注属性可指定临时尺寸标注的显示和位置；

8）通过对象样式定义可指定项目中模型对象、注释对象以及导入对象中各类别的线宽、线颜色、线型图案以及材质。

5. 导入族文件

根据专业设计特点，在样板文件中导入常用的族文件。预先将导入性的重复工作在项目样板文件中完成，可避免在项目中重复进行。当相同族文件包含类型较多时，应有选择地导入工程中涉及的相应规格，避免导入项目中不会使用的族文件。此外，还可以载入常用的族、自定义族和标题栏等。

6. 打印设置

预定义打印机和打印设置。使用"打印设置"可定义从当前模型打印视图和图纸时或创建 PDF、PLT 或 PRN 文件时使用的设置。

7. 项目和共享参数

预定义项目参数并标识共享参数文件。共享参数是参数定义，可用于多个族或项目中。将共享参数定义添加到族或项目后，可将其用作族参数或项目参数，可以标记共享参数，并可将其添加到明细表中。

4.3.3　通信基站工程项目样板文件特点

通信基站工程与传统建筑工程既有共性，也有其各自特点。通信基站工程土建阶段涉及的主要内容为钢结构和混凝土结构，在制作通信基站工程样板文件时应充分考虑工程中涉及的内容，尽可能满足快速建模要求，同时也需要控制样板文件的容量。通信基站工程样板文件特点如下：

1. 钢结构使用型钢种类及型号具有一定规律，可将常用型钢种类及型号族或自定义族载入样板文件；

2. 钢结构节点复杂多样，多为自定义族，可将此类自定义节点族载入样板文件，如法兰族、加劲板族、槽钢圈族等；

3. 机房工程使用的族类型较为规律，可将常用系统族载入到样板文件；

4. 设备工程使用的族均为自定义族，可将工程中涉及的设备族载入样板文件；

5. 根据建立信息模型控制样板文件容量的要求，可创建铁塔样板文件、机房样板文件两种类别。

实际工程可根据需要做相应调整。

4.4　施工标准

通信基站工程在设计阶段建立基本的建筑信息模型，可为项目施工提供 3D 信息模型，在施工阶段通过深化形成深化建筑信息模型，深化建筑信息模型可模拟复杂节点、管线等。通过增加时间参数形成 4D 模型，结合施工组织模拟实现施工过程模拟、进度管理等信息控制需求。通过增加预算与成本控制参数形成 5D 模型，从而实现项目的预算与成本管理。

《建筑工程施工信息模型应用标准》对建筑工程项目施工涉及的各环节制定了相应标准，其制定环节如下：

1. 施工模型；
2. 深化设计模型；
3. 施工组织模拟和施工工艺模拟；
4. 预制加工模拟；
5. 进度管理模拟；
6. 预算与成本管理模拟；
7. 质量与安全管理模拟；
8. 施工监理模拟；
9. 竣工验收与交付模拟。

详细施工管理标准可查阅该国家规范。

4.5　运维标准

通信基站工程可采用符合数据交互标准和建设运维信息交换模板将竣工模型转化为运维模型，在转化过程中可针对运维阶段管理需求对模型进行适当的补充和简化。

根据《建筑信息模型应用标准》规定，建设方与运维方应用运维模型实施运维管理应符合以下规定：

1. 利用建筑信息模型中空间、设备、管道的属性信息和文档建立运维数据库，简化竣工信息交付过程，使建筑物尽快进入有序的运营状态；

2. 利用运维模型以三维图形方式直观展示建筑的外观、楼层、空间划分、管道布局、设备、家具、实现运维管理的三维可视化；

3. 将建筑运行的数据导入运维模型中进行性能分析，评估并优化建筑的运行状态；

4. 将运维模型融合到多种信息化应用中，实现信息集成。

根据规范要求结合通信基站工程特点，运维管理模型应包含运维管理构件的资产编码和资产类型编码，并在运维管理方的管理范围内保持唯一性，运维管理模型宜根据其使用方式按类别和系统进行拆分和组织。运维管理方应负责维护与更新运维阶段的建筑信息模型，并确保模型数据的安全性。运维管理相关信息宜在建筑信息模型和运维管理系统数据库中分别维护，运维管理方可根据设施设备特点和管理需求，确定运维管理系统的功能模块。

第5章 单 管 塔

5.1 参数分析

单管塔的组成构件包括塔基、塔身、天线支架、槽钢圈、检修/休息平台、避雷针、地脚锚栓等主要构件，以及检修孔、馈线孔、美化外罩、爬钉、螺栓等附属构件，每个构件都可采用 Revit 软件实现建模及参数化。各构件参数分析如下：

1. 塔身

单管塔塔身为薄壁长管，两端直径不等，截面形状有圆形和正多边形两种。考虑到搬运与生产条件，单管塔需要分割成多个塔段，包括套接长度在内的每段长度一般不超过 11500mm，各塔段之间采用套接或法兰连接。各塔段长度 L 为控制塔段长的关键参数，塔身截面需要控制的参数为直径 D、壁厚 t 以及多边形边数 n。圆形截面直径为薄壁圆环外径，正多边形截面直径为外切圆直径，多边形边数 n 通常取 8、12、16、32 等。截面参数定义如图 5.1-1 所示。

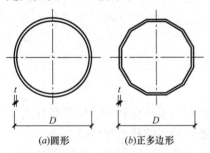

(a)圆形　　(b)正多边形

图 5.1-1 单管塔截面

大型单管塔均采用上小下大的变直径结构，采用法兰连接的单管塔为等锥度杆，采用套接的单管塔为不等锥度杆，每个塔段顶部与底部直径不同，均可使用 Revit 软件中的融合命令创建。小型单管塔采用等直径结构，创建方法与大型单管塔类似，具体步骤在第 5.2 节塔身族建立中详述。

2. 天线支架

单管塔天线支架形式多样，根据实际工程统计，目前使用较多的有两种：第一种是支架圆钢管与塔身焊接槽钢圈使用 U 形螺栓连接的形式，如图 5.1-2 所示；另一种是在单管塔设置可上人的环形检修平台，支架圆钢管与检修平台环形护栏使用支撑臂连接的形式，如图 5.1-3 所示。

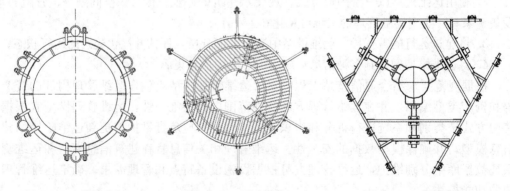

图 5.1-2　抱箍支架　　　　图 5.1-3　平台支架　　　　图 5.1-4　多臂支架

在天线数量需求确定之后，可选择对应的天线支架平台类型，通常每层平台挂载 6 副天线。单管塔结构形式简单，天线支架平台形式则多种多样。图 5.1-2 所示的使用槽钢圈连接的天线支架平台，具有材料用量少、构件少、易于安装的优点，可在带有外罩的单管塔上或考虑节省塔桅造价的情况下选用，关键控制参数有槽钢圈直径、连接板长度、天线支架数量等；而图 5.1-3 所示的环形检修平台可安装的天线支架数量较多，布置灵活，但其缺点也比较显著，如平台直径大、构件材料多、挡风面积大增加风荷载等，一般用在郊区和野外的基站。关键控制参数有平台直径、天线支架数量、支撑臂长度等。除以上提及的两种天线支架和平台类型外，当在同平台需要挂载更多天线时，天线支架平台亦可设计成如图 5.1-4 所示的多支臂形式，同平台的天线满足连接和隔离度的要求即可，此时相应的风荷载增大，塔身相应增大截面或壁厚即可满足使用要求。

3. 槽钢圈

通信基站工程中较多采用槽钢圈来架设天线支架，槽钢圈为天线支架与单管塔塔身连接的中间固定件，使用连接板焊接于塔身，天线支架环形布置于槽钢圈上。每层天线支架使用 2～3 个槽钢圈与塔身连接，工程中使用的槽钢圈均采用型钢产品制作，可将型钢表中的每种槽钢规格建立对应的族文件。槽钢圈关键控制参数有槽钢的高度、腿宽、腰厚、截面面积、惯性矩、惯性半径、槽钢圈半径等。

新建族类型的方法有两种：第一种是在族编辑器的"族类型"对话框中新增族类型文件，这种方法适用于族类型较少的情况；另一种方法是使用文件统一制作，将各族类型的信息以规定格式记录在一个 ∗.txt 文件中，创建一个"类型目录"文件。当该族载入项目时，"类型目录"可帮助完成对族的排序和选择，并可只选择在项目中需要的族类型，有助于减小项目文件的大小，并且在项目中选择族类型时，最大限度地缩短"类型选择器"的下拉列表长度。此种方法适用于族类型较多的情况，此时对族类型的编辑和管理更为方便。

制作的"类型目录.txt"文件，须与对应的族文件具有相同的名称和储存路径，二者通过文件名进行匹配。如本节讲述的槽钢圈族文件命名为"槽钢圈.rfa"，类型目录文件命名为"槽钢圈.txt"，这样在项目中导入族文件时才能被正确识别。

4. 休息平台

单管塔天线挂载位置较高，为了方便安装与维护人员在作业时休憩，满足安全生产的要求，一般在单管塔每层天线支架的间隙处，设置检修或休息平台。检修或休息平台造型有多种样式，可根据不同美观要求进行设计，通常采用圆环状。目前的通信基站工程中常用的休息平台有外爬支架式单管塔休息平台和插接式单管塔休息平台。

外爬支架式单管塔休息平台简称脚踏环，如图 5.1-5 所示。采用薄壁圆环板与塔身焊接，用作检修或天线安装时的操作休息平台，优点是节省材料，缺点是平台直径较小，可操作范围小，适用于天线数量较少，且天线布置与塔身距离较近的情况。外爬支架式单管塔休息平台的控制参数有平台板厚、平台直径、焊接槽长度等。

当每层天线平台需要挂载的天线数量为 6 副或者更多时，由于水平隔离度的要求，天线需离塔身较远，此时脚踏环已不能满足检修维护要求。针对此类情况，可以将休息平台与天线支架合二为一，将天线支架固定于休息平台上。插接式单管塔天线平台就是此类平台，如图 5.1-6 所示。此类休息平台主要由槽钢和圆钢组成，各构件之间采用螺栓连接，优点是可操作面积大，结构安全，缺点是用钢量大，安装较为复杂。插接式单管塔休息平台的控制参数有平台外径、平台中径、平台内径、各构件厚度和尺寸等，组成平台的构件数量较多，此处不再详细列举。

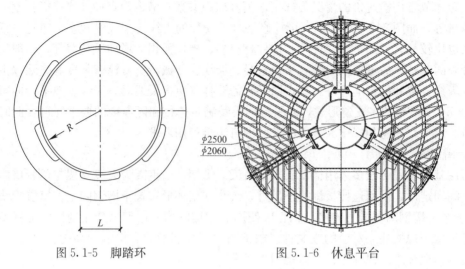

图 5.1-5　脚踏环　　　　　　　　　图 5.1-6　休息平台

5. 避雷针

避雷针亦称接闪杆，作用是引雷上身，然后通过其引下线和接地装置，将雷电流引入地下，从而起到保护建筑物或构筑物的作用。通信基站工程中各类单管塔避雷针规格形式类似，通常采用一根长度 3m 或 5m 的小直径圆钢管，底部与单管塔顶部采用法兰连接，顶部为自由尖端。避雷针结构形式较为简单，主要控制参数有圆钢管直径、长度、尖端锥度、底部法兰中径、外径、法兰螺栓数量等，其接地引下线通常采用一根 -40×4 扁钢与针头焊接，引入地下与地网连接。

6. 地脚锚栓、爬钉

单管塔塔身采用地脚锚栓与塔基连接，地脚锚栓根据《地脚螺栓（锚栓）通用图》选用，锚栓的主要控制参数有锚栓直径、锚固长度、锚栓露头长度、锚栓总长、锚栓螺纹长度等；螺母根据《六角螺母》选用，螺母的主要控制参数有螺栓孔直径、六角螺母对角距 e、六角螺母对边距 s、螺母厚等，详细参数可参见附录 A.3。

塔身与地脚锚栓为法兰连接，法兰盘的主要控制参数包括内环直径、螺栓分布直径、外环直径、螺栓孔数量等，其中螺栓数量依据塔柱底部直径和地脚锚栓直径根据规范要求确定。此外，地脚锚栓需配合上下定位板使用，如图 5.1-7 所示，定位板的螺栓孔分布直径与塔脚法兰盘的螺栓分布直径相同，确保塔身安装时不出现误差。

爬钉采用六角螺栓与焊接于塔身的六角螺母连接，其余构件安装中会涉及普通六角螺栓和六角螺母，其参数控制与地脚锚栓类似。

7. 馈线孔、检修孔

天线设备安装到铁塔上后，需要将接收数据和发射数据通过馈线与机房设备形成合理的传输，馈线一般布置在单管塔内筒，此时需要在塔身天线平台及机房馈线孔高度处开设馈线孔，以便馈线能从塔身内部穿至塔身外部，馈线孔通常需要设置天线挂钩。在塔身底部，需要开设检修孔，便于维护安装人员进行馈线铺设和检修等操作，对于人员从内部登塔的单管塔，其检修孔要求能使人通过，开孔宽度一般不小于 400mm。塔身开孔后需要加强处理，开孔加强措施包括环孔加强圈和贴板两种方式，其中加强圈为绕孔一周的钢板，加强圈的主要控制参数有长度、宽度、厚度、进深等；贴板的主要控制参数有长度、宽度、厚度等。馈线孔如图 5.1-8 所示，检修孔如图 5.1-9 所示。

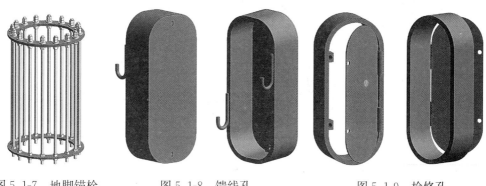

图 5.1-7　地脚锚栓　　　　图 5.1-8　馈线孔　　　　图 5.1-9　检修孔

5.2　族建立

单管塔构件与传统土建工程采用的构件不同，Revit 软件内置的族库中并未包含，为使得单管塔能够满足快速组装的需求，对单管塔各特殊构件创建相应的标准族。以下将对组成单管塔的特殊构件族创建方法进行详细阐述。

5.2.1　塔身

塔身属于变截面薄壁圆形或多边形钢管，Revit 软件中没有提供此类族样板文件，需要自定义创建。塔身需要在三维空间中完成布置，所以单管塔塔身族在创建时采用"公制常规模型.rft"作为样板文件。由于单管塔塔身多为空心锥体，因而可先采用融合命令创建实心变截面圆锥体或多边形锥体，再使用类似方法创建空心融合锥体，用空心锥体将实心锥体剪切出薄壁型单管塔身。

塔身主要控制参数已在第 5.1 节中进行了描述，可以在绘制族文件之前完成族参数定义，随同绘制过程添加参数，也可以在绘制过程中根据需要边定义边添加。因绘制塔身需要的几何参数较多，本书采用绘制前统一定义的方式（描述操作步骤，视频讲述采用编辑逐一添加方式）。

以"公制常规模型.rft"样板文件为例，创建多边形塔身族，根据族文件命名规则，该塔身族名称为"铁塔-单管塔-塔段-1-595mm-477mm"，详细创建过程如下：

Step 1：单击"应用程序菜单"按钮，选择"新建"栏中"族"，在弹出的"新族-选择样板文件"对话框中选择"公制常规模型.rft"族样板文件，单击"打开"按钮，进入族编辑器界面。

Step 2：单击"族类型"按钮，在弹出的族类型编辑器对话框中，将构件的材质、多边形底边距（底直径）、顶边距（顶直径）、管身壁厚以及计算好的几何关系公式等参数提前统一设置，如图 5.2-1 所示。

图 5.2-1　塔身参数设置

Step 3：选择"项目浏览器"面板中"视图"选项下"楼层平面"选项中的"低于参照标高"视图，以预设参照平面交点为中心绘制塔身底部多边形截面外接参照平面，如图 5.2-2 所示。

Step 4：单击"创建"选项卡"形状"面板中的"融合"按钮，弹出编辑融合底部截面的界面，单击绘制编辑器的"外接多边形"按钮，在选项栏"边"输入框输入多边形边数，在绘制的参照系中绘制外接多边形并锁定。单击"编辑顶部"，先绘制塔身顶部多边形截面外接参照平面，如图 5.2-3 所示。再绘制外接多边形，保存编辑，完成创建实心变截面多边形塔身，如图 5.2-4 所示。

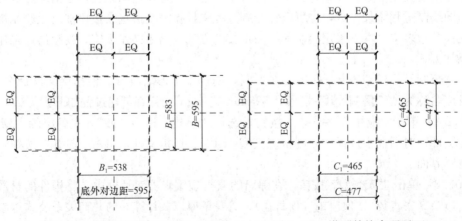

图 5.2-2　塔底外接参照平面　　　　　　图 5.2-3　塔顶外接参照平面

Step 5：单击"创建"选项卡"形状"面板中的"空心形状"下拉三角形，使用"空心融合"命令，以与 Step 4 相同的方式分别在顶部和底部，采用减掉壁厚的多边形参照系中绘制外接多边形并锁定，完成创建空心变截面多边形塔身。

Step 6：在"项目浏览器"中展开"视图"中的"立面"类别，选择任意一个立面视图，添加两个参照平面，用于锁定塔身上下两个平面位置，将两个参照面的距离添加为塔身高度参数。

Step 7：单击"族类别和族参数"按钮，选择"结构柱"，将族文件类别定义为结构-结构柱类别。

至此塔身族绘制完成，如图 5.2-5 所示。族类别的选择视构件功能和位置而定，在以下其他构件的创建中不再赘述族类别选择。扫描二维码观看单管塔塔身创建视频。

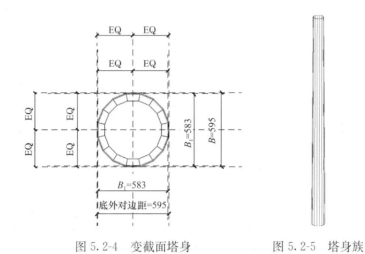

图 5.2-4　变截面塔身　　　　图 5.2-5　塔身族

5.2.2　天线支架

天线支架通常采用直径 74mm，壁厚 4mm 的圆钢管，两端设置防滑销钉。等直径圆钢管的绘制比变截面圆管简单，可采用拉伸命令完成创建，天线支架与塔身或平台的连接构件需另行创建，通过嵌套使用。

天线支架通常与连接构件配套设置，在三维模型中基于面布置，因而采用"基于面的公制常规模型.rft"作为样板文件创建。与第 5.2.1 节塔身族类似，单个天线支架族命名为"铁塔-单管塔-天线支架-1-3000mm"，详细创建过程如下：

Step 1：在新建族对话框中选择"基于面的公制常规模型.rft"族样板文件，进入族编辑器界面。

Step 2：在"项目浏览器"中展开"视图"类别"楼层平面"中的"参照标高"视图，以预设参照平面交点为中心绘制矩形参照面。

Step 3：单击"族类型"按钮，将构件的材质、长度、圆钢管直径、壁厚、几何关系公式等参数统一设置。基于面的常规模型，默认有一个基准面，可将样板默认基准面作为天线支架与连接构件连接位置的参照面，天线支架圆钢管顶端与参照面距离为 L_1，天线支架长度为 L，如图 5.2-6、图 5.2-7 所示。

Step 4：切换到"楼层平面"选项中的"参照标高"视图，单击"创建"选项卡"形状"面板中的"拉伸"按钮，在"绘制"面板中使用"圆形"命令，绘制天线支架圆环截面。单击操作界面中的尺寸标注图标，选项栏会显示"尺寸标注"，单击"标签"按钮进行相应的参数定义，分别选择圆管的外径与内径参数，如图 5.2-8 所示。

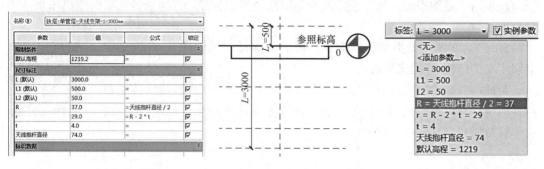

图 5.2-6　天线支架参数设置　　　图 5.2-7　天线支架　　图 5.2-8　天线支架参数定义
　　　　　　　　　　　　　　　　　　　　立面定义

Step 5：切换到任一立面视图，将拉伸顶部边界与上部参照线对齐并锁定，将拉伸底部边界与下部参照线对齐并锁定，天线支架族绘制完成。

此外，在立面视图中，天线支架上部和下部各绘制与边界相距为 L_2 的参照平面，用作嵌套防滑销钉族的位置参照。防滑销钉为直径 12mm 的螺栓，螺栓族的制作方法与地脚锚栓族类似，在地脚锚栓族的绘制中进行详述。

5.2.3　槽钢圈

槽钢圈是横截面为槽钢的闭合圆环，可以使用旋转命令进行绘制。创建标准族文件时，用制作"类型目录"的方式创建多个槽钢圈族类型，将槽钢的各项信息收录到"类型目录"中，每一个槽钢截面规格对应一个族类型。

槽钢圈通常在三维空间中布置，可采用"公制常规模型.rft"作为样板文件，由于其创建采用标准型钢，因而可结合类型目录同时创建多个类型，槽钢圈族命名为"铁塔-单管塔-槽钢圈-1-1000mm"，详细创建过程如下：

Step 1：在新建族对话框中选择"公制常规模型.rft"族样板文件，进入族编辑器界面。

Step 2：在"项目浏览器"中展开"视图"中的"立面"类别，选择任意一个立面，单击"创建"选项卡"形状"面板中的"旋转"按钮，绘制槽钢截面边界参照平面。参照平面可以在使用"旋转"命令之前添加，也可以在"旋转"命令编辑操作中添加，在命令编辑中添加的参照系只能在命令中操作，在完成编辑之后在视图中将不可见。

Step 3：单击"族类型"按钮，在族类型编辑器对话框中添加槽钢的高度、宽度、腹板厚度、截面面积、惯性矩、回转半径等参数值，如图 5.2-9 所示。

Step 4：使用"绘制"面板中的"直线"命令，将槽钢截面中的直线部分对照参照平面完成绘制，接着使用"圆形"命令绘制槽钢截面中的圆弧部分，并进行尺寸标注，如图 5.2-10 所示，此时已经完成单个槽钢圈族类型的创建。

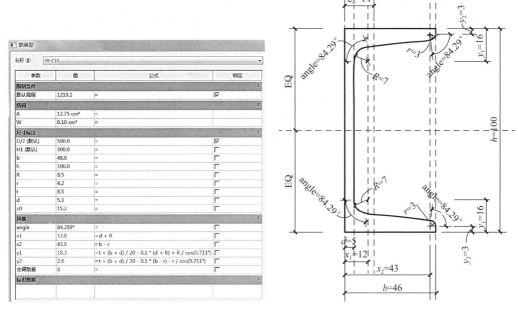

图 5.2-9　槽钢圈参数设置　　　　　　　　图 5.2-10　槽钢尺寸

Step 5：使用族"类型目录"批量添加族类型，"类型目录"文件的制作方法与第 4 章提到的螺栓族类型目录文件相同，采用 ∗.txt 格式文本记录槽钢的各项参数，制作完成的类型目录.txt 文件如图 5.2-11 所示。将制作好的 ∗.txt 格式文本与槽钢圈族文件存放在同一个目录下，且名称应相同，以便在其他工程项目中载入使用。

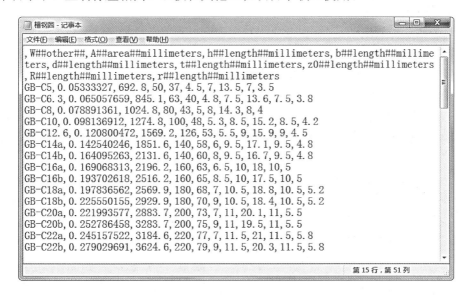

图 5.2-11　槽钢圈类型目录文件

在实际使用中，在打开的项目文件（.rvt）或族文件（.rfa）中，单击功能区中"插入"选项卡"从族库中载入"面板中的"载入族"命令，选择载入"槽钢圈.rfa"文件，此时将显示如图 5.2-12 所示的"指定"类型对话框。在对话框中，选择要载入的单个族或按住 Ctrl 键同时选择多个族类型。单击"确定"按钮，选定的族类型即被载入至项目文件或族文件中。在族类型选择时，还可以通过在每列顶部选择特定的参数来缩小搜索项目的范围。

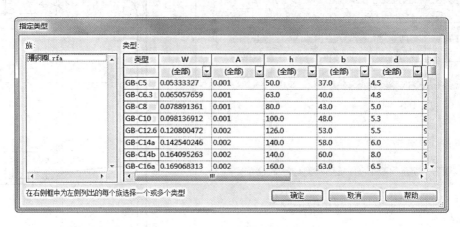

图 5.2-12　槽钢圈类型对话框

5.2.4　休息平台

单管塔休息平台造型多样，常见的两种是用于外爬支架式单管塔的脚踏环和插接式单管塔的休息平台。外爬支架式单管塔脚踏环比较简单，由环形钢板组成；插接式单管塔休息平台则复杂得多，由各类型钢组装而成。两种塔型的休息平台族创建如下：

1. 外爬支架式单管塔

1）休息平台

外爬支架式单管塔休息平台由两块 120°扇形钢板和角钢拼接而成，扇形钢板用螺栓与焊于塔身的连接板连接。两块扇形板构成覆盖 240°范围的休息平台，余下 120°的范围预留作为作业人员的上下通道，预留位置与塔身安装爬梯位置相对应。

绘制扇形构件需要使用"放样"命令，放样编辑时需要正确放置放样路径，以便能够选取到正确的放样横截面位置。以下采用"公制常规模型.rft"样板文件，创建外爬支架式单管塔休息平台族，将其命名为"铁塔-外爬支架式单管塔-休息平台-1"，详细创建过程如下：

Step 1：在新建族对话框中选择"公制常规模型.rft"族样板文件，进入族编辑器界面。

Step 2：选择"参照标高"视图，绘制参照系，并添加尺寸标注，如图 5.2-13 所示。Revit 软件不能以圆弧形态创建参照平面，所以其中的圆弧段使用参照线进行创建。创建的三条圆弧参照线分别用于绘制扇形踏板的内圈固定角钢、扇形钢板和外圈固定角钢。

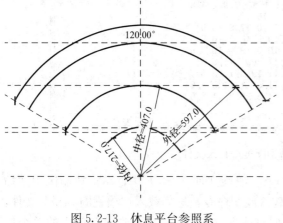

图 5.2-13　休息平台参照系

Step 3：单击"创建"选项卡"形状"面板中的"放样"按钮，在"修改｜放样"选项卡"放样"面板中，单击"拾取路径"按钮，选中最外层的圆弧参照线，选中后会在圆弧的中点显示一个红点，此红点位置则为放样横截面编辑的初始位置。

注意要使初始位置落在其中的一个正立面上，否则会出现无法切换到正视初始位置横截面的立面视图，从而只能在其他前视角度的立面上编辑截面，放样出来的效果存在较大误差。在选取放样路径时，初始放样位置系统都默认在路径的中点，所以只需将放样路径（圆弧或者直线）的中点落在其中一个正立面，即可保证在正视角度上编辑放样横截面。

Step 4：选择能正视初始放样截面的立面，并切换到立面视图。选中"红点"，在"修改｜放样"选项卡"放样"面板中，单击"编辑轮廓"按钮，进行放样构件横截面编辑。此扇形构件的截面为角钢，角钢截面参数添加方法与槽钢圈族"类型目录"方法类似，首次编辑需要把各参数添加至第一个族文件中。

Step 5：采用相同方法编辑以内圈参照线为放样路径的角钢、以中圈参照线为放样路径的扇形钢板。

此时扇形休息平台的主体构件已经完成绘制，扇形板与平台连接板的连接件角钢可以另行创建族，载入至此族中嵌套使用。扫描二维码观看外爬支架式单管塔休息平台创建视频。

2）脚踏环

脚踏环为一个圆盘形构件，绘制过程相比休息平台简单。以下采用"公制常规模型.rft"样板文件，创建脚踏环族，命名为"铁塔-外爬支架式单管塔-踏环-1"，详细创建过程如下：

Step 1：在新建族对话框中选择"公制常规模型.rft"族样板文件，进入族编辑器界面。

Step 2：切换到"参照标高"视图，使用"拉伸"命令，在"修改｜创建拉伸"选项卡"绘制"面板中，单击"圆形"按钮，绘制圆环。圆环的半径或直径可以添加为参数，可不再绘制参照面。

Step 3：对圆环内圈和外圈半径进行标注，选中标注，在选项栏上单击"标签"将标注进行参数化定义，如图 5.2-14 所示。

Step 4：脚踏环的内圈需要切掉部分钢材以便于塔身上部排水顺畅，切口可设置为长圆形，切口绘制可以使用空心形状来剪切实心圆环。单击"创建"选项卡"形状"面板中的"空心形状"下拉三角形，选择"空心拉伸"工具，在弹出的"修改｜创建空心拉伸"选项卡"绘制"面板中，使用相关命令，按照图纸要求绘制需要剪切的空心形状。

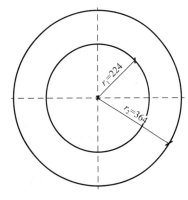

图 5.2-14　脚踏环圆环参数

Step 5：空心形状沿内圈圆周均布，共计 6 个，可以使用径向阵列命令完成布置。选中绘制的空心形状，单击"修改｜空心拉伸"选项卡"修改"面板中的"阵列"按钮，选择选项栏中的"径向"选项，在"项目数"输入框中输入 6，在"角度"输入框中输入 60，在平面图中将旋转复制的中心点移动至圆心，完成编辑，如图 5.2-15 所示。

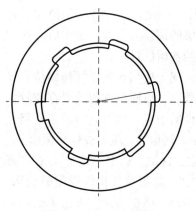

图 5.2-15　空心编辑

Step 6：切换到任意一个立面，绘制两层参照平面并进行尺寸标注，将尺寸标注添加为厚度参数，将实心拉伸图元和空心拉伸图元边界锁定到两个参照平面上，脚踏环族绘制完成。

2. 插接式单管塔休息平台

插接式单管塔休息平台带有围栏、直径大、构件多，且形式较外爬支架式单管塔休息平台要复杂得多，但其基本组成单元也是扇形构件，由三块扇形区域的组合构件拼接而成。在创建族时只需绘制单块扇形区域的组合构件，对多个单块扇形区域组合构件进行拼装，最后形成休息平台。

单块扇形区域的组合构件零件数量较多，不适合在一个族文件中全部新建绘制，可将各零件分别新建族，再嵌套至一个族文件中组合。这里主要讲述其中较为复杂的构件：内扇形板族和外扇形板族，其余较简单的构件此处不再赘述。

Step 1：在新建族对话框中选择"公制常规模型.rft"族样板文件，进入族编辑器界面。

Step 2：在"楼层平面"视图中绘制扇形分布参照平面，扇形板的开孔沿圆弧分布，需要添加一段圆弧参照线作为螺栓孔位置参照。使用"基准"面板中的"参照线"命令，绘制螺栓孔分布的圆弧参照线，如图 5.2-16 所示。

Step 3：使用"拉伸"命令，在弹出的"修改｜创建空心拉伸"选项卡"绘制"面板中，使用"直线"命令绘制扇形板构件的直线边界，再使用"圆心-端点弧"命令，以各参照平面的交点为圆心，从其中一个端点开始，到另一个端点为止绘制圆弧，如图 5.2-17 所示。

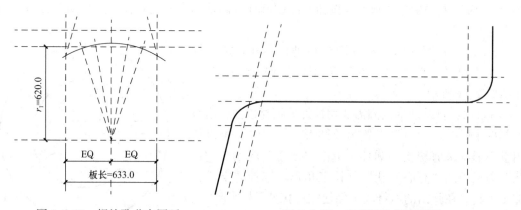

图 5.2-16　螺栓孔分布圆弧　　　　　　图 5.2-17　扇形板构件参照线

Step 4：切换到立面视图，添加扇形板厚度参照平面，将扇形板上下边界与参照面对齐锁定，并添加尺寸标注，将尺寸标注添加为"板厚"参数。

Step 5：用空心形状剪切实心面板的方法进行开孔。单击"创建"选项卡"形状"面板中的"空心形状"下拉三角形，选择"空心拉伸"工具，在弹出的"修改｜创建空心拉伸"选项卡"绘制"面板中，使用"圆形"命令，在圆弧参照线上绘制第一个圆孔或长圆孔的空心形状。

Step 6：对于沿圆弧参照线等角度分布的螺栓孔，可在完成第一个空心形状编辑后，使用径向阵列复制命令快速绘制。选中空心形状，单击"修改｜空心拉伸"选项卡"修改"面板中的"阵列"命令，将径向复制的中心点移动至圆弧参照线的圆心，输入阵列数量和角度。对于沿圆弧非等角度分布的螺栓孔，可使用"复制"命令，单个依次复制到需要开孔的位置。

Step 7：使用相同方法创建其他圆弧上的螺栓孔，创建的空心形状边界长度可以任意设置，但必须要与实心形状有交集，才能起到剪切效果。当空心形状绘制完成后在视图中没有把实心形状剪切时，可以选中空心形状，单击"修改｜空心拉伸"选项卡"几何图形"面板中的"剪切"命令，如图 5.2-18 所示，再点

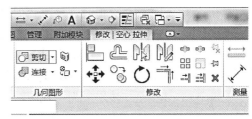

图 5.2-18　剪切命令

选所需要剪切的实心形状，即可完成空心形状对实心形状的剪切。

至此，内扇形板族绘制完成，如图 5.2-19 所示。外扇形板族的绘制方法与内扇形板类似。扇形板与伸臂方钢连接，组成平台底板。扇形板与方钢管使用螺栓固定后，承托三个不同直径的槽钢圈，再将圆钢焊接于槽钢圈上，形成底栅栏板。采用三条扇形槽钢拼成一个圆周形成围栏，沿围栏圆周平均分布高度为 1.2m 的竖向槽钢，天线支架用 U 形螺栓与围栏槽钢连接，组成带天线支架的插接式单管塔休息平台，如图 5.2-20 所示。

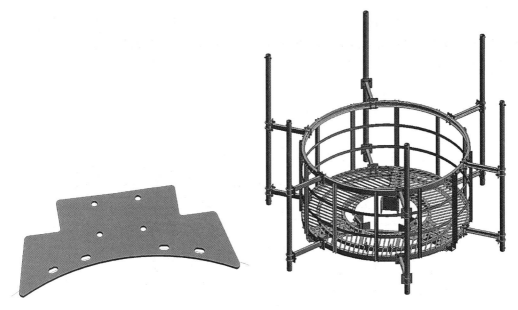

图 5.2-19　内扇形板族　　　　　　图 5.2-20　插接式单管塔休息平台

5.2.5　避雷针

避雷针由针头、针管、底部法兰和加劲板组成。针头和针管可在一个族文件中编辑完成。底部法兰板可另采用新建族嵌套使用，也可在针管族中一起编辑，视操作方便确定。加劲板数量比较多，另外新建族嵌套使用较为方便。

以下采用"公制常规模型.rft"样板文件,创建避雷针族,命名为"铁塔-单管塔-避雷针-1-5000mm",详细创建过程如下:

Step 1:新建族对话框中选择"公制常规模型.rft"族样板文件,进入族编辑器界面。

Step 2:在"楼层平面"视图中,创建以预设参照平面交点为中心的用于画圆管的参照平面,添加尺寸标注,并进行参数化。

Step 3:切换到立面视图,单击"创建"选项卡"形状"面板中的"旋转"按钮,在弹出的"修改 | 创建旋转"选项卡"绘制"面板中,单击"轴线"中的"拾取线"命令,选中过原点的一条中心参照线。单击"边界线"中的"直线"命令,以选中的参照线为旋转轴绘制旋转截面。旋转截面为三角形,完成编辑后形成针头尖端形状,如图 5.2-21 所示。

Step 4:切换至"楼层平面"视图,单击"创建"选项卡"形状"面板中的"拉伸"按钮,在"修改 | 创建拉伸"选项卡"绘制"面板中,使用"圆形"命令,绘制薄壁钢管。拉伸编辑完成后,在立面视图中将拉伸的长度与参照平面锁定,并将尺寸标注参数化。

Step 5:切换到"参照标高"视图,继续使用拉伸命令,绘制底部的法兰盘。单击"创建"选项卡"形状"面板中的"空心形状"下拉三角形,选择"空心拉伸"工具,在弹出的"修改 | 创建空心拉伸"选项卡"绘制"面板中,使用"圆形"命令绘制法兰盘螺栓孔。

Step 6:单击"插入"选项卡"从族库中载入"面板中的"载入族"命令,将绘制好的加劲板族载入至避雷针族中,放置在法兰板上,在立面视图中,将加劲板底部与法兰板贴合对齐。

Step 7:切换到"楼层平面"视图,选中加劲板,使用"阵列"命令,单击选项栏中的"径向"按钮,将径向复制的中心点移动至法兰板的圆心,输入阵列数量和角度,回车完成阵列编辑,如图 5.2-22 所示。

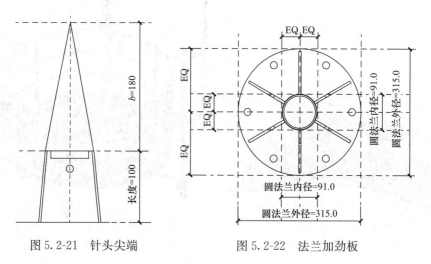

图 5.2-21 针头尖端 　　　　图 5.2-22 法兰加劲板

5.2.6 地脚锚栓

地脚锚栓、外爬钉都为螺栓,可采用相同方法创建,区别在于地脚锚栓较长,无螺帽,两端都用螺母紧固;爬钉为短型螺栓,带有螺帽,螺母端使用 U 形钢片与塔身焊接。螺栓螺杆为圆钢,绘制比较简单。螺母和螺帽为六边形柱体,且有切角,绘制较为复杂,以下对地脚锚栓的创建方法进行详述。

地脚锚栓上部有定位板，锚栓沿定位板呈圆周形布置，纵向与定位板顶面垂直，所以可采用"基于面的公制常规模型.rft"作为样板文件创建地脚锚栓族，命名为"铁塔-单管塔-锚栓-Q345-1"，详细创建过程如下：

Step 1：在新建族对话框中选择"基于面的公制常规模型.rft"族样板文件，进入族编辑器界面。

Step 2：在"楼层平面"视图，单击"创建"选项卡"形状"面板中的"拉伸"按钮，在"修改｜创建拉伸"选项卡"绘制"面板中，使用"圆形"命令，绘制螺杆截面，添加尺寸标注后将直径标注参数化。

Step 3：使用"拉伸"命令绘制六角螺母，螺母的主要参数有 m、d_w、s、e 等，还有绘制螺母切角所需要参数 d、r 等，各参数标注详见附录 A.3。对族类型添加参数，如图 5.2-23 所示。

参数	值	公式	锁定
限制条件			⌃
默认高程	0.000	=	☑
材质和装饰			⌃
杆身材质	金属 - 钢 - 345 MPa	=	
材质	金属 - 钢 - 345 MPa	=	
尺寸标注			⌃
h1	90.000	=	☑
s	55.000	=	☑
m	31.000	=	☑
k	22.500	=	☑
h	16.000	=	☑
dw	51.110	=	☑
d2	90.000	=	☑
d1	38.000	=	☑
d	36.000	=	☑
c	0.800	=	☑
底法兰盘厚度 (默认)	25.000	=	☑
定位模板厚度 (默认)	6.000	=	☑
紧固模板厚度 (默认)	20.000	=	☑
H	1700.000	=	☑
其他			⌃
r2	45.302	=sqrt(s ^ 2 / 4 + d ^ 2)	☑
r1	25.555	=dw / 2	☑
r	18.000	=d / 2	☑
e	63.509	=2 / sqrt(3) * s	☑
d3	9.500	=s / 2 - d / 2	☑
d1/2	19.000	=d1 / 2	☑
a	31.754	=s / sqrt(3)	☑
d2/2	45.000	=d2 / 2	☑
标识数据			⌄

图 5.2-23　地脚锚栓参数设置

Step 4：螺母采用六角实心柱体中心开孔制作，开孔直径对应螺栓直径。六角柱体绘制完成后，接着绘制空心形状剪切六角螺母的顶部棱角。切换到任一立面视图，单击"创建"选项卡"形状"面板中的"空心形状"下拉三角形，选择"空心旋转"工具，在弹出的"修改｜创建空心旋转"选项卡"绘制"面板中，以过六角柱体中心的参照线为旋转轴，绘制如

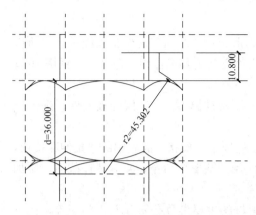

图 5.2-24　螺母参数定义

图 5.2-24 所示的空心旋转截面，单击确定，完成编辑，剪切出螺母的各个棱角。

Step 5：使用相同方法绘制六角螺母的底边切角，将螺母形心与螺杆形心对齐，预留出丝扣长度。若需要设置双螺母，则可以将螺母实心形状和切角空心形状复选，复制形成。

Step 6：螺栓有不同的直径规格，与槽钢类似，可以使用"类型目录"快速扩充族类型，方便在项目中导入使用。地脚锚栓的"类型目录"如图 5.2-25 所示。

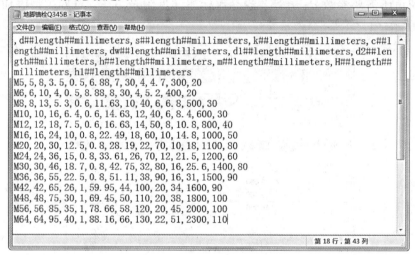

图 5.2-25　地脚锚栓类型目录

扫描二维码观看六角头螺栓创建视频。

5.2.7　检修孔与馈线孔

单管塔检修孔和馈线孔开孔形状均为长圆形，开孔可采用"空心形状"相关工具实现，孔洞加强圈可采用"拉伸"命令创建，操作过程与前述方法类似，本节主要介绍附在开孔加强圈上的封闭门板创建方式。

以下采用"公制常规模型.rft"样板文件，创建塔底检修孔加强圈族，命名为铁塔-单管塔-检修孔-1，并添加检修孔门板，详细创建过程如下：

Step 1：在新建族对话框中选择"公制常规模型.rft"族样板文件，进入族编辑器界面。

Step 2：切换到"前"立面视图，添加参照平面，并使用"注释"面板中"对齐"命令为参照平面添加尺寸标注，并参数化。

Step 3：使用"拉伸"命令，创建长圆形薄壁圆环，边界与参照系锁定。长圆环绘制之后，单击"楼层平面"中的"参照标高"回到平面视图，编辑并锁定拉伸的长度，完成加强圈的绘制。

Step 4：在平面视图下，使用"拉伸"命令在加强圈长直边上绘制门板合页卡槽，在加强圈上的合页卡槽为下半部分，采用空心圆柱体，在完成其中一个的绘制后，采用"复制"命令绘制另一个。完成效果如图 5.2-26 所示。

　　Step 5：绘制门板，门板可在新建族中编辑，绘制完成后嵌套至加强圈族中，避免参照平面太多而混乱。门板形式比较简单，通常为一块钢板加上合页卡槽的上半部分，采用"拉伸"命令绘制，如图 5.2-27 所示。

　　Step 6：在门板族编辑页面中，单击"插入"面板"族编辑器"选项中的"载入到项目"命令，将绘制好的门板族载入至加强圈族中。在加强圈族中把视图切换到"参照标高"，把载入的门板族放置在平面图中，门板合页卡槽与加强圈合页卡槽中心对齐，如图 5.2-28 所示。

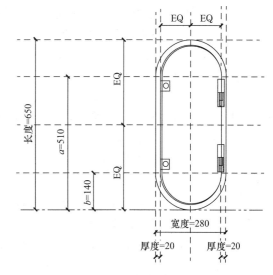

图 5.2-26　门板合页卡槽

图 5.2-27　门板

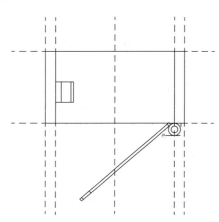

图 5.2-28　门板定位

　　Step 7：切换到"前"立面视图，利用合页的上下卡槽贴合对齐锁定门板的竖向位置，可通过绕卡槽中心轴旋转门板达到开门的效果。至此检修孔族制作完成，可作为嵌套族载入单管塔项目中使用。

　　至此，单管塔主要构件的族类型文件已创建完成，其余附属构件如馈线钩、天线支架U 形螺栓、槽钢圈连接板等此处不再讲述，通过了解以上主要构件的绘制过程，对于附属构件的绘制相信读者已经游刃有余。

5.3　产品组装

　　建筑基站工程中常用的单管塔主要为外爬支架式单管塔和平台式单管塔，两者组装的方法类似，区别在于检修平台类型不同。此外，不同单管塔还有法兰连接和插接连接的区分，以及各种造型区分，如带有美化外罩、监控、灯盘、广告牌、飘带等，既有功能性构件，又有非功能性造型构件，可根据相应的要求组装出各种类型单管塔。

本节以 30m 外爬支架式单管塔为例，组装单管塔产品。单击"应用程序菜单"按钮，选择"新建"栏中的"项目"，打开样板文件，进入项目编辑器界面，进行产品组装，各部分组装过程介绍如下：

1. 标高

本产品为插接形式单管塔，可在基础顶面、塔底法兰安装面、各插接塔段的底面、休息平台平面、塔顶平面等处创建标高，标高创建过程如下：

Step 1：在"项目浏览器"中展开"视图"中的"立面"类别，选择任意立面视图创建标高。

Step 2：修改样本文件中的标高 1 和标高 2，分别定义为铁塔安装面标高±0.000m 和基础顶面标高-0.111m。选中标高，单击"属性"栏类型选择器，在下拉列表框中选择"正负零标高"，将"限制条件"中"立面"改为 0.0，完成铁塔安装面标高±0.000m 的定义，如图 5.3-1、图 5.3-2 所示；基础顶面标高选择"上标头"，"限制条件"中"立面"改为-111.0，完成基础顶面标高-0.111m 的定义。

图 5.3-1　标高定义　　　　　　　　　图 5.3-2　标头定义

Step 3：使用"基准"面板中的"标高"工具，选择"直线"，创建标高 3 和标高 4。

Step 4：将标高 3 和标高 4 分别定义为 2 个塔柱插接段的底面标高，第一段插接段标高为 10.440m，第二段插接段为 18.490m。

Step 5：选中标高 3，单击"属性"栏类型选择器，选择"上标头"；"限制条件"中"立面"改为 10440.0，完成第一段插接底面标高 10.440m 的定义。选中标高 4，以相同方法完成第二段插接底面标高 18.490m 的定义。

采用相同方法创建标高 5、标高 6。

将标高 5 定义为第一层休息平台平面标高 26.502m，将标高 6 定义为塔顶平面标高 30.002m。

注：塔顶平面定为盖板顶面，盖板厚度为 12mm，塔底段塔柱进入法兰盘 10mm，以致出现 2mm 的高差。

Step 6：选中所有标高，单击"修改 | 标高"选项卡"修改"面板中的"锁定"工具，完成对标高的锁定工作。

创建完成的标高如图 5.3-3 所示。

2. 轴网

单管塔为直立式柱体，立面上只需布置如图 5.3-3 中的垂直中轴线即可，水平面上以原点为中心，创建二条正交轴线，详细创建过程如下：

Step 1：在"项目浏览器"中展开"视图"中的"立面"类别，选择"标高 1"平面视图，创建轴线。

Step 2：选择"常用"选项卡"基准"面板中的"轴网"工具，在"修改｜放置轴网"选项卡"绘制"面板中选择"直线"工具，绘制一条水平向轴线Ⓐ，一条竖向轴线①，两轴线的交点定义为基准原点。

此外，还可通过"插入"选项卡"导入"面板中的"导入 CAD"命令来插入 CAD 底图中的轴网，完成轴网创建。

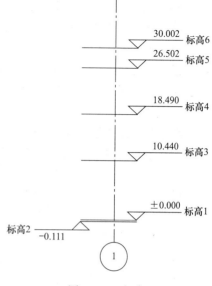

图 5.3-3　标高

Step 3：将轴网影响范围调整到满足要求，本工程各层标高轴网均相同，可复选所有轴线，在"修改｜轴网"选项卡"基准"面板中，单击"影响范围"工具，将基准图元的范围和外观复制到平行视图。在弹出的对话框中选择需要应用的视图范围即可。

3. 塔身

30m 外爬支架式单管塔共分 3 个塔段，逐一载入塔身族完成塔身布置，详细布置过程如下：

Step 1：可选择任一标高视图，使用"插入"选项卡"从族库中载入"面板中的"载入族"命令，把第 1 段塔身族载入项目中，将图元放置在以原点为截面中心的位置，如图 5.3-4 所示。

Step 2：切换到任一立面视图，此时的塔身在竖向上的位置未与预先设置的标高对齐。选中塔身图元，在"属性"对话框里，单击"底部标高"选项框，在下拉菜单中选择标高 1，在"底部偏移"输入框中输入－10.0，如图 5.3-5 所示，完成塔身布置。

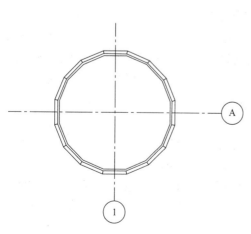

图 5.3-4　塔身定位

图 5.3-5　标高调整

Step 3：单击选中塔身图元，单击页面左上角的"类型属性"按钮，修改图元的族属性参数，按工程要求的底部直径、顶部直径、塔柱长度等参数信息取值。

Step 4：使用相同方法，在标高 3 平面载入第 2 段塔身族，在标高 4 平面载入第 3 段塔身族，塔身图元中心与轴线交点对齐。在此前设置标高时，标高 3 和标高 4 已定义为塔身各插接段的底部，所以第 2 段和第 3 段塔体分别与标高 3 和标高 4 底部对齐时，各段塔身即完成插接对齐。

Step 5：依次选中第 2 段和第 3 段塔身图元，单击"类型属性"按钮，修改符合工程要求的直径、长度等参数，完成全部塔身布置。

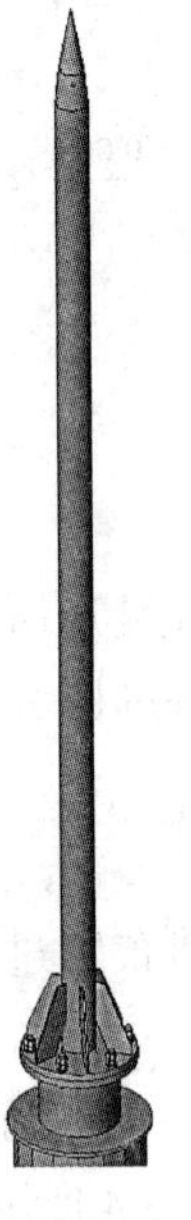

4. 避雷针

避雷针与塔身顶部之间布置有顶帽，在创建族时可嵌套至避雷针底部，与避雷针底部法兰连接。此处需将避雷针族载入并与塔身顶部标高对齐，详细布置过程如下：

Step 1：选择"标高 6"平面视图，把嵌套完成的避雷针族载入到项目。

Step 2：将避雷针族图元拖拽放置到视图中，底部的盖板中心与轴线交点对齐。

Step 3：切换到任一立面视图，选中避雷针族，单击弹出的"修改│结构柱"选项卡"修改"面板中的"对齐"按钮，将顶帽的底部与"标高 6"水平对齐，并锁定。

注：因为避雷针是一个多构件嵌套族，不是单一族类型，所以这里使用对齐命令，而不使用"属性"面板进行标高对齐，以免出错。

Step 4：载入"六角螺栓族"，为底部法兰和顶帽的法兰连接添加螺栓。螺栓螺母端在法兰上部，螺栓头在下部。使用径向阵列命令复制布置螺栓。布置完成的模型如图 5.3-6 所示。

图 5.3-6
螺栓布置

避雷针族也可以作为嵌套族载入至第 3 段塔体中进行组装，再随第 3 段塔体合并为一个图元载入至项目中。

5. 休息平台

30m 外爬支架式单管塔休息平台由两块 120°扇形板组成，采用在第 5.2 节制作的休息平台族进行组装，详细组装过程如下：

Step 1：选择"标高 5"平面视图，把创建完成的单块扇形平台族载入到项目。

Step 2：将单块扇形平台族图元拖拽放置到视图中，扇形板的圆心与轴线交点对齐。

Step 3：切换到任一立面视图，将扇形板的顶面与"标高 5"水平对齐并锁定。

Step 4：此时休息平台在塔身上的高度已经确定，平台只设置两块扇形板，第 3 块扇形区域用于设置爬梯。切换到标高 5 平面视图，选中扇形板图元，单击"修改"面板中"阵列"命令下的"径向"按钮，以轴线交点为径向阵列的中心点，在选项栏"项目数"输入框中输入 3，"角度"输入框中输入 120，回车确认。

Step 5：将含有 3 块扇形板的组合解组，删除其中需要设置爬梯位置的一块扇形板。将扇形板通过一块矩形连接板与塔身焊接，扇形板与连接板使用六角头螺栓连接，布置完成的休息平台如图 5.3-7 所示。

其余高度处的休息平台可以使用复制命令进行布置，将第 1 层平台的构件全部框选，复制到其余位置标高处。休息平台族也可以先嵌套至第 3 段塔身族中，随第 3 段塔身合并为一个图元载入至项目。不同的布置方式可为施工过程模拟提供不同的效果。

6. 检修孔加强圈、馈线孔加强圈

在每一层天线平台位置均设置有馈线孔，在塔底处设置有检修孔，开孔处需要设置加强圈。馈线孔加强圈可以嵌套到第 3 段塔身族中，检修孔加强圈可以嵌套至第 1 段塔身族中，嵌套方法介绍如下：

图 5.3-7　休息平台

1）馈线孔加强圈

Step 1：双击第 3 段塔身，进入第 3 段塔身族的族编辑器界面，选择任一立面视图，在设置有馈线孔的高度处添加水平参照面，参照面标高可对应为孔顶标高。

Step 2：把创建完成的馈线孔加强圈族载入到第 3 段塔身族中。

Step 3：切换到任一平面视图，将载入的加强圈族拖拽放置在塔身上，注意开孔处应与爬梯的位置错开。再切换到任一立面视图，按设计取值调整加强圈在塔柱上的进深。

Step 4：在立面视图中，单击"创建"选项卡"形状"面板中的"空心形状"下拉三角形，使用"空心拉伸"工具，在弹出的"修改 | 创建空心拉伸"选项卡"绘制"面板中，使用"直线"命令和"起点-终点-半径弧"命令，按馈线孔加强圈的外部轮廓绘制空心形状，剪切出加强圈与塔身交界面的轮廓线，如图 5.3-8 所示。

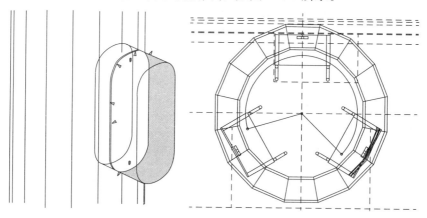

图 5.3-8　馈线孔剪切　　　　　　　图 5.3-9　加强圈布置

Step 5：切换回到平面视图，同时选中馈线孔加强圈和空心形状，单击"阵列"命令下的"径向"按钮，沿塔身截面圆周复制加强圈，如图 5.3-9 所示。

铁塔共设置有三层天线支架平台，对应的馈线孔也为三层，其他位置的馈线孔加强圈布置均按相同步骤操作。除天线平台处设置馈线孔外，在塔身中段位置也需要设置馈线孔，用于辅助馈线布置，其孔洞和加强圈设置方法与上述方法一致。

2）检修孔加强圈

Step 1：双击第 1 段塔身，进入第 1 段塔身的族编辑器，载入已完成的检修孔加强圈族。

73

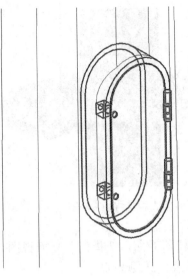

图 5.3-10 检修孔加强圈

Step 2：与馈线孔布置相似，将检修孔布置在第一段塔身开孔位置后，按检修孔加强圈的外部轮廓绘制空心形状剪切轮廓线，完成加强圈的布置，如图 5.3-10 所示。

7. 天线支架平台

天线支架平台构件包括：槽钢圈、天线支架、U 形螺栓、连接板等，详细布置过程如下：

Step 1：使用"载入族"工具，将天线支架、槽钢圈、U 形螺栓、连接板等构件族载入至项目中。

Step 2：切换到任一立面视图，单击"结构"选项卡"工作平面"面板中的"参照平面"按钮，为每层槽钢圈所在的平面位置绘制参照平面。

Step 3：切换到"标高 6"平面视图，将载入的槽钢圈从"项目浏览器"中拖拽到平面图中放置，槽钢圈的圆心对齐轴线交点。每层天线支架平台共设置有三层槽钢圈，各层槽钢圈规格均相同。

Step 4：切换回到立面视图，使用"对齐"命令将槽钢圈与参照面对齐，另外两层槽钢圈使用复制命令布置，并与相应的参照面对齐。

Step 5：切换回到平面视图，将载入的天线支架从"项目浏览器"中拖拽到平面图中放置，天线支架圆钢管外缘与槽钢圈外缘相切，天线支架用 U 形螺栓与槽钢圈固定。

Step 6：每层天线支架设置有 3 根支架圆钢管，选中支架圆钢管和 U 形螺栓，使用"阵列"命令，径向沿槽钢圈圆周阵列，如图 5.3-11 所示。

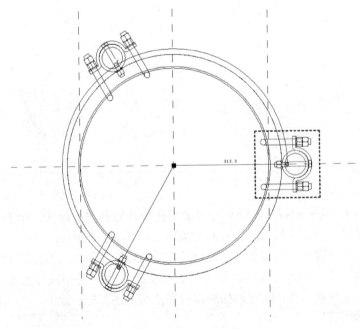

图 5.3-11 天线支架阵列布置

Step 7：将槽钢圈与塔身之间的连接板从"项目浏览器"中拖拽到平面图中放置，其中一边与槽钢圈内圈焊接，另一边与塔身焊接。每层槽钢圈设置 6 块连接板，在不同高度处，塔身直径不同，用于连接槽钢圈和单管塔塔身的连接板长度也不同，根据槽钢圈所在位置的塔身直径，连接板的长度也相应增大或减小，可通过修改连接长度参数实现。

第 1 层天线支架平台绘制完成，如图 5.3-12 所示。单管塔共设置有 3层天线支架平台，其余平台由第 1 层平台复制，并相应调整槽钢圈连接板的长度。

8. 爬钉

单管塔爬钉从距离塔底 2.5m 处开始设置，上下间隔 300mm，左右间隔 380mm，交叉布置，直到塔顶，详细布置过程如下：

Step 1：将绘制完成的爬钉螺栓族载入至项目中。

Step 2：切换到能正对放置爬钉的立面视图，爬钉放置的位置应与馈线孔错开。在距塔底 2.5m 处添加参照平面，从"项目浏览器"中拖拽爬钉构件放置在塔身参照平面位置处，与参照平面对齐。

Step 3：切换到第 1 塔段的标高视图，将爬钉以中线左右对称间隔380mm 各布置 1 个，如图 5.3-13 所示。

图 5.3-12
天线支架平台

Step 4：切换回到立面视图，选中右边爬钉，单击"阵列"命令下选项栏的"线性"按钮，输入阵列数量。输入数量后选择一个基准点，往上偏移 600mm，再次单击左键，完成线性阵列。使用相同步骤完成左边爬钉布置。

Step 5：由于塔身直径是沿高度减小的，爬钉沿高度线性阵列后左右两边距离仍为380mm，最上部的爬钉会与塔身表面脱离，需要对爬钉的位置进行轻微调整。选中上部爬钉图元，往中线位置偏移，使爬钉落在塔柱表面上。

重复 Step 5 完成多个爬钉与塔身面贴合操作。至此，爬钉布置完成，如图 5.3-14所示。

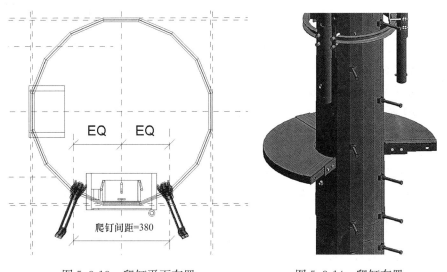

图 5.3-13　爬钉平面布置　　　　　图 5.3-14　爬钉布置

9. 塔脚法兰盘

塔脚法兰盘内环为与塔身截面相同的多边形，外环为圆形，中环直径为地脚锚栓的分布直径。加劲板与地脚螺栓数量相同，每两个锚栓之间布置一块加劲板。塔脚法兰盘布置过程如下：

Step 1：将绘制完成的塔脚法兰盘族和加劲板族载入至项目中。

Step 2：切换到第 1 塔段的标高视图，从"项目浏览器"中拖拽法兰盘放置到视图中，法兰盘中心与轴线交点对齐。再切换到任一立面视图，将法兰盘的上表面与"标高 1"对齐。

Step 3：选中法兰盘族，单击"类型属性"按钮，修改法兰盘的内径、外径、厚度、螺栓孔数量和直径等参数，法兰盘参数如图 5.3-15 所示。

Step 4：将载入的加劲板放置在法兰盘上表面，长边与塔身贴合。第一块加劲板放置在两个螺栓孔中间位置，选中图元，使用"阵列"命令，径向阵列加劲板，阵列数量与螺栓孔数量相同。

法兰盘和加劲板布置完成，如图 5.3-16 所示。若法兰盘内环多边形与塔身多边形边长未贴合对应，可使用"旋转"命令调整使之对应。

参数	值	公式	锁定
限制条件			≫
默认高程	0.0	=	☐
材质和装饰			≫
材质	金属 - 钢 - 345 MPa	=	
尺寸标注			≫
下定位板距离	115.0	=	☐
法兰盘内径	720.0	=	☑
法兰盘厚度	25.0	=	☑
法兰盘外径	1000.0	=	☑
螺栓分布半径	435.0	=螺栓分布直径 / 2	☐
螺栓分布直径	870.0	=	☐
螺栓孔拉伸终点	-25.0	=-法兰盘厚度	☐
螺栓孔直径	38.0	=	☐
其他			≫
第一段套接长度	1050.0	=	☑
第二段套接长度	900.0	=	☑
螺栓孔数量	16	=	☐

图 5.3-15　塔脚法兰盘参数设置　　　　图 5.3-16　塔脚法兰

10. 地脚锚栓

30m 外爬支架式单管塔地脚锚栓规格为 M36，数量为 16 个，锚栓埋入基础深度 1400mm，露出基础顶面 300mm，与塔柱采用法兰连接，详细布置过程如下：

Step 1：使用"载入族"命令，从"类型目录"中选择所需要的 M36 锚栓规格载入到项目中。

Step 2：切换到第 1 塔段标高视图，从"项目浏览器"中拖拽 M36 地脚锚栓放置到视图中，锚栓是基于面的常规模型族，放置面为螺栓垫圈底面。将地脚锚栓放置在法兰盘上表面，锚栓中心与螺栓孔中心对齐。如图 5.3-17 所示。

Step 3：在视图中选中地脚锚栓图元，单击"阵列"命令中的"径向"按钮，径向阵列地脚锚栓，阵列数量与螺栓孔数量一致。

Step 4：地脚锚栓底部有定位板，定位板结构形式与法兰盘类似，定位板可以嵌套到地脚锚栓族中，也可以把地脚锚栓嵌套到定位板族中，然后对其进行组装，最终形成地脚锚栓嵌套族，载入项目中使用。布置完成的地脚锚栓如图 5.3-18 所示。

其他塔身采用法兰连接形式的单管塔，塔段之间法兰盘与螺栓的布置方法与本节塔脚法兰盘和地脚锚栓的布置方法类似，此处不再赘述。

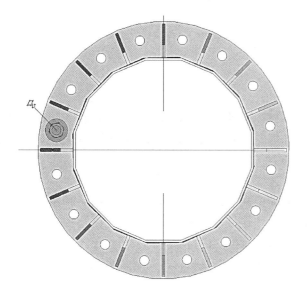

图 5.3-17　地脚锚栓定位

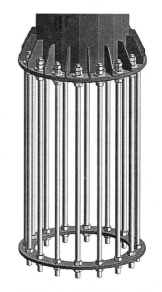

图 5.3-18　地脚锚栓布置

至此外爬支架式单管塔的主体及附属构件在项目中已经组装完成，外爬支架式单管塔建筑信息模型如图 5.3-19 所示。采用相同操作方法可组装平台式插接式单管塔产品如图 5.3-20 所示。两个铁塔产品均未布置基础，铁塔基础的族类型创建和在项目中的使用，将在第 9 章中详述。

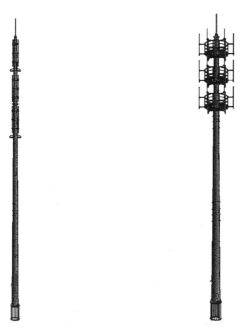

图 5.3-19　外爬支架式单管塔　　图 5.3-20　平台式插接式单管塔

第6章 三 管 塔

6.1 参数分析

三管塔主要由塔基、主材、斜材、横材、检修平台、天线支架、避雷针、爬梯、地脚螺栓、法兰、附属构件等组成，每个构件都发挥着各自的特定作用，都可采用 Revit 建立模型并进行参数化，主要构件参数分析如下：

1. 塔身

三管塔塔身为格构式，各构件采用标准型钢组成，可采用软件提供的各种型钢文件建立相应的族类型。主杆与主杆的连接采用法兰连接，可采用 Revit 软件创建的法兰单元实现连接。横材、斜材与主杆的连接采用焊接节点板，横材与斜材采用螺栓连接节点板，需要建立相应的节点板单元。塔身横隔面角钢与横材以及横材与斜材均采用螺栓连接，可以通过对构件设置开孔实现，塔身立面如图 6.1-1 所示。

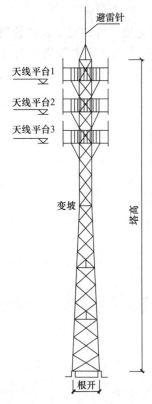

图 6.1-1 三管塔塔身立面

三管塔采用无缝钢管作为塔柱材料，圆形截面风荷载系数小，抗风能力强。各段塔柱采用外法兰连接，螺栓受拉，不易破坏，可降低维护成本。塔型随风荷载曲线变化设计，线条流畅，采用上小下大的变尺寸结构，每个塔段顶部与底部宽度不同，这使得在 Revit 中建模时需要考虑斜柱的形成。三管塔空间结构比较复杂，采用传统方式（即单根横材、单根斜材建模方式）比较困难。本书采用基于 Revit 平台开发的速博插件功能进行建模。采用 Excel 表格编制公式可计算出各个桁架节点的坐标，整理并设置构件类型等数据，最后通过速博插件的"基于 Excel 生成模型"功能，采用 Excel 数据生成建筑信息模型。三管塔塔柱倾斜段可通过调整圆管柱成斜柱的方式实现，同时应保证上下法兰的对接性，最终完成塔身模型参数化。

为了方便在空间坐标系中计算各桁架节点坐标，可以把塔身分成节间，不同节间的构造样式不同，节间又包括局部分段方式。常见的两种塔身节间如图 6.1-2、图 6.1-3 所示。

为了准确、快速地建模，必须对桁架节点空间坐标进行准确的计算。通过下口宽度、上口宽度、节间高度以及节间内部分段方式等参数，采用几何换算计算出各塔段节点坐标。在编制计算公式时，应注意节点板厚度等引起的空间坐标差异以及角钢的背面、正面等问题。

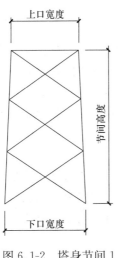

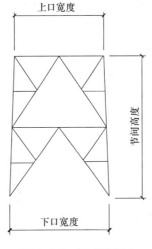

图 6.1-2 塔身节间 1   图 6.1-3 塔身节间 2

　　三管塔斜材除可采用角钢外，还可采用圆钢管、花篮螺栓等形式。此外，四管塔、六管塔、三角塔、增高架、角钢塔等均与三管塔结构形式类似，其塔身模型创建方法均与本章讲述的三管塔塔身模型创建方法类似。详细创建方法在第 6.2 节三管塔塔身参数化中详述。

　　2. 横隔面

　　三管塔横隔面不仅对塔身起到稳定作用，而且还是固定爬梯的重要组成部分，无论是外置爬梯还是内置爬梯，都需要与横隔连接。不同塔段横隔面形式不同，常见的横隔面形式主要有以下两种，如图 6.1-4、图 6.1-5 所示。在三管塔模型建立中，需要对横隔面建立模型，其建模方式可参考塔身建模方式，通过计算节点坐标进行创建。此外，可单独创建横隔面族，载入到三管塔项目中使用。其他格构式塔横隔面参数与三管塔类似。

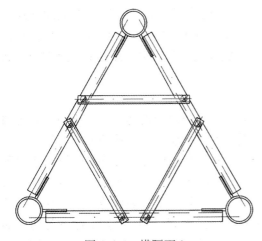

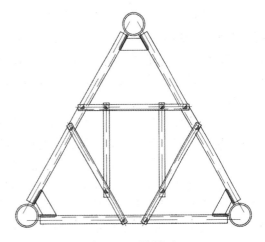

图 6.1-4 横隔面 1   图 6.1-5 横隔面 2

　　3. 天线支架与检修平台

　　三管塔检修平台有内平台与外平台两种形式，天线支架均采用支臂圆钢管，但不同平台形式对应的天线支架连接方式不同。

1) 内平台

天线支架使用圆钢管直接抱于主材，支臂圆钢管伸出长度需满足水平隔离度要求，一般为 600mm。在设置天线的内平台处，结合横隔面设置检修格栅，形成检修平台。采用内平台可降低风荷载对塔身影响、降低钢材用量、具备人员休息功能、利于安装及维护天线设备，但支臂圆钢管固定在塔身，覆盖区域存在局限性，扩容空间有限。内平台布置形式如图 6.1-6 所示。

2) 外平台

外平台为三管塔上设置的塔柱外环形检修外平台，支臂圆钢管抱于检修外平台的环形护栏上，此种环形检修外平台方便后期维护，可在 360°范围设置天线，覆盖范围广，但平台直径大，材料多，对风荷载的增加有较大影响。外平台布置形式如图 6.1-7 所示。

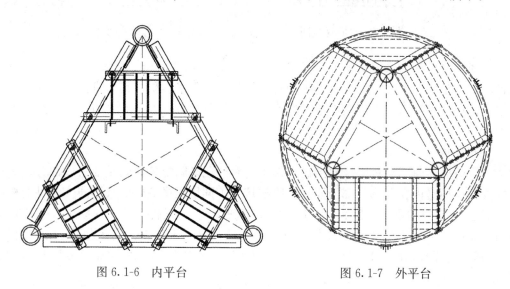

图 6.1-6　内平台　　　　　　　　　图 6.1-7　外平台

在天线挂载与覆盖形式需求确定后，即可进行三管塔平台以及天线支架挂载方式选择。两种平台均可满足每层挂载 6 副天线的需求，在模型创建中通常可先创建单层平台，在单层平台模型创建完成后，采用复制建模方式完成其他平台创建。各层平台除空间坐标位置不同，其余物理参数、连接方式等均相同。

4. 法兰

法兰是塔柱圆管与圆管之间相互连接的构件，用于主材之间的连接，对于斜材采用圆管的格构塔，斜材连接也会涉及法兰连接。法兰连接是指由法兰、螺栓两者相互连接作为一组可拆卸密封结构的连接。法兰设置有螺栓孔，法兰成对使用，采用螺栓使两法兰紧连，承受不同压力的法兰厚度不同，使用的螺栓也不同，如图 6.1-8 所示。三管塔法兰盘用于圆钢管连接时，主要承受压力、拉力，单管塔法兰盘还承受弯矩和剪力。为保证法兰构件局部稳定并传递集中力，通常做法是在法兰连接处设置均匀分布的加劲肋，如图 6.1-9 所示。加劲肋尺寸由加劲肋的强度验算、焊缝验算决定，加劲肋板与圆钢管连接处应预留切角，以免镀锌出现死角。

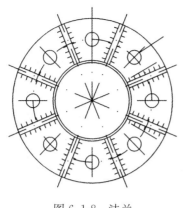

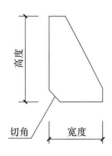

图 6.1-8　法兰　　　　　　　　图 6.1-9　加劲肋

　　该构件可以使用编辑器的"族类型"新建，通过设置法兰外径、内径、厚度、螺栓分布直径、螺栓孔数量、加劲板厚、宽度、切角等参数实现参数化，在项目中载入该族时，所有族类型都将被载入。

　　5. 角钢开孔

　　三管塔采用的角钢为直角形角钢，其两边互相垂直形成角形的长条钢材，分为等边角钢和不等边角钢，可作为构件之间的连接件。角钢是常规三管塔重要组成部分，通常采用等边角钢，与其他构件采用螺栓连接。斜材与主材、横材与主材、横材与节点板、斜材与节点板均可通过角钢开孔采用螺栓连接。角钢开孔的直径、间距应满足现行国家规范对螺栓孔的孔径、间距、端距等的要求。此外，应考虑构造的要求，如规范规定当螺栓直径小于等于 16mm 时，螺栓孔径大于螺栓直径 1mm；当螺栓直径大于 16mm 时，螺栓孔径大于螺栓直径 1.5mm。角钢开孔可直接采用系统族"角钢"通过"空心拉伸"命令实现。

　　6. 攀登设施

　　三管塔属于高耸结构，需要设置通向塔顶的攀登设施，如爬梯、爬钉、升降机等，并应考虑必要的安全防护。攀登设施关键参数为：步距宜为 200～400mm，爬梯宽度不小于 500mm，爬钉长度应不小于 110mm 等。三管塔攀登设施有两种：

　　1) 爬梯

　　采用爬梯作为攀登设施，并设置爬梯护圈，根据检修平台不同可分为内爬梯和外爬梯。每段爬梯均由圆钢、角钢、扁钢组成，不同段略有不同。最下层检修平台以上的爬梯段可不设置护圈，塔底段 2.5m 高度范围内不设置脚蹬圆钢且无护圈。每段爬梯两侧设置馈线支架，爬梯两侧馈线支架应根据要求标记不同平台的馈线区域，确保后期不同平台馈线安装互不干扰。馈线应固定在爬梯两侧馈线支架上，各平台天线系统馈线或电缆每 3 根叠一排。沿塔高每隔 10m 在馈线支架构件上设置馈线接地排安装孔，数量和位置可根据工艺具体要求确定。爬梯如图 6.1-10、图 6.1-11 所示。

　　2) 爬钉

　　爬钉用于高度相对不高的塔型。爬钉采用圆钢，直接焊接于塔柱，无护圈，仅在一个塔柱设置。馈线支架采用角钢直接抱箍于塔柱上，三个塔柱均设置。爬钉如图 6.1-12 所示。

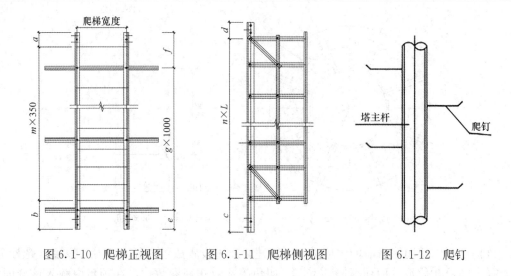

图 6.1-10　爬梯正视图　　　图 6.1-11　爬梯侧视图　　　图 6.1-12　爬钉

7. 避雷系统

通信基站中各类三管塔避雷针规格形式类似，采用一根主杆和三方支撑组成，通过螺栓与三管塔塔顶横隔面连接。主杆为长度 5m 的圆钢管，钢管底部与三管塔顶部横隔面中的角钢采用螺栓连接，钢管顶部为自由尖端。三方支撑为三根角钢通过节点板与三根塔柱法兰盘螺栓连接。防雷引下线采用两根 40mm×4mm 的镀锌扁钢，并与避雷针相连，沿着爬梯角钢每隔 2m 左右，用 U 形卡子固定一次，至塔身底端沿着斜材与基础接地系统相连。三管塔基础接地网可参考第 8 章机房地网。

基站避雷系统由铁塔避雷、天馈线系统避雷、交流供电系统避雷、传输线路避雷等组成，所有避雷系统共同组成整体的避雷系统。

基站按均压、等电位的原理，按联合接地地网的要求设置接地网，并要求接地网电阻值满足工艺要求。当接地网的接地电阻达不到要求时，可扩大地网面积。采用环形封闭网状的地网结构，可在环形接地网基础上采用辐射状接地网，扩展地网面积，以最大限度降低电阻。基站的工频接地电阻一般控制在 10Ω 之内、地网的等效半径应在 10m 左右；当基站的土壤电阻率大于 $1000\Omega \cdot m$ 时，可不对基站的工频接地电阻予以限制，但要求其地网的等效半径应不小于 10m，并在地网四角加以 20～30m 辐射型接地体。

8. 螺栓、螺母与地脚螺栓

螺栓是配用螺母的圆柱形带螺纹的紧固件，由头部和螺杆（带有外螺纹的圆柱体）两部分组成，并需与螺母配合使用，用于紧固连接两个带有孔洞的构件。采用螺栓连接的形式称为螺栓连接，螺栓连接属于可拆卸连接，可把螺母从螺栓上旋下，使两个零件分开。典型螺栓样式如图 6.1-13 所示。

三管塔各构件连接采用螺栓连接，在建筑信息模型中需要载入多种螺栓模型，可采用"类型目录"文件方法实现螺栓族的参数化。如文件命名为"普通 A 级六角头螺栓双螺母 .rfa"，则类型目录文件为"普通 A 级六角头螺栓双螺母 .txt"，在项目中导入族文件时才能被识别。类型目录中的各列参数可输入为螺栓的参数信息，促使螺栓的制作过程方便快捷。三管塔塔柱法兰采用 8.8 级高强螺栓，两母一垫，其余连接采用 4.8 级螺栓，一母一垫。斜材及横材与塔柱间的连接螺栓还应采用扣紧螺母或其他防松措施，扣紧螺母应符合

《扣紧螺母》GB/T 805 的规定。三管塔的螺栓选型根据通过长度确定，详见附录 A.3。

地脚螺栓属于螺栓中的一种，塔柱与地脚锚栓通过法兰连接。地脚螺栓由螺栓杆、圆钢、厚垫片组成，配合定位板使用，地脚锚栓创建模型方法可参考第 5 章。圆钢、厚垫片可通过"拉伸"命令完成创建，然后载入地脚锚栓族中通过"阵列"工具进行布置，如图 6.1-14 所示。

图 6.1-13　螺栓　　　　图 6.1-14　三管塔地脚锚栓

9. 节点板

把交汇在节点处的各构件联结在一起的钢板称为节点板。节点板是横材、斜材与塔柱连接的重要构件，节点板与节点板、构件与节点板采用螺栓连接。节点板可使用编辑器的"族类型"新建，通过"拉伸"命令设置节点板厚、宽度等参数实现参数化。

10. U 形卡

U 形卡用于固定构件，与螺栓有异曲同工之效。该构件参数类型与螺栓类似，可以使用"类型目录"文件，通过将族类型的信息以规定格式记录在 *.txt 文件中，创建一个"类型目录"文件。对于族类型较多的情况，方便族类型编辑和管理。当该族载入项目时，"类型目录"可帮助完成对族的排序和选择，并可仅载入项目中所需的特定族类型。

6.2　族建立

组成三管塔的族多种多样，主要包含了：塔身、检修平台、天线支架、避雷针、爬梯、地脚螺栓、法兰、附属构件等，各类族有其相应的特色，以下详细讲述各类族的创建过程。

6.2.1　塔身

本书采用主材为圆管，斜材、横材为角钢的三管塔进行讲述，三管塔属于空间桁架结构，空间建模组装颇为复杂，采用传统的单根构件组装方式过于烦琐，且极为容易出错。可采用基于 Revit 系统平台开发的速博插件进行建模。

速博插件提供了"基于 Excel 生成模型"的功能，该表格包含"标高"、"柱"、

"梁"、"墙"、"基础"五项，其中三管塔塔身建模采用"标高"、"柱"、"梁"分别描述塔段底部、顶部标高、柱相关参数、梁相关参数。在横材、斜材坐标推导中，需注意节点板厚度空间尺寸。梁、柱单元的相关参数格式如图 6.2-1、图 6.2-2 所示。采用 Excel 计算和定义塔柱、斜材和横材等构件的坐标、截面类型以及材质。通过 Revit 软件中的"基于 Excel 生成模型"插件，将数据转换为模型，最后将塔柱调整为斜柱，完成塔身参数化建模。

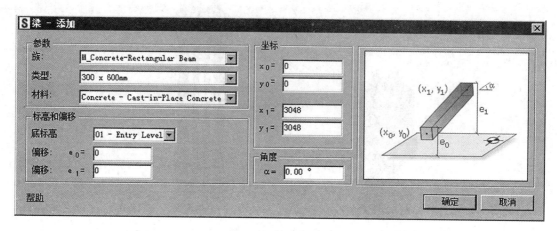

图 6.2-1　梁单元格式

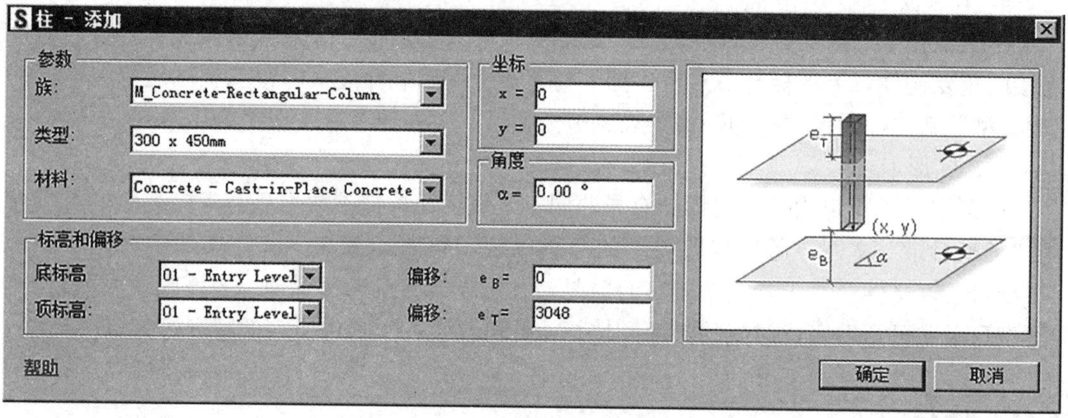

图 6.2-2　柱单元格式

　　随着三管塔的标准化与模块化，塔身可设计为标准模块叠加的形式。此时可采用"基于 Excel 生成模型"功能完成标准化模块的创建，在实际创建三管塔时，可调用各模块直接进行组装。

　　本节采用铁塔-三管塔-塔身-0.35-30m-外平台（TT-3GT-TS-0.35-30m-WPT）为例，讲述三管塔塔身创建过程，详细创建过程如下：

　　Step 1：新建 Excel 表格，制作参数化表格 "3GT-30-0.35-3PT3.xls"，将标高、族材质、材料以及计算好的坐标关系公式等参数输入至表格中，标高定义如表 6.2-1 所示，塔段主材定义如表 6.2-2 所示，塔段斜材定义如表 6.2-3 所示。

标高 表 6.2-1

名称	Level 1	Level 2	Level 3	Level 4	Level 5	Level 6	Level 7
标高（m）	0.000	5.000	10.000	16.000	22.000	28.000	30.000

塔段主材 表 6.2-2

标高底部	标高顶部	族	类型	材料	坐标		偏移		角度
					x (m)	y (m)	e_B (m)	e_T (m)	α (°)
Level 1	Level 2	圆管柱	GB-SSP 159×8	钢-Q345	−1.250	−0.722	0.015	0.587	0.0
Level 1	Level 2	圆管柱	GB-SSP 159×8	钢-Q345	1.250	−0.722	0.015	0.587	0.0
Level 1	Level 2	圆管柱	GB-SSP 159×8	钢-Q345	0.000	1.443	0.015	0.587	0.0
Level 2	Level 3	圆管柱	GB-SSP 146×8	钢-Q345	−1.063	−0.613	0.613	0.588	0.0
Level 2	Level 3	圆管柱	GB-SSP 146×8	钢-Q345	1.063	−0.613	0.613	0.588	0.0
Level 2	Level 3	圆管柱	GB-SSP 146×8	钢-Q345	0.000	−0.1227	0.613	0.588	0.0
Level 3	Level 4	圆管柱	GB-SSP 146×8	钢-Q345	−0.875	−0.505	0.612	−0.012	0.0
Level 3	Level 4	圆管柱	GB-SSP 146×8	钢-Q345	0.875	−0.505	0.612	−0.012	0.0
Level 3	Level 4	圆管柱	GB-SSP 146×8	钢-Q345	0.000	1.010	0.612	−0.012	0.0
Level 4	Level 5	圆管柱	GB-SSP 133×6	钢-Q345	−0.650	−0.375	0.012	0.588	0.0
Level 4	Level 5	圆管柱	GB-SSP 133×6	钢-Q345	0.650	−0.375	0.012	0.588	0.0
Level 4	Level 5	圆管柱	GB-SSP 133×6	钢-Q345	0.000	0.751	0.012	0.588	0.0
Level 5	Level 6	圆管柱	GB-SSP 114×5	钢-Q345	−0.650	−0.375	0.612	0.590	0.0
Level 5	Level 6	圆管柱	GB-SSP 114×5	钢-Q345	0.650	−0.375	0.612	0.590	0.0
Level 5	Level 6	圆管柱	GB-SSP 114×5	钢-Q345	0.000	0.751	0.612	0.590	0.0
Level 6	Level 7	圆管柱	GB-SSP 89×5	钢-Q345	−0.650	−0.375	0.600	0.000	0.0
Level 6	Level 7	圆管柱	GB-SSP 89×5	钢-Q345	0.650	−0.375	0.600	0.000	0.0
Level 6	Level 7	圆管柱	GB-SSP 89×5	钢-Q345	0.000	0.751	0.600	0.000	0.0

塔段斜材 表 6.2-3

底部	族	类型	材料	x_0	y_0	x_1	y_1	e_0	e_1	α
				(m)	(m)	(m)	(m)	(m)	(m)	(°)
Level 1	角钢	L50×5	钢-Q235	−1.250	−0.732	1.186	−0.695	0.000	1.700	0.0
Level 1	角钢 T	L50×5T	钢-Q235	−1.169	−0.675	1.233	−0.712	1.700	0.000	−90.0
Level 1	角钢	L50×5	钢-Q235	−0.009	1.448	−1.195	−0.680	0.000	1.700	0.0
Level 1	角钢 T	L50×5T	钢-Q235	−0.000	1.350	−1.233	−0.707	1.700	0.000	−90.0
Level 1	角钢	L50×5	钢-Q235	1.259	−0.717	0.009	1.375	0.000	1.700	0.0
Level 1	角钢 T	L50×5T	钢-Q235	1.169	−0.670	0.000	1.423	1.700	0.000	−90.0
Level 1	角钢	L50×5	钢-Q235	−1.186	−0.695	1.123	−0.658	1.700	3.400	0.0
Level 1	角钢 T	L50×5T	钢-Q235	−1.105	−0.638	1.169	−0.675	3.400	1.700	−90.0

续表

底部	族	类型	材料	x_0 (m)	y_0 (m)	x_1 (m)	y_1 (m)	e_0 (m)	e_1 (m)	α (°)
Level 1	角钢	L50×5	钢-Q235	−0.009	1.375	−1.131	−0.643	1.700	3.400	0.0
Level 1	角钢 T	L50×5T	钢-Q235	0.000	1.276	−1.169	−0.670	3.400	1.700	−90.0
Level 1	角钢	L50×5	钢-Q235	1.195	−0.680	0.009	1.301	1.700	3.400	0.0
Level 1	角钢 T	L50×5T	钢-Q235	1.105	−0.633	0.000	1.350	3.400	1.700	−90.0
Level 1	角钢	L50×5	钢-Q235	−1.123	−0.658	1.063	−0.623	3.400	5.000	0.0
Level 1	角钢 T	L50×5T	钢-Q235	−1.045	−0.603	1.105	−0.638	5.000	3.400	−90.0
Level 1	角钢	L50×5	钢-Q235	−0.009	1.301	−1.071	−0.608	3.400	5.000	0.0
Level 1	角钢 T	L50×5T	钢-Q235	0.000	1.207	−1.105	−0.633	5.000	3.400	−90.0
Level 1	角钢	L50×5	钢-Q235	1.131	−0.643	0.009	1.232	3.400	5.000	0.0
Level 1	角钢 T	L50×5T	钢-Q235	1.045	−0.598	0.000	1.276	5.000	3.400	−90.0
Level 1	角钢	L50×5	钢-Q235	−1.063	−0.623	1.063	−0.623	5.000	5.000	0.0
Level 1	角钢	L50×5	钢-Q235	−0.009	1.232	−1.071	−0.608	5.000	5.000	0.0
Level 1	角钢	L50×5	钢-Q235	1.068	−0.610	0.009	1.236	5.000	5.000	0.0
Level 1	角钢	L50×5	钢-Q235	−1.063	−0.623	0.999	−0.587	5.000	6.700	0.0
Level 1	角钢 T	L50×5T	钢-Q235	−0.981	−0.567	1.045	−0.603	6.700	5.000	−90.0

备注：1. 表 6.2-2 和图 6.2-3 仅为部分塔段数据。

2. 后缀 T 用于区别角钢肢不同朝向。

Step 2：单击"应用程序菜单"按钮，选择"新建"中的"项目"选项，在弹出的"新建项目"对话框中选择项目样板文件，点击"确定"按钮，进入项目编辑器界面。

Step 3：单击"插入"选项卡"从库中载入"面板中的"载入族"按钮，在弹出的族选择框中将参数化表格"3GT-30-0.35-3PT3.xls"中设置的族全部载入，如圆管柱（GB-SSP159×8、角钢 L50×5）。

Step 4：单击"Extensions"选项卡"建模"面板中"基于 Excel 生成模型"按钮，进入表格编辑界面，点击表格"文件"，单击"打开"按钮打开表格"3GT-30-0.35-3PT3.xls"。

Step 5：使用"校核数据"命令，对数据进行校核，如果弹出的界面是"表格数据正确"，则说明表格数据和载入族都正确无误；反之则需检查表格和载入族是否相对应。弹出"表格数据正确"后单击"模型生成"按钮，完成模型生成，如图 6.2-3 所示。

Step 6：对于主材为倾斜布置的塔段需把直柱调成斜柱。选择塔段主材直柱，将其属性"限制条件"中"柱样式"里修改为"倾斜-角度控制"，"构造"中"底部截面样式"修改为"水平"，如图 6.2-4 所示。

Step 7：选择 Step 6 修改过的塔柱，调节将塔柱顶端和上一段塔柱底端平行连接。

重复 Step 6、Step 7 操作，完成其余塔段直柱调斜柱操作。修正后塔身如图 6.2-5 所示，完成塔身参数化建模。该建模方式适用于各类格构式铁塔。扫描二维码观看三管塔塔身参数化建模创建视频。

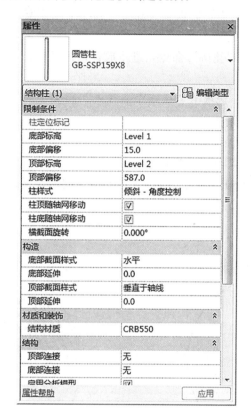

图 6.2-3　生成初步模型　　　　图 6.2-4　斜柱调整　　　　图 6.2-5　调整后模型

6.2.2　检修平台

三管塔天线支架创建可参考单管塔天线支架创建过程，详见第 5 章。本节重点讲述三管塔检修平台创建方法。三管塔检修平台分为两种：内平台和外平台，本书重点介绍外部检修平台族的创建过程，内部检修平台创建过程与外部平台类似。

检修平台由型钢拼接形成，检修平台带围栏，具有直径大、构件多、组合形式复杂的特点。外部检修平台主要可分为脚踏格栅板、围栏、支撑结构三类构件，其中脚踏格栅板由扇形板组成。外部检修平台由扇形组合构件拼接而成，在创建族时首先绘制扇形区域组合构件，然后对多块扇形构件拼装组合即可。

单块扇形组合构件零件数量较多，不适合在一个族文件中全部新建绘制，可将各零件分别新建族，然后嵌套至主体族中形成组合构件。扇形板族创建过程如下：

Step 1：在新建族对话框中选择"公制常规模型 . rft"族样板文件，进入族编辑器界面。

Step 2：单击"创建"选项卡"基准"面板中的"参照平面"按钮，绘制参照平面，并添加径向尺寸标注。如图 6.2-6 所示。参照面不能以圆弧形态创建，其中的圆弧可使用参照线进行创建。

Step 3：单击"创建"选项卡"形状"面板中的"放样"按钮，在弹出的"修改｜放样"选项卡"放样"面板中点击"拾取路径"，选中最外层圆弧参照线，点击确定，选中后会在圆弧的中点显示一个红点，此红点位置则为截面放样的初始位置。

Step 4：在"项目浏览器"面板中"视图"选项下的"立面"选项中，选择初始放样位置所在的立面，示例中的立面为前立面。选中"红点"截面，单击"修改｜放样"选项卡"放样"面板中的"编辑轮廓"命令，进行放样截面编辑，槽钢截面绘制完成后，点击确定完成编辑。

Step 5：单击"插入"选项卡"从族库中载入"面板中的"载入族"按钮，选中槽钢族，按照位置绘制直线槽钢构件。

此时扇形主体构件已经完成绘制，扇形板与平台连接板的连接件角钢可以采用嵌套族，使用"载入族"命令，选中连接件角钢族，通过"阵列"命令可快速绘制底板栅栏并调整位置，完成扇形组合构件创建。选择该扇形组合构件，通过"镜像"命令完成对称布置，完成的组合构件布置如图 6.2-7 所示。

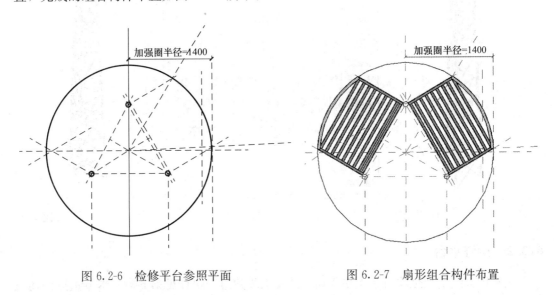

图 6.2-6　检修平台参照平面　　　　图 6.2-7　扇形组合构件布置

至此扇形板族创建已经完成，其余扇形板的创建方法以此类推。

扇形板是平台底板与塔身圆柱之间主要连接构件，中部为两层扁钢护圈，平台顶部的围栏扇形槽钢通过螺栓连接，竖向固定采用槽钢，沿围栏圆周平均分布，围栏高度为1.1m。围栏同为扇形结构，可参考本节扇形板族中通过"放样"命令创建的方法，此处不再详述。

平台下方设置支撑构件，支撑构件为角钢，与塔柱节点板通过螺栓连接。节点板族创建过程详见第 6.2.7 节，对支撑构件和节点板进行组合，通过嵌套成为嵌套族。此外，可新建平台支撑族，以下对新建族创建过程进行讲述，详细创建过程如下：

Step 1：在新建族对话框中选择"公制常规模型 .rft"族样板文件，进入族编辑器界面。

Step 2：在"项目浏览器"面板中"视图"选项下的"立面"选项中，单击"前"按钮，绘制如图 6.2-8 所示参照面，并添加尺寸标注。

Step 3：使用"创建"选项卡"形状"面板中的"拉伸"命令，在弹出的"修改｜创建拉伸"选项卡"绘制"面板中选择"直线"命令，绘制节点板。

Step4：单击操作面中的标注尺寸，"选项栏"会显示修改/尺寸标注，单击"标签"进行相应的尺寸定义，分别定义参数。拉伸编辑完成后，在楼层平面视图中拉伸的长度与参照系锁定，并将尺寸标注添加为参数。

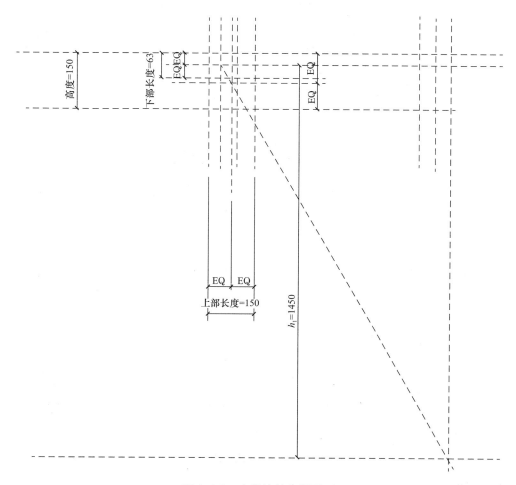

图 6.2-8　支撑构件参照平面

Step 5：使用"插入"选项卡"从族库中载入"面板中的"载入族"命令，载入角钢族，按照位置绘制直线角钢构件，如图 6.2-9 所示。

Setp 6：单击"创建"选项卡"形状"面板中的"空心形状"下拉三角形按钮，选择"空心拉伸"命令，在弹出的"修改｜创建拉伸"选项卡"绘制"面板中，采用"圆形"命令绘制螺栓孔圆盘形状，创建螺栓孔完成后，载入"螺栓族"布置螺栓，如图 6.2-10 所示。

至此支撑构件创建完成。形成围栏后，天线支架用 U 形卡和槽钢臂与平台围栏连接，嵌套构件族组成整个天线支架兼检修平台，如图 6.2-11 所示。

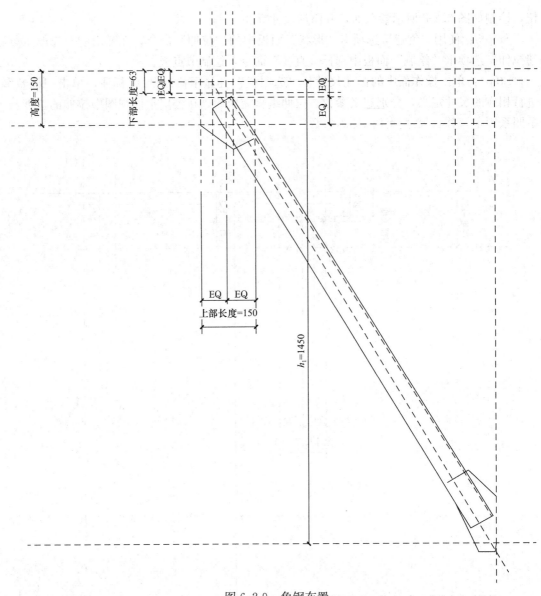

图 6.2-9　角钢布置

6.2.3　法兰

法兰是塔身主材与主材之间相互连接的构件，包含法兰底盘和加劲板两部分。通过设置法兰外径、内径、厚度、螺栓分布直径、螺栓孔数量、加劲板厚、宽度、切角等参数实现参数化。

以外法兰盘族为例，讲述创建过程如下：

Step 1：在新建族对话框中选择"公制结构加强板 .rft"族样板文件，进入族编辑器界面。

Step 2：在"楼层平面"的"参照标高"视图中，单击"创建"选项卡"基准"面板中的"参照平面"工具按钮，在平面视图中创建以预设参照平面交点为中心的参照系，并添加尺寸标注，定义参数如图 6.2-12 所示。

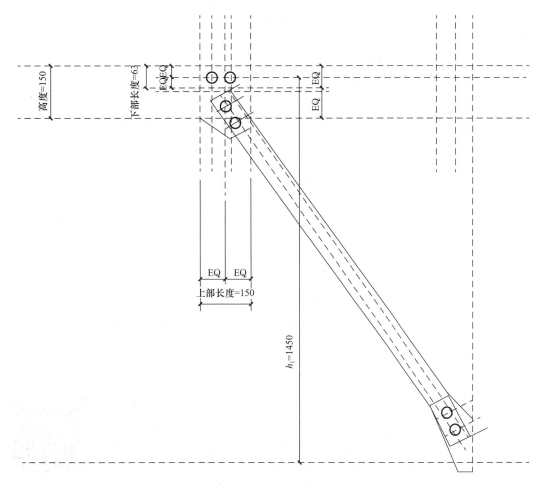

图 6.2-10　螺栓布置

Step 3：切换至"楼层平面"板中的"参照标高"视图，单击"创建"选项卡"形状"面板中的"拉伸"工具按钮，在弹出的"修改｜创建拉伸"选项卡"绘制"面板中，使用"圆形"命令，绘制法兰盘外径，使用"空心拉伸"命令绘制法兰盘内圈的开孔圆盘形状。拉伸编辑完成后，在立面视图中将拉伸长度与参照系锁定，并将尺寸标注添加为参数，如图 6.2-13 所示。

Step4：单击"创建"选项卡"形状"面板中的"空心形状"下拉三角形按钮，选择"空心拉伸"命令，在弹出的"修改｜创建拉伸"选项卡"绘制"面板中，使用"圆形"命令，绘制螺栓孔的开孔圆盘形状，在立面视图中，将拉伸长度与参照系锁定，并将尺寸标注添加为参数。选中螺栓

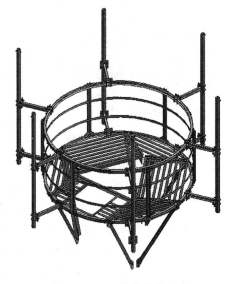

图 6.2-11　三管塔检修平台

91

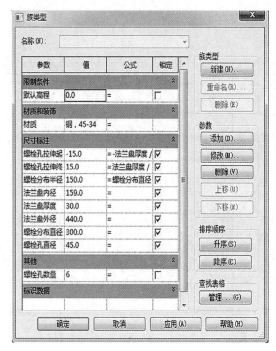

图 6.2-12　法兰参数设置

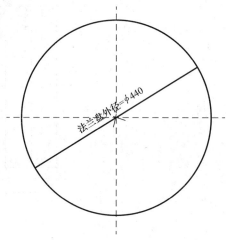

图 6.2-13　法兰直径参数

孔，单击"修改 | 创建拉伸"选项卡"修改"面板中的"阵列"按钮，在弹出的状态栏中选择"径向"，将径向复制的中心点移至法兰板圆心，输入阵列数量和角度，并将尺寸标注添加为参数，回车完成阵列编辑。实现参数化法兰如图 6.2-14 所示。扫描二维码观看外法兰盘族创建视频。

使用"拉伸"命令创建加劲肋，以加劲肋族为例讲述，详细创建过程如下：

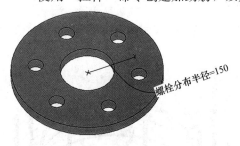

图 6.2-14　参数化法兰

Step 1：在新建族对话框中选择"公制结构加强板 . rft"族样板文件，进入族编辑器界面。

Setp 2：单击"族类型"按钮，在弹出的族类型编辑器对话框中，将族构件的材质、加劲肋长度、加劲肋宽度、厚度等参数输入，如图 6.2-15所示。

Step 3：切换至"前"立面视图，使用"创建"选项卡"形状"面板中的"拉伸"命令。在弹出的"修改 | 创建拉伸"选项卡"绘制"面板中，使用"直线"命令，绘制加劲肋。

Step 4：单击操作面中的标注尺寸，选项栏会显示"修改/尺寸标注"，选择"标签"进行相应的尺寸定义，分别定义加劲肋参数，如图 6.2-16 所示。

Step 5：切换至"楼层平面"中的"参照标高"视图，同样单击操作面中的标注尺寸，选项栏会显示"修改/尺寸标注"，选择"标签"进行相应的尺寸定义，定义加劲肋参数，完成编辑，实现加劲肋参数化。

扫描二维码观看加劲肋族创建视频。

图 6.2-15　加劲肋参数设置

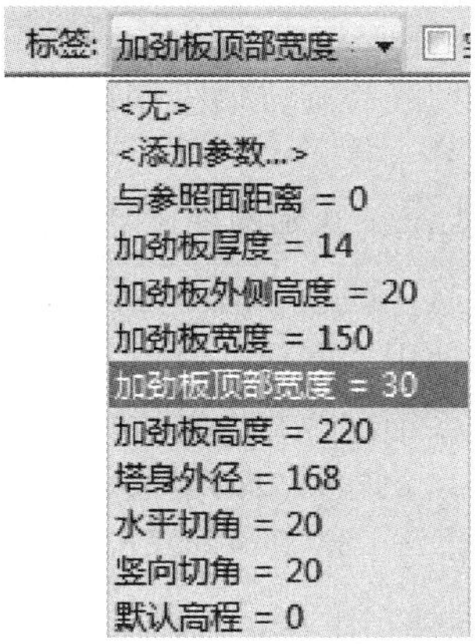

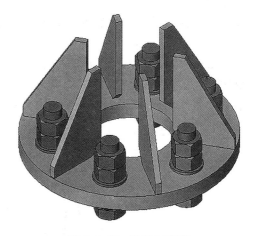

图 6.2-16　加劲肋参数定义

通过嵌套族将法兰与加劲肋配合使用，形成完整的法兰族。创建过程如下：

Step 1：在新建族对话框中选择"公制结构加强板.rft"族样板文件，进入族编辑器界面。

Step 2：单击"插入"选项卡"从族库中载入"面板中"载入族"按钮，将已参数化的"法兰族"、"加劲肋族"载入，"加劲肋族"可通过"阵列"命令在"法兰族"上完成布置。

采用同样的方法将螺栓族载入，按实际连接要求需要布置螺栓。

至此法兰嵌套族完成创建，完成的模型如图 6.2-17 所示，不同的法兰嵌套族创建方法类似。

图 6.2-17　法兰嵌套族

6.2.4　避雷针

通信基站中各类三管塔避雷针规格形式类似，均由一根主杆和三方支撑组成，通过螺栓与三管塔塔顶连接。其中圆钢管可采用"拉伸"命令完成，加劲板、斜支撑等可另建族嵌套使用。

本节以铁塔-三管塔-避雷针-1-5000mm（TT-3GT-BLZ-1-5000）为例，创建避雷针族，创建过程如下：

Step 1：在新建族对话框中选择"公制常规模型.rft"族样板文件，进入族编辑器界面。

Step 2：在"楼层平面"的"参照标高"视图中，单击"创建"选项卡"基准"面板中的"参照平面"工具按钮，在平面视图中创建以原点为中心的参照系，并添加尺寸标注，定义为参数。

Step 3：切换至"前"立面视图，使用"创建"选项卡"形状"面板中的"旋转"工具，在弹出的"修改丨创建旋转"选项卡"绘制"面板中，使用"拾取线"命令，选择过原点的中心参照线。为避雷针旋转定义中心线。

Step 4：单击"修改丨创建旋转"选项卡"绘制"面板中的"直线"按钮，以刚刚选取的参照线为旋转轴绘制旋转截面。因为针头为尖端形状，所以旋转截面为三角形，如图 6.2-18 所示。

Step 5：将视图切换至"楼层平面"选项中的"参照标高"视图，单击"创建"选项卡"形状"面板中的"拉伸"工具按钮，在弹出的"修改丨创建拉伸"选项卡"绘制"面板中，使用"圆形"命令，绘制薄壁圆钢管。拉伸编辑完成后，在立面视图中将拉伸长度与参照系锁定，并将尺寸标注添加为参数。

Step 6：继续使用"拉伸"命令，采用"矩形"命令绘制底部矩形法兰。

Step 7：单击"创建"选项卡"形状"面板中的"空心形状"下拉三角形按钮，选择"空心拉伸"工具，在弹出的"修改丨创建空心拉伸"选项卡"绘制"面板中，使用"圆形"命令绘制法兰盘内圈的开孔圆盘形状。

Step 8：单击"插入"选项卡"从族库中载入"面板中的"载入族"按钮，将加劲板族载入至避雷针族中（加劲板族的绘制过程与法兰加劲板绘制过程类似，详见第 6.2.3 节），将其安放在避雷针法兰板上。

Step 9：采用与 Step 8 相同的方法载入斜撑族（斜撑族创建与检修平台支撑族的创建方法类似，详见第 6.2.2 节），载入一个斜撑后可通过"阵列"命令，输入阵列的数量和角度，回车完成阵列编辑，如图 6.2-19 所示。

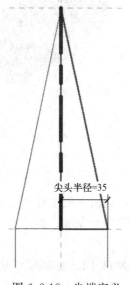

图 6.2-18　尖端定义　　　　图 6.2-19　斜撑阵列

6.2.5　爬梯

三管塔爬梯是保护攀爬人员安全的重要构件,由踏杆、直梯、护笼和连接件组成。爬梯踏杆为圆钢,直梯为角钢,护圈为扁钢,各构件采用螺栓连接而成,绘制相对复杂。以下介绍其中一段爬梯的绘制方法,其他爬梯段绘制方法类似。

爬梯零件较多,不适合在一个族文件中全部新建绘制,可将各零件分别新建族,然后载入嵌套至主体族中使用,根据构件功能主要可分为两部分建模:直梯与护圈。其中护圈又分为水平护圈扁钢与垂直护圈扁钢两种构件,首先介绍爬梯护圈绘制过程,然后创建爬梯族整体模型。

本节以铁塔-三管塔-爬梯-T3(TT-3GT-PT-T3)为例,创建爬梯族,创建过程如下:

1. 护圈

Step 1:在新建族对话框中选择"公制结构加强板.rft"族样板文件,进入族编辑器界面。

Step 2:在"楼层平面"的"参照标高"视图中,单击"创建"选项卡"基准"面板中的"参照平面"按钮,在平面视图中创建以原点为中心的参照系,并添加尺寸标注,材质参数为钢材 Q235,护圈扁钢的厚度为 6mm,如图 6.2-20 所示。

Step 3:单击"创建"选项卡"形状"面板中的"放样"按钮,在弹出的"修改│放样"选项卡"放样"面板中,单击"拾取路径",选择参照线,参照线中会显示一个红点,此红点位置为截面放样的初始位置。

Step 4:切换至"前"立面视图,即为放样位置所在的立面,选中"红点"截面,在"修改│放样"选项卡"放样"面板中,单击"编辑轮廓"进行放样截面编辑,绘制的扁钢截面如图 6.2-21 所示。

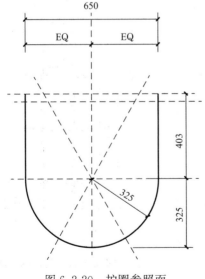

图 6.2-20　护圈参照面

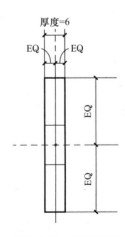

图 6.2-21　扁钢截面

Step 5:继续使用创建命令,绘制螺栓孔。单击"创建"选项卡"形状"面板中的"空心形状"下拉三角形按钮,选择"空心拉伸"工具,在弹出的"修改│创建空心拉伸"

选项卡"绘制"面板中,使用"圆形"工具绘制螺栓孔的开孔形状,在立面视图中将拉伸长度与参照系锁定,并将尺寸标注添加为参数。水平护圈扁钢族绘制结果如图 6.2-22 所示。扫描二维码观看爬梯护圈创建视频。

垂直护圈扁钢族可通过"拉伸"命令完成创建,将水平护圈扁钢族和垂直护圈扁钢族载入嵌套至爬梯族中,可作为护笼使用。以下介绍爬梯族整体模型创建过程。

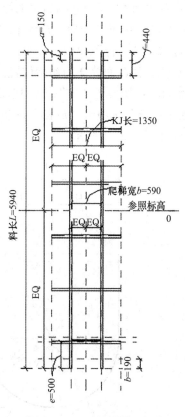

图 6.2-22   护圈扁钢族

2. 爬梯

Step 1:在新建族对话框中选择"公制结构加强板.rft"族样板文件,进入族编辑器界面。

Step 2:在"楼层平面"的"参照标高"视图中,单击"创建"选项卡"基准"面板中的"参照平面"按钮,创建以原点为中心的参照系,并添加尺寸标注,定义参数如图 6.2-23 所示。

Step 3:使用"插入"选项卡"从族库中载入"面板中的"载入族"命令,将"角钢族"、"圆钢族"载入至爬梯族中,通过"阵列"完成布置,如图 6.2-24 所示。

图 6.2-23   爬梯参数设置

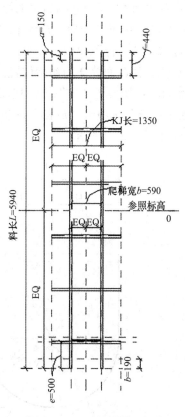

图 6.2-24   角钢圆钢阵列

Step 4:继续使用"载入族"命令,将"水平护圈扁钢族"、"垂直护圈扁钢族"载入至爬梯族中,"水平护圈扁钢族"可通过"阵列"命令完成布置。垂直护圈扁钢族可选择

"复制"命令进行布置，采用同样的方法将螺栓族载入，按实际连接需要布置螺栓。

　　至此爬梯族创建完成，如图 6.2-25 所示。内置爬梯创建方法类似，爬钉可采用"放样"命令和"阵列"命令完成，此处不再详述。

6.2.6　角钢开孔

　　斜材主要由角钢组成，与其他构件采用螺栓连接，所以对角钢开螺栓孔是建立模型中较为重要的环节。角钢族可采用 Revit 软件系统族，通过对其编辑完成开孔。创建过程如下：

　　Step 1：在新建族对话框中选择"角钢.rfa"族样板文件，进入族编辑器界面。

　　Step 2：在"项目浏览器"面板中"视图"选项下的"立面"选项中，单击"前"按钮，在立面视图中以原有参照平面为参照系，新增参照平面并添加尺寸标注。

图 6.2-25　爬梯族

　　Step 3：单击"创建"选项卡"形状"面板中的"空心形状"下拉三角形按钮，选择"空心拉伸"工具，在弹出的"修改 | 创建空心拉伸"选项卡"绘制"面板中，使用"圆形"命令绘制螺栓孔的开孔形状，在立面视图中，将拉伸长度与参照系锁定，并将尺寸标注添加为参数，如图 6.2-26 所示。至此角钢开孔绘制完成。扫描二维码观看角钢开孔族创建视频。

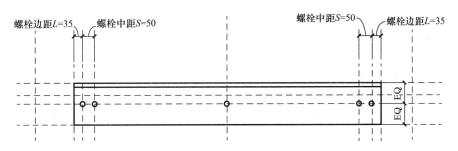

图 6.2-26　角钢开孔

6.2.7　节点板

　　节点板是用于横材以及斜材与塔柱连接的重要构件，节点板与节点板以及节点板与构件之间采用螺栓连接。节点板可采用拉伸命令创建，创建过程如下：

　　Step 1：在新建族对话框中选择"公制结构加强板.rft"族样板文件，进入族编辑器界面。

　　Setp 2：单击"族类型"按钮，在弹出的族类型编辑器对话框中，将族构件的材质、长度、宽度、厚度等参数输入。

　　Step 3：在"项目浏览器"面板中"视图"选项下的"立面"选项中，单击"前"按钮，切换到"前"立面视图，使用"创建"选项卡"形状"面板中的"拉伸"命令，在弹出的"修改 | 创建拉伸"选项卡"绘制"面板中，使用"直线"命令绘制节点板。

Step 4：单击操作面中的标注尺寸，选项栏会显示"修改/尺寸标注"，选择"标签"进行相应的尺寸定义节点板参数。

Step 5：将视图切换至"楼层平面"中的"参照标高"视图，采用同样的操作，定义节点板立面尺寸参数，节点板参数定义如图 6.2-27 所示，创建完成的节点板族如图 6.2-28 所示。

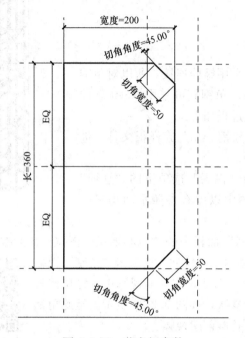

图 6.2-27　节点板参数

图 6.2-28　节点板族

6.2.8　U 形螺栓

U 形螺栓用于固定构件，如可用于防雷引下线与三管塔固定、天线支架与槽钢固定、馈线固定等。U 形螺栓族创建过程如下：

Step 1：在新建族对话框中选择"基于面的公制结构常规模型.rft"族样板文件，进入族编辑器界面。

Step 2：在"项目浏览器"面板中"视图"选项下的"立面"选项中，单击"左"按钮，使用"创建"选项卡"基准"面板中的"参照平面"工具，在立面视图中，绘制如图 6.2-29 所示参照平面，并添加尺寸标注。

Step 3：单击"创建"选项卡"形状"面板中的"放样"工具按钮，在弹出的"修改｜放样"选项卡"放样"面板中，单击"绘制路径"，绘制 U 形螺栓放样路径，点击确定完成编辑。选择放样路径，选中后会在显示一个红点，此红点位置则为截面放样的初始位置。

Step 4：在"项目浏览器"面板中"视图"选项下"楼层平面"选项中，选择"参照平面"视图。选中"红点"截面，在"修改｜放样"选项卡"放样"面板中，单击"编辑轮廓"进行放样截面编辑，绘制圆截面，单击径向尺寸标注将直径添加为参数。

Step 5：继续在"参照平面"视图中，绘制平垫圈。单击"创建"选项卡"形状"面板中的"拉伸"按钮，弹出的"修改｜创建拉伸"选项卡"绘制"面板中，使用"直线"命令绘制平垫圈，点击径向尺寸标注后将直径添加为参数。通过"复制"命令完成其他平垫圈创建。

Step 6：载入"六角螺母族"，通过"复制"命令完成六角螺母布置，需注意双螺母复制空心旋转切割必须是单个做，而且镜像后应核对约束是否存在。

至此 U 形螺栓族创建完成，如图 6.2-30 所示。

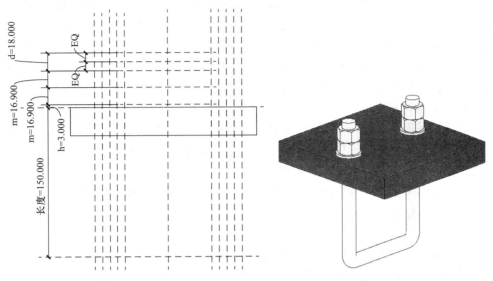

图 6.2-29　U 形螺栓参照平面　　　　图 6.2-30　U 形螺栓族

此外，U 形螺栓与螺栓类似，同样具有多种规格，可通过采用"类型目录"的方法增加族类型，方便在项目中导入使用。采用 ∗.txt 文件对 U 形螺栓进行定义，并使该文件与族文件具有相同的名称和储存路径，在导入到项目或者其他族文件时，可选择需要导入的规格，从而实现所有尺寸类别的 U 形螺栓参数化。U 形螺栓类型目录如图 6.2-31 所示。六角螺母创建模型方法详见第 5 章。

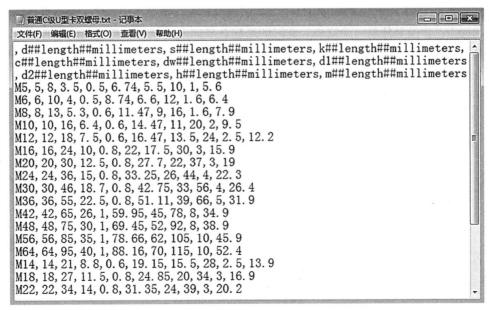

图 6.2-31　U 形螺栓类型目录

6.3　产品组装

本节以 30m 三管塔为例，讲述三管塔产品组装过程。三管塔产品组装与单管塔类似，包括标高、轴网、塔身、法兰、节点板、避雷针、检修平台、爬梯等。由于三管塔为格构式塔，其标高和轴网相当复杂，采用类似于单管塔的标高和轴网建立方法会导致繁杂的数据，难以建立模型，因而在组装三管塔时，可直接采用第 6.2 节采用 Excel 表格创建方法完成标高、轴网和塔身主材、斜材以及横材的创建。三管塔详细创建过程如下：

1. 标高、轴网和塔身

三管塔可采用基于 Revit 平台开发的速博插件功能进行建模。在 Excel 表格中创建标高以及各三管塔节点坐标，并设置好构件类型、材质等，最后导入 Revit 生成模型，具体创建过程详见第 6.2.1 节，此处不再赘述。

对于采用模块化塔段的三管塔，可参照第 5 章创建标高和轴网，在创建完成的空间中布置三管塔模块化塔段。

2. 法兰

30m 三管塔共分为 6 个塔段，主杆连接共采用 6 组法兰，其中 1 组法兰用来连接塔柱和地脚螺栓，另外 5 组用于主杆连接，从高到低可将法兰命名为 FL1～FL6。此外，法兰总是成对使用，为便于区分上法兰与下法兰，可将上法兰与下法兰分别增加后缀 A、B 区别。例如采用 FL5A 表示从塔顶往下第 5 段处主杆连接上法兰。在实际工程中，可按照三管塔实际法兰参数创建法兰，并将各法兰和地脚螺栓载入到项目中使用。

详细布置过程如下：

Step 1：在"项目浏览器"面板中"视图"选项下的"楼层平面"选项中，单击"Level 1"视图，使用"插入"选项卡"从族库中载入"面板中的"载入族"的命令，选择法兰盘族，并将 FL6A 族载入项目中，将图元放置在以原点为截面中心的位置。

Step 2：切换至任意一个立面，此时的塔柱在竖向上的位置未与预先设置的标高对齐。选中塔柱图元，在"属性"对话框里，点击"标高"选项框，在下拉菜单中选择"Level 1"，完成法兰标高定义。

Step 3：切换至"Level 1"平面视图，通过复制功能将该法兰盘复制到另外两个塔柱，完成该平面标高法兰盘的布置，如图 6.3-1 所示。

采用相同方法，在其他标高平面载入法兰盘族，重复以上步骤，完成各塔柱法兰盘布置。

3. 横隔面

三管塔横隔面建立模型方式有两种：第一种可以计算横隔面各构件节点坐标，利用速博插件进行建模；第二种可将横隔面建立族，然后将族载入到项目中使用。本书采用第二种建模方式，建模完成后将横隔面族载入项目，并将其标高与塔段顶标高对齐。以第 6 段塔横隔

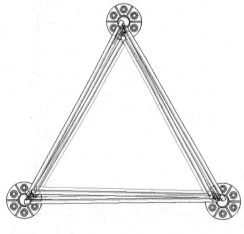

图 6.3-1　法兰盘布置

面为例，讲述横隔面族创建及组装过程，详细过程如下：

Step 1：在新建族对话框中选择"公制常规模型.rft"族样板文件，进入族编辑器界面。

Step 2：在"楼层平面"的"参照标高"视图中，单击"创建"选项卡"基准"面板中的"参照平面"工具按钮，绘制如图 6.3-2 所示参照面，并添加尺寸标注。

Step 3：单击"插入"选项卡"从族库中载入"面板中的"载入族"按钮，将"角钢族"载入到项目中，按照图纸横隔面形状布置角钢。

至此横隔面族创建完成，如图 6.3-3 所示，其余塔段横隔面族创建方法类似。

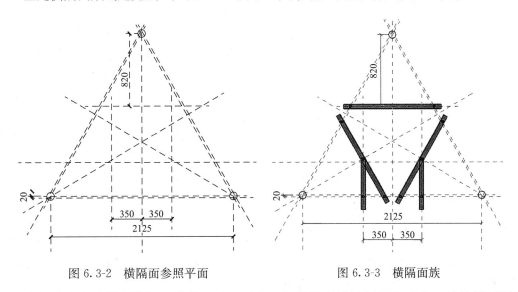

图 6.3-2　横隔面参照平面　　　　　　　图 6.3-3　横隔面族

将创建完成的塔段横隔面族载入到项目中，与塔段顶部进行标高对齐，并按图纸要求布置螺栓，详细布置过程如下：

Step 1：在"项目浏览器"面板中"视图"选项下的"楼层平面"选项中，单击"Level 2"视图，使用"插入"选项卡"从族库中载入"面板中的"载入族"命令，将横隔面族载入到项目中。

Step 2：将横隔面族图元拖拽放置在平面中，横隔面族中心与三管塔中心对齐。

Step 3：切换至任意立面视图，将横隔面族角钢的底部与"Level 2"横材的角钢顶部对齐。完成三管塔横隔面空中定位。

Step 4：选择横隔面横材角钢，在弹出的"修改｜结构框架"选项卡"模式"面板中，单击"编辑族"命令，进入到族编辑器，对横材角钢进行开孔编辑。

Step 5：在族编辑器中，单击"创建"选项卡"形状"面板中的"空心形状"下拉三角形按钮，选择"空心拉伸"工具，在弹出的"修改｜创建空心拉伸"选项卡"绘制"面板中，使用"圆形"命令绘制螺栓孔的开孔形状。

Step 6：单击"族编辑器"面板中的"载入到项目并关闭"工具按钮，将开孔后的横材角钢载入到三管塔模型中。

重复 Step 4～Step 6 完成横隔面所有横材角钢开孔。

Step 7：单击"插入"选项卡"从族库中载入"面板中的"载入族"命令，将"螺栓族"载入到项目中，布置三管塔横隔面螺栓。完成横隔面全部图元布置。

重复 Step 1～Step 7 完成三管塔所有横隔面布置。

4. 节点板

节点板族已在第 6.2 节创建完成，此处可将"节点板族"载入使用或以相同标高处的节点创建嵌套族再载入到项目中使用。本书采用第二种嵌套族方式创建节点板，建模完成后将族载入到项目中，并将其标高与相应位置对齐。下面以第 6 段塔身最下小节点斜材与主杆连接的节点板为例，讲述节点板创建及组装过程，详细过程如下：

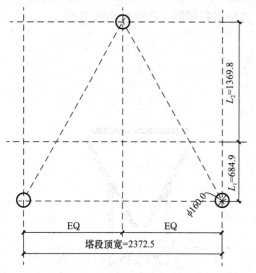

图 6.3-4　节点板参照平面

Step 1：在新建族对话框中选择"公制常规模型.rft"族样板文件，进入族编辑器界面。

Step 2：在"项目浏览器"面板中"视图"选项下的"参照标高"选项中，单击"创建"选项卡"基准"面板中的"参照平面"按钮，绘制如图 6.3-4 所示参照平面，并添加尺寸标注。

Step 3：使用"插入"选项卡"从族库中载入"面板中的"载入族"命令，将"节点板族"载入到项目中，将节点板图元放置在以圆管柱为边的位置，切换至任意一个立面，将节点板的边与圆柱边对齐。

Step 4：切换至"参照标高"平面视图，选择节点板图元，然后通过"旋转"命令，复制布置塔柱另一块节点板，形成一组节点板。

Step 5：选择同一塔柱的两块节点板，通过"阵列"命令完成其他两个塔柱的节点板布置。

至此同高度的节点板嵌套族模型完成创建，该模型包含了相同高度的节点板组合，共计三组节点板，通过调整"小节间顶宽"可改变三组节点板距离，通过调整节点板参数可改变节点板尺寸，从而实现节点板嵌套族各功能。其余高度的节点板嵌套族创建方法类似。

将创建完成的各高度节点板嵌套族载入到三管塔项目中，并将其标高与相应位置对齐。详细操作过程如下：

Step 1：在"项目浏览器"面板中"视图"选项下的"楼层平面"视图中，单击"Level 2"视图，使用"插入"选项卡"从族库中载入"面板中的"载入族"命令，将节点板嵌套族载入到项目中。

Step 2：将节点板嵌套族图元拖拽放置在平面中，节点板嵌套族中心与三管塔中心对齐。

Step 3：切换至任意一个立面，将节点板嵌套族与节点板实际所在的标高对齐。完成节点板嵌套族布置。

重复 Step 1～Step 3 完成所有节点板布置，布置完成的节点板模型如图 6.3-5 所示。对节点板进行开孔处理，开孔过程参考本节横隔面横材角钢开孔操作过程。此外，可在节点板族模型制作时定义开孔位置及开孔尺寸。

5. 避雷针

避雷针族在创建时已经完成对各构件的嵌套使用，此处只需将避雷针族载入并标高对齐即可。详细布置过程如下：

Step 1：在"项目浏览器"面板中"视图"选项下的"楼层平面"选项中，单击"Level 8"视图，使用"插入"选项卡"从族库中载入"面板中的"载入族"命令，将避雷针族载入到项目中。

Step 2：将避雷针族图元拖拽放置在平面中，避雷针底部法兰中心与三管塔顶部中心对齐。

Step 3：切换至任意一个立面，将避雷针法兰盘的底部与"Level 8"水平对齐。布置完成的避雷针如图6.3-6 所示。

图 6.3-5　节点板模型

三管塔除布置避雷针外，还应布置防雷系统的其他构件，如接地引下线等，具体布置方法与避雷针类似。除将相应族载入布置到相应的空间位置外，还应布置其与三管塔之间的连接构件，如 U 形卡、螺栓等构件，构件载入方法和相应的螺栓孔处理方法均与本节介绍的方法类似。

6. 检修平台

检修平台族在创建时已经完成对各构件的嵌套使用，此处只需将其载入并标高对齐即可。详细布置过程如下：

Step 1：在"项目浏览器"面板中"视图"选项下的"楼层平面"选项中，单击"Level 7"视图，单击"插入"选项卡"从族库中载入"面板中的"载入族"命令，将检修平台族载入到项目中。

Step 2：将检修平台族图元拖拽放置在平面中，检修平台族中心与三管塔中心对齐。

Step 3：切换至任意一个立面，将天线平台的底部与"Level 7"水平对齐。

Step 4：使用"复制"命令完成其他平台的布置，布置完成的检修平台如图 6.3-7所示。

内平台与天线支架的布置与检修平台类似。

7. 爬梯

爬梯族在创建时已经完成对各构件的嵌套使用，此处只需将其载入并标高对齐即可。详细布置过程如下：

Step 1：在"项目浏览器"面板中"视图"选项下的"楼层平面"选项中，单击"Level 2"视图，单击"插入"选项卡"从族库中载入"面板中"载入族"命令，将爬梯族载入到项目。

Step 2：将爬梯族图元拖拽放置在平面中，爬梯族与横隔连接点对齐，如图 6.3-8所示。

Step 3：切换至任意一个立面，将爬梯的顶部部与"Level 2"水平对齐，并锁定。

重复 Step 1～Step 3 完成所有塔段爬梯布置，并将爬梯与相应段的标高对齐，布置完成的爬梯如图 6.3-9 所示。

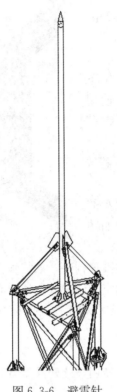

图 6.3-6 避雷针

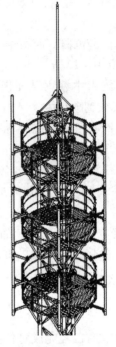

图 6.3-7 检修平台

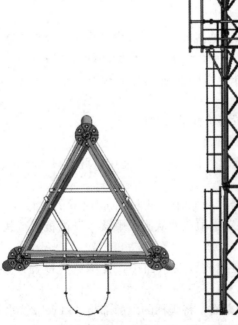

图 6.3-8 爬梯定位

6.3-9 爬梯侧视图

　　至此三管塔主体及附属构件均在项目中组装完成，各构件连接螺栓大部分已在相应的构件中进行定义并布置，如塔柱连接法兰盘上的螺栓。但也存在未布置的螺栓，如爬梯与横隔面角钢连接的螺栓，需要对全塔进行复查，对缺失的螺栓进行补充布置。首先应对相应角钢进行开孔操作，详细过程参考横隔面角钢开孔操作过程。角钢开孔后，单击"插入"选项卡"从族库中载入"面板中的"载入族"命令将螺栓族载入，按实际连接布置所有螺栓。布置完成的三管塔模型如图 6.3-10 所示。

图 6.3-10　三管塔模型

第 7 章 塔房一体化

7.1 参数分析

塔房一体化由预制基础、铁塔、活动板房三大部分组成，其中预制基础主要包括混凝土配重梁、钢筋、底部钢架等；铁塔主要包括塔柱、支撑、节点、天线支架、爬钉等；活动板房主要包括底座、防静电地板、墙体、屋盖、防盗门、细部构件和防盗笼等。其中部分构件又包含相应的子构件，子构件通过嵌套组合在构件中使用，一起在 Revit 软件中实现建模和参数化。

部分构件可采用 Revit 软件族库中的系统族进行创建，对于系统族中没有的构件类型，需要自行创建的可载入族，操作流程为选择合适的族模板、设置族类别和参数、设置族类型和参数、创建参照线、参照平面、绘制形状等，有子构件的可载入嵌套族后创建实例。

本节对族库已有的构件类型和其他章节已创建过的构件不再进行分析，以下主要针对塔房一体化中涉及的特殊构件进行参数分析，各特殊构件的参数分析如下：

1. 混凝土配重梁

Revit 系统族中包含独立基础、条形基础及板式基础三种类型，同时提供"公制结构基础.rft"族模板，可用于定义任意形状的结构基础族，并可通过 Revit 及相关分析软件进行受力分析及配置钢筋。

塔房一体化通常使用预制混凝土基础，由多个混凝土配重梁通过钢梁拼接起来作为整个基站的基础。为了运输和搬运方便，预制混凝土一般为条状或块状，并配置有吊环、铁环等子构件。每个混凝土配重梁都根据内力计算配置不同强度等级主筋和箍筋，且设置拼接螺栓。立面图、剖面图和配筋图如图 7.1-1、图 7.1-2 和图 7.1-3 所示。

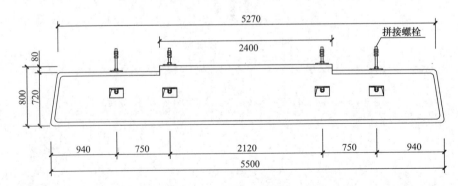

图 7.1-1 混凝土配重梁立面

由于在可载入族中创建和放置钢筋不方便，因此在混凝土配重梁载入到项目中再从"结构"选项卡"钢筋"面板中布置钢筋，然后使用"复制"等命令放置在相应的轴线位置。

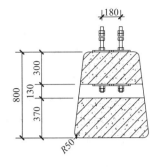

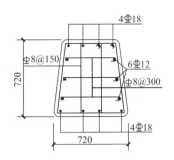

图 7.1-2 混凝土配重梁剖面　　　　图 7.1-3 混凝土配重梁配筋

混凝土配重梁族主要参数包含平面尺寸、立面尺寸、吊环位置、拼接螺栓位置和材质等。

2. 底座钢架

底座钢架作为塔房一体化的连接结构枢纽，通过螺栓将混凝土配重梁、活动机房和铁塔三部分连接起来，其结构由多根底座钢梁通过焊接方式组成，底座钢梁采用热轧 H 型钢和热轧槽钢，节点连接区域设置连接板和加劲板等构件，并预留塔柱和斜撑连接使用的螺栓孔。实际建模可先完成加劲板族创建，然后将加劲板族作为嵌套族载入使用，其中主钢梁部分也采用程序内置的系统族实现。底座钢架平面图如图 7.1-4 所示，立面图如图 7.1-5 所示。

底座钢架的主要参数包括钢梁位置、钢梁间距和节点位置等，底座钢架由底座钢梁族和节点族组成，也可将节点族嵌套到底座钢梁族中使用。底座钢梁族主要参数包括钢梁规格、螺栓孔距离、螺栓孔直径、加劲板间距和材质等。

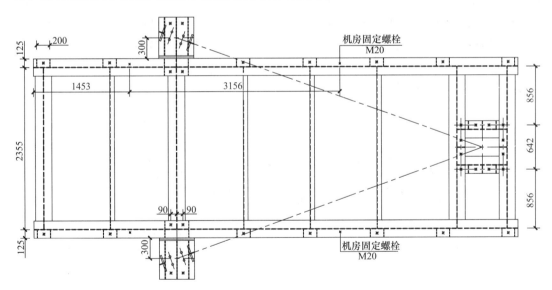

图 7.1-4 底座钢架平面

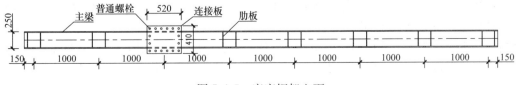

图 7.1-5 底座钢架立面

3. 标准塔段

标准塔段作为塔房一体化的主要组成部分，从结构形式上分为单管式、支撑杆式、格构式等类型，单管式和格构式塔身与第 5 章、第 6 章的塔型类似，区别是塔房一体化使用的材料规格相对较小。支撑杆式结构兼具单管式和格构式塔身的特点。

支撑杆式铁塔标准塔段由塔柱、支撑、法兰、加劲板、馈线孔、螺栓、爬梯等组成，塔柱、支撑、法兰、加劲板、节点等采用 Q345B 材质，爬梯、天线支架等构件采用 Q235B 材质，塔柱法兰及支撑节点连接螺栓采用 8.8 级普通螺栓，其他连接螺栓采用 4.8 级普通螺栓。

本章介绍的塔房一体化中的塔身采用支撑杆式结构类型，塔身和支撑为圆钢管，圆钢管族及法兰族的创建方法在第 6 章已进行了详细介绍，此处不再复述。采用相同的创建方法对等直径圆形塔柱进行标准塔段族创建，同时创建馈线孔，并将法兰族和加劲板族作为嵌套族载入使用。

标准塔段族主要参数包含平面尺寸、立面尺寸、螺栓分布半径、均匀分布数和材质等。

4. 节点

塔柱间采用法兰连接，法兰模型创建立方法与第 6 章做法一致。塔柱与底座钢梁的连接节点和塔柱间法兰连接节点类似，区别在于节点板形状为方形，螺栓创建方法与第 5 章相同，本节均不再介绍。

采用支撑杆式的塔房一体化，除主杆涉及的法兰连接外，还涉及斜节点连接。结构中主杆、斜支撑与水平横杆支撑三种构件之间采用斜节点连接，斜节点两侧的节点板分别焊接于主构件，然后通过螺栓连接成为一体。斜节点样式较多，且放置的平面和贴合构件角度不同，为了提供通用性和参数化的节点模型，需要选择基于面的公制常规模型族模板文件，根据斜节点特点，创建斜节点族时可将规则节点板族和螺栓族作为嵌套族载入使用。典型的斜节点做法如图 7.1-6 所示。

斜节点族主要参数包含平面尺寸、夹角、螺栓位置、节点板位置和材质等。

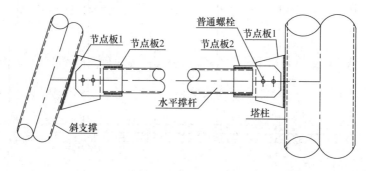

图 7.1-6　斜节点

5. 彩钢夹芯板

塔房一体化中的活动板房围护结构采用的彩钢夹芯板，主要包含屋面、地板底层和墙体三种类型，各类型尺寸不同，但组成单元类似。彩钢夹芯板通常分为三层：内外基板为铁材质，夹芯板为无氯氟烃泡沫的聚氨酯（PU）或高密度聚苯乙烯（EPS）材质。彩钢夹芯板有导热系数、压缩强度、氧指数、吸水率、密度、防火性能等性能要求。此外，内外基材厚度较小，无法在项目中使用"墙：结构"的系统族直接放置，需要创建可载入族。

屋面彩钢夹芯板采用水平放置，而墙体彩钢夹芯板采用竖直放置，且墙体彩钢夹芯板在门口、馈线孔、传输孔等位置需对板预先进行开洞处理，在实际工程中可分为两个族进行创建。彩钢夹芯板由多个子单元构成，每个子单元采用板状结构。彩钢夹芯板子单元的拼接方式如图 7.1-7 所示。

彩钢夹芯板族主要参数为平面尺寸、截面形状和材质等。

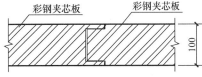

图 7.1-7　彩钢夹芯板

6. 防静电地板

通信基站工程机房的防静电技术，属于机房安全与防护范畴的一部分。静电引起的问题不仅硬件人员很难查出，有时还会使软件人员误认为是软件故障，从而造成工作误判。防静电地板根据基材和贴面材料不同进行划分。基材有钢基、铝基、复合基、刨花板基（木基）、硫酸钙基等。贴面材料有防静电瓷砖、三聚氰胺（HPL）、PVC 等。

塔房一体化机房通常采用钢制防静电地板，采用 PVC 作为贴面，钢架结构作为基材，安装在折弯地板条上。平面布置图如图 7.1-8 所示，安装示意图如图 7.1-9 所示。

防静电地板族主要参数为平面尺寸、厚度、材质等。

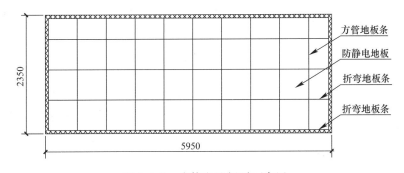

图 7.1-8　防静电地板平面布置

7. 铁甲片

铁甲片作为彩钢夹芯板的外衬，可用于加强围护结构强度，能起到防盗功能，并延长彩钢夹芯板使用寿命。铁甲片用热镀锌钢板折成，外加彩色涂层，起到保护机房的作用。整体尺寸和彩钢夹芯板一致，可根据机房防盗要求进行布置。部分铁甲片用于墙体时，也需要在门口、馈线孔、传输孔等位置对铁甲片预先进行开洞处理，且左、

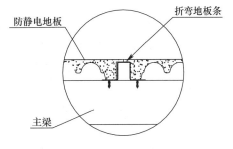

图 7.1-9　安装示意

中、右各部位构造不同，故而建立的族通用性较差，实际工程中可针对各使用位置创建多个铁甲片族类型。铁甲片与彩钢夹芯板组合关系如图 7.1-10 所示。

铁甲片族主要参数为平面尺寸、弯折角度和材质等。

8. 防盗门

由于本机房墙体采用彩钢夹芯板，其并非传统的墙体构件，所以不能采用 Revit 系统

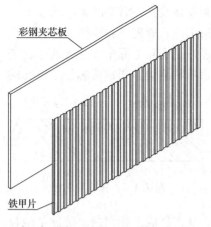

彩钢夹芯板

铁甲片

图 7.1-10　铁甲片与彩钢夹芯板组合

公制门族模板创建防盗门族，而需采用公制常规模型族模板，本机房使用单门外开式甲级防火保温防盗门，由门框、门扇、门页、防盗锁组成。其作为活动板房的重要组成部分，构造复杂，国家对甲级防盗门各部件的技术性能有明确要求。此外，防盗门防盗锁还具有智能化特点，能够实现联网报警、视频监控、参数传输和远程控制等命令，因各防盗锁生产商生产不同，本工程实例不对其进行精细建模，使用外观类似的防盗锁嵌套族代替建模。

防盗门族的主要参数为平面尺寸、立面尺寸、开启角度和材质等。

本节对塔房一体化涉及的特殊构件类型进行了参数分析，在第 7.2 节将针对特殊构件进行相应的建模操作，通过建模形成可供调用的塔房一体化构件族库。除以上提及的特殊构件外，在塔房一体化中还有以下构件：天花板、踢脚线、龙骨、扁铁、挡雨篷等，创建过程可参考铁甲片族，其构件均可采用 Revit 软件内置族库进行创建，此处不再复述。塔房一体化活动机房中布置的通信、电源、空调、消防等设备将在第 10 章中统一介绍，本章不对其进行讲述。此外，在实际工程中还会涉及其他塔房一体化结构类型，其参数分析方法和建模过程与本章类似。

7.2　族建立

塔房一体化采用多个族组合生成模型，除第 5 章、第 6 章创建的各类构件模型外，在第 7.1 节对塔房一体化特殊构件进行了详细参数分析，本节将依据各特殊构件参数特点，详细讲述各特殊构件族创建方法。

7.2.1　混凝土配重梁

塔房一体化采用预制混凝土配重梁，可采用"公制结构基础 . rft"族模板创建混凝土配重梁族，然后载入吊环族和螺栓族。创建过程如下：

Step 1：在新建族对话框中选择"公制结构基础 . rft"族模板文件，进入族编辑器界面。

Step 2：单击"创建"选项卡"属性"面板中的"族类别和参数"按钮，在弹出的对话框中选择族类别为"结构基础"，"用于模型行为的材质"参数设置为"预制混凝土"值，在"基于工作平面"、"总是垂直"、"加载时剪切的空心"参数后打钩，如图 7.2-1 所示。

Step 3：单击"创建"选项卡"属性"面板中的"族类型和参数"按钮，弹出"族类型"对话框，单击"材质和装饰"参数值输入框内右侧按钮，弹出"材质浏览器"对话框，单击左下方的"新建材质"，"名称"行输入"预制混凝土"，单击"外观"标签右侧的"＋"按钮，选择展开列表中"物理"参数，弹出"资源浏览器"对话框，按"Autodesk 物理资源/混凝土/标准/C30/37"路径选择物理材质，先后单击"应用"和"确定"完成"预制混凝土"材质的创建。

Step 4：在"族类型"对话框中继续添加"长度"、"宽度"、"高度 1"等长度参数，设为类型参数，并输入对应的参数值，如图 7.2-2 所示。

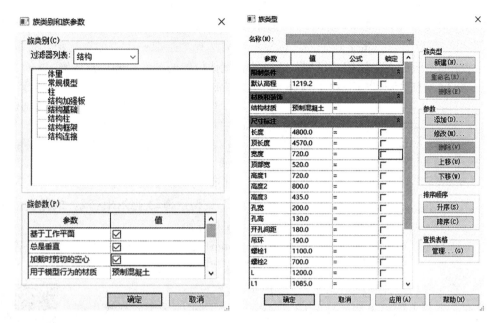

图 7.2-1　混凝土配重梁属性定义　　　图 7.2-2　混凝土配重梁参数设置

Step 5：在"参照标高"和"立面-前"视图中，单击"创建"选项卡"基准"面板中的"参照平面"按钮，创建所需的参照平面，使用"注释"选项卡"尺寸标注"面板中命令添加标注，并关联各参数。

Step 6：在"立面-前"视图中，单击"创建"选项卡"形状"面板中的"拉伸"按钮创建多边形图元，各边与相应的参照平面对齐锁定，如图 7.2-3 所示。

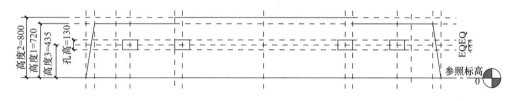

图 7.2-3　多边形图元创建

切换到"立面-右"视图，拉伸造型操纵柄，使左右对齐锁定在相应的参照平面上。并在"属性"对话框中将"材质"参数设置为"预制混凝土"。

Step 7：在"立面-右"视图修改图元的形状，使用"形状"面板中的"空心拉伸"命令创建两个三角形，并与相应的参照平面锁定。切换到"立面-前"视图，拉伸造型操纵柄，对齐锁定在相应的参照平面上。

Step 8：单击"插入"选项卡"从库中载入"面板中的"载入族"按钮，选择"矩形钢管"族"导管 $130 \times 200 \times 6$"类型（如果没有该类型，就选择其中一个类型导入，然后在"项目浏览器"右键单击所选类型，单击"类型属性"，在弹出的对话框中编辑类型名称为"导管$130\times200\times6$",并修改尺寸$t=3$、$d=130$、$b=200$。)。

Step 9:在"参照标高"视图中,选择"导管$130\times200\times6$"类型,拖动至绘图区域,将其放置在相应的参照平面上,两端拖拽到孔洞顶面宽后锁定;

切换到"立面-前"视图,选择"矩形钢管"图元,单击"修改|结构框架"选项卡"工作平面"面板的"编辑工作平面"命令,然后选择"拾取一个平面"选项,选取"高度3"标注的参照平面。使用"复制"命令放置其他位置的图元,随后对齐锁定。

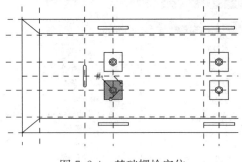

图7.2-4　基础螺栓定位

注:还可在项目中采用以下操作之一执行创建族类新实例:

（1）在功能区的相应选项卡上,单击要创建的图元。在"类型选择器"中,选择所需的族类型。

（2）在项目浏览器中选择族类型,单击鼠标右键,然后单击"创建实例"。

Step10:载入吊环族,选择"吊环"族"吊环"类型,拖动至绘图区域,放置在相应位置,并对齐锁定。

Step11:载入基础螺栓族,选择"基础螺栓"族"M30"类型,拖动至绘图区域并放置在相应位置,随后对齐锁定,如图7.2-4所示。

至此,混凝土配重梁族创建完成,如图7.2-5所示。采用同样操作创建本工程实例的另一种规格的混凝土配重梁族,如图7.2-6所示。扫描二维码观看混凝土配重梁族创建视频。

图7.2-5　混凝土配重梁族1　　　　　图7.2-6　混凝土配重梁族2

7.2.2　底座钢梁

本节实例创建的底座钢梁族由钢梁和节点两部分组成,其中钢梁采用热轧H型钢,节点分为连接板和加劲板,本节中创建热轧H型钢,从族库中载入已创建好的加劲板族,创建过程如下:

Step 1:在新建族对话框中选择"公制结构框架-梁和支撑.rft"族模板文件,进入族编辑器界面,在族编辑器中将样板中的预留的梁模型删除。

Step 2:打开"族类别和族参数"对话框,将族参数"符号表示法"设置为"从族"、"用于模型行为的材质"设置为"钢"、"共享"打钩,如图7.2-7所示。

Step 3:打开"族类型"对话框,新建名称"HW$250\times250\times9\times14$",并添加"长度"、"轴距"、"肋板间距1"、"肋板间距2"、"螺栓孔边距"、"螺栓孔直径"等参数。"结构材质"参数栏的值设置为"金属-钢 345MPa",物理属性选择"345MPa"。参数详细设置如图 7.2-8 所示。

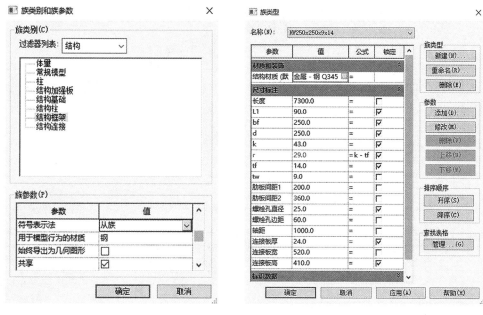

图 7.2-7　底座钢梁属性定义　　　　图 7.2-8　底座钢梁参数设置

Step 4:在"参照标高"和"立面-前"视图中,使用根据工程图纸的轴线布置,使用"参照平面"命令绘制参照平面,在螺栓孔位置使用"参照线"命令绘制螺栓孔参照线,随后使用各添加尺寸标注放置尺寸标注,并关联各参数。

Step 5:在"立面-右"视图中,两次使用"拉伸"命令创建热轧 HW250×250×9×14 型钢和连接板图元,切换到"立面-前"视图,将图元的操纵柄拖拽到相应的参照平面上锁定,并在"属性"对话框中"材质"参数设置为"金属-钢 345MPa",如图 7.2-9 所示。

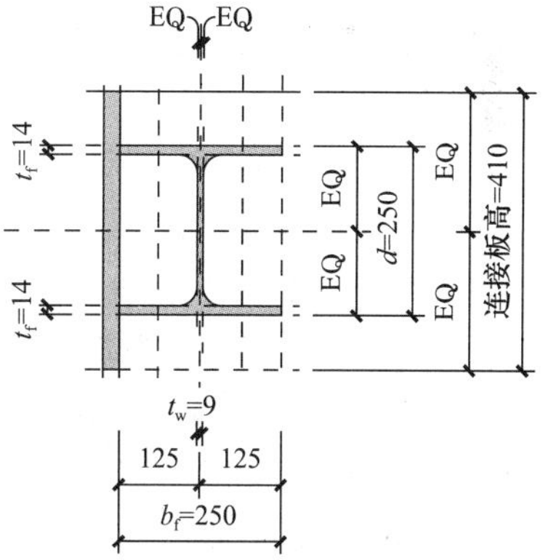

Step 6:在"参照平面"视图中,单击"空心形状"命令,在"绘图"面板中选择"圆形"命令绘制多个圆形,接着使用"对齐"命令将圆形草线与各螺栓孔的参照线对齐并锁定。切换到"立面-前"视图,拖拽上下造型操纵柄使其与翼缘所在的参照平面对齐锁定。

图 7.2-9　型钢与连接板

Step 7:载入已创建完成的肋板族,在"三维"视图中,从项目浏览器中选择该族类型,拖拽至绘图区并放置在指定的区域,切换到"参照平面"视图,对图元进行移动调整并锁定在相应的参照平面上。

至此,底座钢梁族创建完毕,其效果如图 7.2-10 所示。

本工程实例的底座横钢梁族、底座短钢梁族和外伸节点族采用同样的方式创建。创建结果如图 7.2-11、图 7.2-12 和图 7.2-13 所示。

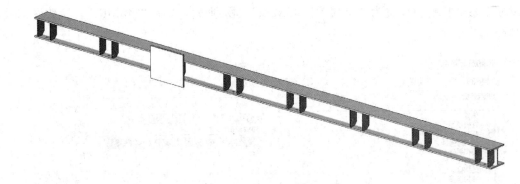

图 7.2-10　底座钢梁族

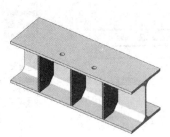

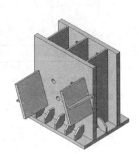

图 7.2-11　底座横钢梁族　　　　图 7.2-12　底座短钢梁族　　　图 7.2-13　外伸节点族

7.2.3　标准塔段

标准塔段族由塔柱、法兰、加劲肋和馈线孔构件组成，塔柱和馈线孔在本节创建，法兰和加劲板模型从已创建好的族库中载入，本节创建"塔段 2"、"塔段 4"类型，详细创建过程如下：

Step 1：在新建族对话框中选择"公制结构柱.rft"族模板文件，进入族编辑器界面。

Step 2：打开"族类别和族参数"对话框，族类别设置为"结构柱"。将"用于模型行为的材质"设置为"钢"，"符号表示法"选择"从项目设置"，"共享"后打钩。

Step 3：打开"族类型"对话框，添加"管外半径"、"壁厚"等长度参数和"上均匀分布数"等整数参数，并输入数值。将"结构材质"参数值设置为"Q345B"，选取物理材质为"钢 345 MPa"，随后将族类型重命名为"塔段 2"，如图 7.2-14 所示。

Step 4：在"族类型"对话框中，新建"塔段 4"类型，根据工程实例尺寸修改对应的参数值，此处不再列出。

Step 5：在"立面-前"视图中，选取"高于参照标高"标高线，修改"属性"对话框"立面"参数值为"6000"，同样，"低于参照标高"标高线的"立面"参数值为"0"。

Step 6：绘制需要的参照平面，添加尺寸标注，并与相应参数关联，如图 7.2-15 所示。

Step 7：在"低于参照标高"视图中，使用"拉伸"命令，在"修改｜创建拉伸"模式根据管外半径和内半径绘制两个同心圆，如图 7.2-16 所示。在"属性"对话框"拉伸起点"参数值为 12，"拉伸终点"参数值为 5988，"材质"参数设置为"Q345B"。

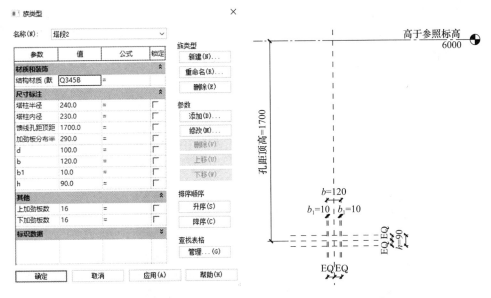

图 7.2-14　标准塔段参数设置　　　　图 7.2-15　参照平面

注：该步的图元模型也可以使用"旋转"命令创建。

Step 8：在"立面-前"视图中，使用"拉伸"和"空心拉伸"命令绘制馈线孔，并与参照平面锁定。切换到"立面-右"视图，拖拽左右操纵柄将其锁定在相应的参照平面上，如图 7.2-17 所示。在"属性"对话框中将"材质"参数设置为"Q345B"。

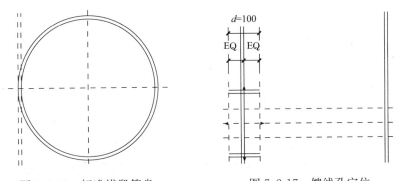

图 7.2-16　标准塔段管身　　　　图 7.2-17　馈线孔定位

Step 9：载入法兰盘族，在"低于参照标高"视图中，选择"法兰盘"族"F1"类型，拖拽到绘图区域，将"属性"对话框中的"偏移量"参数设置为 12，单击放置在相应的位置，对齐锁定。

同样选择"F1"类型拖拽到绘图区域，将"属性"对话框中的"标高"参数设置为"高于参照标高"、"偏移量"参数设置为-12，单击放置在相应的位置，对齐锁定。

Step 10：载入加劲板族，在"三维"视图中，选择"85×160×12"类型，拖拽到绘图区域，将其放置在"低于参照标高"处的"法兰盘"图元面上，切换到"低于参照标高"视图，选择加劲板图元，使用"阵列"命令，以塔段中心为旋转中心创建径向阵列，并添加标注，关联"下均匀分布数"参数，如图 7.2-18 所示。采用同样的操作，放置"高于参照平面"处法兰盘图元上的加劲肋。

至此，标准塔段族创建完毕，切换到"三维"视图，效果如图7.2-19所示。采用同样操作方法可创建其他塔段族，或者复制该塔段族然后修改相应的参数和嵌套族类型制作。扫描二维码观看标准塔段族创建视频。

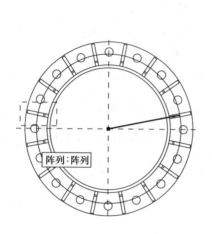

图 7.2-18　加劲板布置　　　　图 7.2-19　标准塔段族

7.2.4　斜节点

斜节点由两块节点板和螺栓组成，对通用性较好的节点板，可从已创建的族库中载入使用；另一块需与轴线平行的节点板则根据实际情况进行创建，详细创建过程如下：

Step 1：在新建族对话框中选择"基于面的公制常规模型.rft"族模板文件，进入族编辑器界面。

Step 2：打开"族类别和族参数"对话框，族类别设置为"结构连接"，将"用于模型行为的材质"设置为"钢"，在"基于工作平面"、"共享"后打钩。其他参数不变。

Step 3：打开"族类型"对话框，添加"上宽"、"高度"、"厚度"等长度参数并输入数值，其中"贴合角度"参数为"实例"，其他参数均为"类型"。添加"材质"类型参数，参数名称为"材质"，参数值设置为"Q345B"，选取物理材质为"钢 345 MPa"，将族类型重命名为"节点"，如图7.2-20所示。

Step 4：在"参照标高"视图中，使用"参照平面"命令绘制需要参照平面，使用"参照线"命令绘制参照线，端点对齐锁定在参照平面的交点上，如图7.2-21所示。添加尺寸标注并相应关联"夹角"、"高"参数，转到"立面-前"视图，创建参照平面，添加尺寸标注并关联"节点板厚"参数。

Step 5：在"参照平面"视图中，使用"拉伸"命令绘制四边形和圆孔，在编辑模式中将左右两侧<草图>：线添加角度尺寸标注，与"坡度"参数关联，上下端的"<草图>：线"分别与参照线、"参照平面：中心（前/后）"对齐锁定，如图7.2-22所示。完成编辑模式，转到"立面-前"视图，拖拽上下造型操纵柄使其对齐并锁定在参照平面上。

Step 6：选择该图元，在"属性"对话框中设置"材质"参数为"金属-钢-345MPa"。

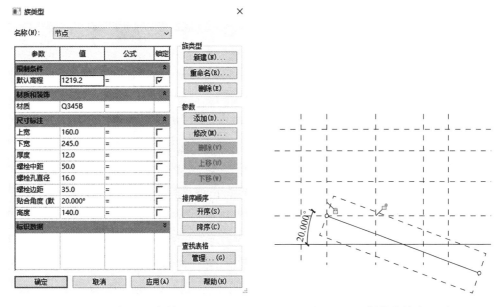

图 7.2-20　斜节点参数设置　　　　　　图 7.2-21　斜节点擦参照平面

Step 7：载入次斜支撑节点板族，选择"144×235×12"类型，拖拽至绘图区，放置在节点板图元面上，然后对齐锁定。载入 8.8 级普通螺栓族，在"三维"视图，选择"M16"类型，拖拽至绘图区，放置在"144×235×12"图元面上，然后对齐锁定。

至此，斜节点族创建作完毕。其如图 7.2-23 所示。扫描二维码观看斜节点族创建视频。

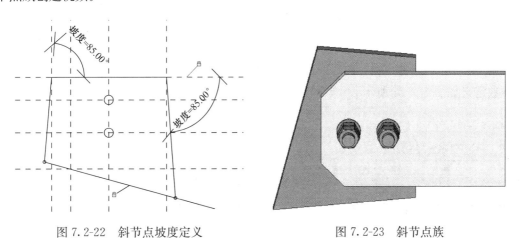

图 7.2-22　斜节点坡度定义　　　　　　图 7.2-23　斜节点族

采用同样操作方法创建本工程实例中的塔身节点族和斜支撑底部节点族。创建结果如图 7.2-24、图 7.2-25 所示。

7.2.5　彩钢夹芯板

彩钢夹芯板作为活动板房的屋面板和墙体板，内外基板的厚度小于 0.8mm，不能使用项目中的墙和楼板命令放置活动板房的墙和楼板，需要新创建彩钢夹芯板族。实际工程

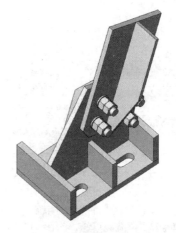

图 7.2-24　塔身节点族　　　　　　图 7.2-25　斜支撑底部节点族

采用的尺寸类型为"屋面夹芯板 0.6＋98.8＋0.6"和"底板保温板 0.3＋74.4＋0.3"，并以此作为族类型名称。

屋面夹芯板的创建过程如下：

Step 1：在新建族对话框中选择"基于面的公制常规模型 .rft"族模板文件，进入族编辑器界面。

Step 2：打开"族类别和族参数"对话框，选择族类别为"常规模型"，其他参数不变。

Step 3：打开"族类型和参数"对话框，族类型名称重命名为"屋面夹芯板 0.6＋98.8＋0.6"，添加"宽度"、"长度"、"夹芯板宽"、"夹芯板长"、"基板厚"、"夹芯板厚"、"厚度"长度类型参数，并输入参数值。

Step 4：添加"材质"类型参数，参数名称为"芯板材质"，参数值为"聚苯乙烯"，物理材质选择"聚苯乙烯-已膨胀的 EPS"；继续添加"基板材质"参数，参数值为"Q235B"，物理材质选择"钢 250MPa"，如图 7.2-26 所示。

Step 5：在"族类型和参数"对话框，新建族类型为"底板保温板 0.3＋74.4＋0.3"，各参数定义如图 7.2-27 所示。

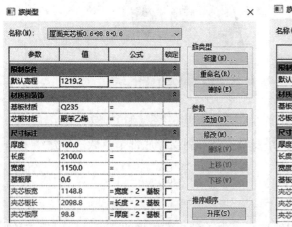

图 7.2-26　基板参数设置　　　　　　图 7.2-27　底板参数设置

Step 6：在"参照标高"视图中，使用"参照平面"命令创建参照平面，添加尺寸标注，并关联相应的参数。切换到"立面-前"视图，创建参照平面，添加尺寸标注和关联相应参数。

Step 7：在"立面-前"视图中，使用"拉伸"命令创建前后基板图元，并与相应的参照平面锁定。切换到"立面-右"视图，拖拽造型操控柄使其与相应的参照平面对齐锁定，在"属性"对话框将"材质"参数设置为"Q235B"。

Step 8：在"参照平面"视图中，使用"拉伸"命令创建夹芯板图元，并与相应的参照平面锁定，设置"材质"参数值为"聚苯乙烯"。

至此，屋面彩钢夹芯板族创建完毕，如图 7.2-28 所示。

采用同样操作方法创建带有馈线孔的墙体彩钢夹芯板族，墙体彩钢夹芯板族与屋面彩钢夹芯板族存在区别，墙体彩钢夹芯板族宜在垂直参照标高平面上进行创建。创建完成的带馈线孔墙体彩钢夹芯板族如图 7.2-29 所示。

图 7.2-28　屋面彩钢夹芯板族　　　　图 7.2-29　带馈线孔墙体
彩钢夹芯板族

7.2.6　防静电地板

本项目工程防静电地板由钢制基材和 PVC 面层组成，两种图元都在本节中创建。因本工程中的活动机房地面尺寸不一定是防静电地板的尺寸的倍数，活动地板铺设经常会出现非整数尺寸的情况，故而需创建多个族类型来适配。详细创建过程如下：

Step 1：在新建族对话框中选择"基于面的公制常规模型.rft"族模板文件，进入族编辑器界面。

Step 2：打开"族类别和参数"对话框，中选择族类别为"常规模型"，其他参数不变。

Step 3：打开"族类型和参数"对话框，重命名为"600×600"，添加"宽度"、"长度"、"基材厚度"等长度类型参数，并输入参数值。

Step 4：添加"材质"类型参数，参数名为"基材"，参数值为"Q235B"，选择物理材质为"钢 250MPa";继续添加"材质"类型参数,参数名为"贴面",参数值为"PVC",选择物理材质为"PVC",如图 7.2-30 所示。

Step 5:在"族类型和参数"对话框,新建族类型"440×600",其他族类型不再列出,各参数定义如图 7.2-31 所示。

图 7.2-30　防静电地板类型一参数设置　　　图 7.2-31　防静电地板类型二参数设置

Step 6:使用"参照平面"命令,在"参照标高"视图中创建防静电地板的参照平面,添加长度尺寸标注,并关联相应参数。切换到"立面-前"视图,创建参照平面,添加尺寸标注,并关联相应参数。

Step 7:在"参照标高"视图中,使用"拉伸"命令,创建贴面图元,并与相应的参照平面锁定,在"属性"对话框中设置"材质"参数值为"PVC"。

Step 8:使用"拉伸"命令创建基材图元,并与相应的参照平面锁定,在"属性"对话框中设置"材质"参数值为"Q235B"。

Step 9:使用"空心拉伸"命令修改基材图元的尺寸。参照平面视图如图 7.2-32 所示。

至此,防静电地板族创建完毕,仰视效果如图 7.2-33 所示。

7.2.7　防盗门

防盗门族由门框、门扇、门页和防盗锁图元组成,除门扇在本节创建外,其他族均从已创建完成的族库中嵌套。详细创建过程如下:

Step 1:在新建族对话框中选择"公制常规模型.rft"族模板文件,进入族编辑器界面。

Step 2:打开"族类别和参数"对话框,选择族类别为"常规模型",族参数"基于工作平面"后打钩,其他参数不变。

Step 3:打开"族类型和参数"对话框,添加"门扇厚"、"门扇高"、"门扇宽"、"开启角度"等长度类型参数,并输入参数值。

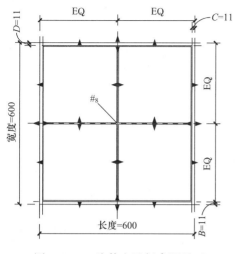

图 7.2-32　防静电地板参照平面

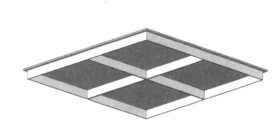

图 7.2-33　防静电地板族

Step 4：添加"材质"材质类型参数，参数值为"不锈钢"，选择物理材质"不锈钢"。如图 7.2-34 所示。

Step 5：在"参照标高"视图中，创建参照平面和参照线，其中，参照线的端点与相应的参照平面交点对齐锁定，添加长度、角度尺寸标注，关联相应的参数，如图 7.2-35 所示。切换到"立面-前"视图，创建其他参照平面，添加尺寸标注，并关联相应的参数。

图 7.2-34　防盗门参数设置

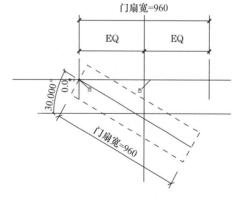

图 7.2-35　防盗门参照平面

Step 6：在"参照标高"视图中，使用"拉伸"命令创建门扇表面的基材图元，门扇外侧<草图>线与参照线对齐锁定，两端<草图>线与参照线端部对齐锁定，并添加"门扇厚"尺寸标注，如图 7.2-36 所示。材质设置为"不锈钢"参数值，在"属性"对话框的"拉伸终点"参数值为"2050.0"。

Step 7：载入附属构件水平把手族，创建水平把手图元实例，将其放置在把手高度标注参照平面的门扇图元上，并锁定；

载入门框族，创建门框图元实例，将其放置在门洞两侧和顶部参照平面上，并锁定；

载入门页族，创建门页图元实例，将其放置在门页高度参照平面的门框图元上，并锁定。

Step 8：选择门页图元，单击"属性"对话框中的"编辑类型"，进入"类型属性"界面，单击"门页角度"值右侧的按钮，进入关联族参数界面，关联"开启角度"参数，完成对门开启角度的定义。如图 7.2-37 所示。

至此，防盗门族创建完毕，如图 7.2-38 所示。扫描二维码观看防盗门族创建视频。

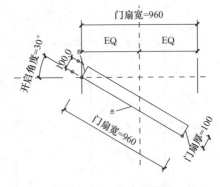

图 7.2-36　防盗门厚度

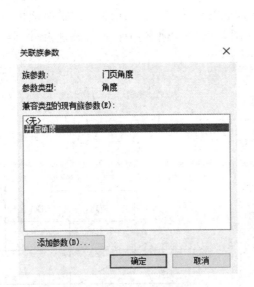

图 7.2-37　防盗门开启角度

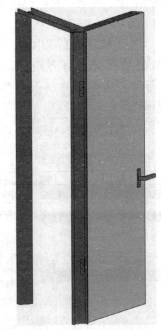

图 7.2-38　防盗门族

7.2.8　铁甲片

铁甲片族创建较为简单，可使用"放样"命令创建图元，详细创建过程如下：

Step 1：在新建族对话框中选择"基于面的公制常规模型.rft"族模板文件，进入族编辑器界面。

Step 2：打开"族类别和参数"对话框，选择族类别为"常规模型"，其他参数不变。

Step 3：打开"族类型和参数"对话框，添加"长度"、"高度"、"夹角"、"厚度"等长度类型参数，并输入参数值；添加"材质"材质类型参数，参数值为"Q235B"，选择物理材质"钢 250MPa"。如图 7.2-39 所示。

Step 4：在"参照标高"和"立面-前"视图中，创建参照平面，添加尺寸标注并关联相应参数。

Step 5：在"立面-前"视图中，使用"放样"命令创建铁甲片图元，根据工程实例中铁甲片的尺寸，单击"修改｜放样"选项卡"放样"面板中"绘制路径"命令绘制放样路径，并添加尺寸标注，随后单击"编辑轮廓"按钮绘制长矩形，并与相应的参照平面锁定。材质参数值设置为"Q235B"。

至此，"铁甲片"族创建完毕，如图 7.2-40 所示。

采用同样操作办法创建其他形状的铁甲片族及挡雨篷、踢脚线、龙骨等构件族，此处不再一一介绍。

图 7.2-39　铁甲片参数设置

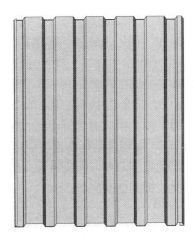

图 7.2-40　铁甲片族

7.3　产品组装

采用第 4 章创建的铁塔工程样板文件进行塔房一体化产品组装，项目各项设置采用铁塔工程样板文件中的设置，单击"应用程序菜单"按钮，选择"新建"栏中的"项目"，打开样板文件，进入项目编辑器界面，进行产品组装。塔房一体化组装可分为预制基础、塔体和活动板房三部分组装。

7.3.1　预制基础

在组装前先应建立标高和轴网，在标高和轴网中组装混凝土配重梁和底部钢架，形成完整的塔房一体化预制基础。

1. 标高

塔房一体化需创建如下标高：基础底面标高、正负零标高、塔段 1 标高、塔段 2 标高、塔段 3 标高、塔段 4 标高、塔段 5 标高、塔段 6 标高、节点 1 标高、节点 2 标高、节点 3 标高、防静电地板标高、机房顶标高等。标高创建过程如下：

Step 1：在"项目浏览器"中选择任意立面，双击"立面"，打开立面视图，创建标高。样本文件提供标高 1 和标高 2。

Step 2：修改标高 1 和标高 2，分别将其定义为正负零标高±0.000m 和基础地面标高-1.120m。选中标高，单击"属性"栏类型选择器，在下拉列表框中选择"正负零标高"，将"限制条件"中"立面"改为"0.0"，完成正负零标高 0.000m 的定义。基础地面标高选择"下标头"，"限制条件"中"立面"改为"－1120.0"，完成基础地面标高－1.120m 的定义。如图 7.3-1 所示。

图 7.3-1　标高

Step 3：采用复制命令新建其他标高，也可采用"常用"选项卡"基准"面板中的"标高"命令，在"修改｜放置标高"选项卡"绘制"面板中选择"直线"命令，完成其余标高线的绘制工作。

Step 4：逐个选中标高线，单击"属性"栏类型选择器，选择"下标头"，"限制条件"中"立面"改为相应的数值，完成相应标高定义。

Step 5：对创建的标高进行锁定，选中标高，单击"修改｜标高"选项卡"修改"面板中的"锁定"命令，完成对标高的锁定工作。

至此，标高创建完毕。

2. 轴网

塔房一体化中的铁塔有斜支撑，其水平投影为斜线，因而除创建水平向、垂直向轴线外，还需创建斜向轴线，轴网创建过程如下：

Step 1：在"项目浏览器"中选择"地面基础标高"平面，双击打开地面基础标高平面视图。

Step 2：单击"常用"选项卡"基准"面板中的"轴网"命令，在"修改｜放置轴网"选项卡"绘制"面板中选择"直线"命令，从左侧沿垂直方向绘制轴线①，重复创建垂直轴线②～⑩，从下侧沿水平方向绘制水平轴线Ⓐ～Ⓔ，分别过轴线⑨与轴线Ⓒ交点，轴线Ⓐ、轴线Ⓔ与轴线③交点绘制斜向轴线⑪、⑫。

注：还可通过"插入"选项卡"导入"面板中的"导入 CAD"命令来插入 CAD 底图中的轴网。

Step 3：选中任意轴线，所有对齐轴线端点位置会出现对齐的虚线，拖动轴网标头，轴线会同步移动，对齐轴网标头，对于未与其他轴线对齐的轴线，可逐个将其拖动对齐，并单击"锁定"按钮。创建完成的轴网如图 7.3-2 所示。

3. 预制基础

在创建完成的轴网中采用混凝土配重梁族布置预制基础，因为在族创建时没有配置钢筋，此处在图元中配置钢筋后再进行预制基础的布置，混凝土配重梁族配筋过程如下：

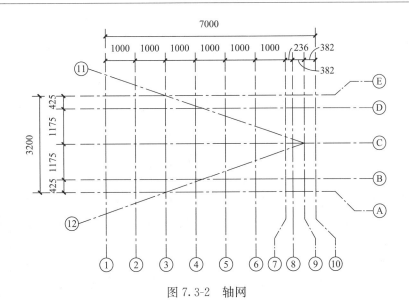

图 7.3-2　轴网

Step 1：在"项目浏览器"中双击打开"基础地面标高"视图，选择"混凝土配重梁"类型，单击展开的列表中"创建实例"命令，单击"修改｜放置独立基础"选项卡"放置"面板的"放置在工作平面上"。

Step 2：拖动混凝土配重梁图元，使其与轴线③对齐且左右对称，随后锁定。

Step 3：切换到"立面-东"视图，单击"视图"选项卡"创建"面板中的"剖面"按钮，在图元中绘制剖切线，创建"剖面 1"视图。切换到"立面-南"，创建"剖面 2"视图。

Step 4：切换到"剖面 1"视图，在"结构"选项卡"钢筋"面板中，单击"钢筋保护层设置"将保护层厚度设为 35mm；单击"钢筋设置"，在弹出的对话框中，勾选"在钢筋形状定义中包含弯钩"；单击"钢筋"面板的"钢筋"，导入"钢筋形状 1"、"钢筋形状 2"。

Step 5：放置纵筋。单击"结构"选项卡"钢筋"面板中"钢筋"按钮，切换到"修改｜放置钢筋"选项卡，放置方向选择为"垂直于保护层"，钢筋集的布局方式选择为"固定数量"，数量设置为 4。紧接着在"属性"对话框将钢筋类型选择为"18HRB400"，造型为"钢筋形状 1"，"起点的弯钩"、"终点的弯钩"都选择为"标准－90 度"，然后将光标移动至图元的底部保护层位置，单击完成底部纵筋的放置，移动光标至图元顶部保护层位置，单击完成顶部纵筋的放置。

Step 6：采用 Step 5 的操作，在混凝土配重梁图元两侧边各放置 3 根 12HRB400 钢筋，然后选择钢筋图元，拉伸其两端的造型操纵柄调整钢筋的分布间距，效果如图 7.3-3 所示。切换到"剖面 2"视图，检查并调整钢筋的布置位置，如图 7.3-4 所示。

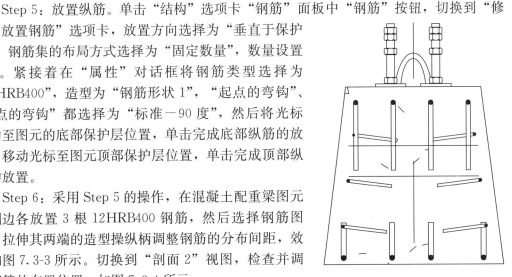

图 7.3-3　纵筋图元

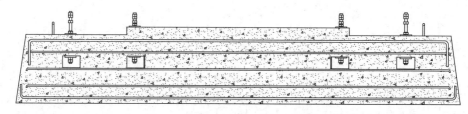

图 7.3-4　纵筋布置

Step 7：放置水平拉筋。继续在"修改｜放置钢筋"选项卡界面，放置方向选择为"平行于工作平面"，钢筋集的布局方式选择为"最大间距"，间距设置为"300mm"。在"属性"对话框将钢筋类型选择为"8HPB300"，造型为"钢筋形状 2"，"起点的弯钩"、"终点的弯钩"都选择为"标准-180 度"，然后将鼠标移动至图元需要配置箍筋的位置，单击完成水平拉筋的放置。

Step 8：制作四肢箍筋。继续在"修改｜放置钢筋"选项卡界面，单击"绘制钢筋"按钮，选择混凝土配重梁图元，进入"修改｜创建钢筋草图"模式，在"属性"对话框中将钢筋类型选择为"8HPB300"，选择样式"镫筋/箍筋"、"起点的弯钩"和"终点的弯钩"均选择"抗震镫筋/箍筋－135 度"，然后使用"绘制"面板中的命令绘制钢筋梯形草图，单击"√"完成外箍筋的放置，造型自动命名为"钢筋形状 3"，在"属性"对话框或者"钢筋集"面板中选择布局为"最大间距"，间距为"150mm"。

Step 9：采用 Step 8 的步骤完成矩形内箍筋的放置，造型自动命名为"钢筋形状 4"，如图 7.3-5 所示。转到"剖面 2"视图，检查并调整钢筋的布置位置，结果如图 7.3-6 所示。

Step 10：采用同样的操作完成其他类型的混凝土配重梁配筋。

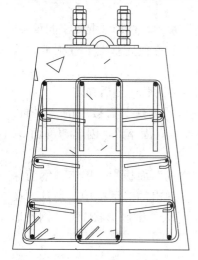

图 7.3-5　箍筋图元

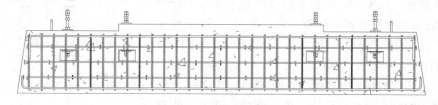

图 7.3-6　箍筋布置

Step 11：在"基础地面标高"视图中，使用"复制"命令，将混凝土配重梁布置其他相应的轴线上，完成塔房一体化混凝土条形基础布置。

注：实际工程中的另一种形式的混凝土配重梁也采用相同的步骤进行钢筋配置操作。

Step 12：钢筋作为隐蔽工程部分，需检查配筋的正确性。左键框选全部混凝土配重梁图元，单击右键，选择主体中的全部钢筋，在"属性"对话框中，勾选"视图可见性"栏"三维视图"中的"清晰视图"和"作为实体查看"，在视觉样式中选择线框视图模式，塔房一体化混凝土条形基础钢筋配置显示如图 7.3-7 所示。

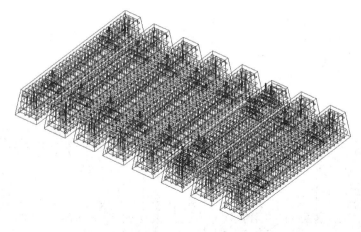

图 7.3-7　塔房一体化混凝土条形基础钢筋配置

4. 底座钢架

底座钢架的构件主要是热轧 H 型钢、热轧槽钢，本节采用第 7.2 节制作的底座钢梁族和程序内置的系统族进行组装。具体组装过程如下：

Step 1：在"项目浏览器"中双击打开"正负零标高"视图，在"项目浏览器"中选择"底座钢梁"类型，将其拖拽到绘制区域，单击轴线①、轴线⑩交点放置主梁，图元纵轴线与⑧轴对齐锁定。在"属性"对话框的几何图形位置下"Z 轴对正"设为"原点"，"Z 轴偏移值"输入"−125.0"，使其在正确的高度上。

Step 2：切换到"三维"视图，在"项目浏览器"中选择"外伸节点"类型，单击"修改 | 放置构件"选项卡"放置"面板中的"放置在面上"命令，将族类型放置到底座钢梁图元的侧面连接板上。切换到"立面-东"视图，使用"对齐"命令使其与连接板对齐并锁定。选择"项目浏览器"中的"8.8 级普通螺栓"族"M24"类型，将其放置到外伸节点图元的一个螺栓孔位置，然后使用"复制"命令布置到其他螺栓孔处，随后对齐锁定。

Step 3：切换到"正负零标高"视图，按住左键，框选底座钢梁、外伸节点和 M24 图元，单击"修改 | 结构框架"选项卡"修改"面板中的"镜像-拾取轴"命令，然后选择轴线©，将其对称放置到轴线⑩，然后对齐并锁定。

Step 4：放置横梁。载入系统自带"热轧 H 型钢"族"HW250×250×9×14"类型，分别在轴线①、③上放置横梁，在"属性"对话框中的"限制条件"区域修改相应的参数，使其在正确的位置上，并使图元中轴线与轴线①、③对齐锁定。

Step 5：单击"修改"选项卡"几何图形"面板中的"连接端切割"命令，然后先后单击 HW250×250×9×14 图元和底座钢梁图元连接区域，完成钢梁的连接。采用同样的操作完成其他端的连接。

Step 6：载入系统自带"热轧槽钢"族"GB-C18a"类型，参考 Step 4、Step 5 操作，将其放置在轴线②、④、⑤、⑥、⑦上，随后对齐锁定。

Step 7：载入底座横钢梁族，参考 Step 4、Step 5 操作，将其放置在轴线⑧、⑩上，随后对齐并锁定。

Step 8：载入底座短钢梁族，将其平行于轴线©放置，使用"镜像"命令再放置一个，单击"修改 | 结构框架"选项卡"对正"面板中"Y 轴偏移"命令，然后先后单击底座短

钢梁、底座横钢梁图元上的螺栓孔心使其对齐。

Step 9：选择底座横钢梁、底座钢短梁、HW250×250×9×14、GB-C18a 图元，在"属性"对话框的几何图形位置下"Z 轴对正"设为"顶"，"Z 轴偏移值"输入"0"。切换到立面视图，检查构件放置的正确性。完成的预制基础三维视图效果如图 7.3-8 所示。

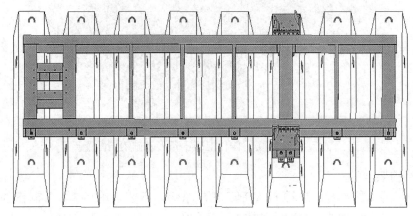

图 7.3-8　预制基础

7.3.2　塔体

铁塔构件组装可根据构件连接的顺序进行组装，主要组装过程为塔柱（含避雷针）、主斜节点、支撑、斜节点及天线支架等，具体组装过程如下：

1. 塔柱

塔柱组装过程如下：

Step 1：在"项目浏览器"中双击打开"正负零标高"视图，选择"标准塔段"族"塔段 1"类型，拖动至绘图区域，在轴线⑨与轴线ⓒ的交点处放置图元。

Step 2：选中该图元，在"属性"对话框中，将"底部标高"设置为"正负零标高"、"底部偏移"输入"85"、"顶部标高"选择"塔段 1 标高"、"顶部偏移"输入"0"。然后按空格键旋转调整馈线孔方向，并令图元与轴线对齐锁定。

Step 3：切换到"三维"视图，选择"塔身地脚螺栓"族"M30"类型，拖动至绘图区域，在塔段 1 图元的底法兰盘螺栓孔位置单击放置实例，在"属性"对话框的"底法兰盘厚度"输入"24"、"底座厚度"输入"14"。如图 7.3-9 所示。

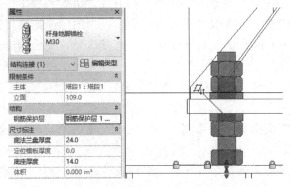

图 7.3-9　底法兰厚度

Step 4：切换到"正负零标高"视图，平移调整该图元，然后使用"复制"或"阵列"命令放置其他螺栓，并对齐锁定。如图 7.3-10 所示。

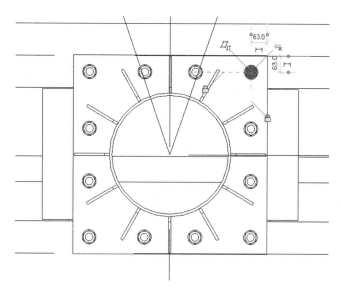

图 7.3-10　螺栓阵列

Step 5：参考 Step 1～Step 4，放置塔段 2、塔段 3、塔段 4、塔段 5、塔段 6 和避雷针实例，修改"属性"对话框中的限制条件信息调整实例的放置，使用"阵列"命令放置多个 8.8 级普通螺栓族的对应类型实例，然后对齐锁定，完成塔柱部分的组装。

2. 主斜节点

主节点组装过程如下：

Step 1：在"正负零标高"视图，选择"斜支撑底部节点"族"斜支撑底部节点"类型，拖动至绘图区域，放置在轴线上，按空格键旋转调整方向，并使纵轴与轴线⑫对齐锁定，沿轴线移动，使其上下螺栓孔对齐。在"属性"对话框的"偏移量"中输入"85.0"。

Step 2：选择"斜支撑底部螺栓"族"M30"类型，拖动至绘图区域，单击"放置"面板中的"放置在面上"，在螺栓孔位置放置图元，平移调整后对齐锁定。

Step 3：同时选择斜支撑底部节点和与其关联的 M30 图元，使用"镜像"命令以轴线Ⓒ为对称轴将其放置在轴线⑪上。

Step 4：在"节点 3 标高"视图，选择"塔身节点"族"塔身节点"类型，拖动至绘图区域，通过单击放置在轴线⑨与轴线Ⓒ的交点上，按空格键旋转调整方向，并使其与轴线对齐锁定，在"属性"对话框中的"偏移量"输入"－1283.0"。

3. 支撑

支撑组装过程如下：

Step 1：添加辅助参照平面，在"立面-东"视图，用"结构"选项卡"工作平面"面板中的"参照平面"命令，同时过轴线⑨与节点 3 标高的交点和轴线③处的斜支撑顶部节点图元底面添加参照平面。

Step 2：载入斜支撑族，在"正负零标高"视图中，选择"斜支撑"族"168×8"类型，拖动至绘图区域，单击放置在轴线⑫上，对齐锁定。切换到"立面-东"视图，拖拽图调整到指定的位置并锁定。

Step 3：使用"镜像"命令以轴线ⓒ为对称轴复制 168×8 图元，使其放置在轴线⑪上。

Step 4：布置横支撑，切换到"节点 1 标高"视图，先单击"结构"选项卡"结构"面板中的"梁"工具，再单击"模式"面板中"载入族"按钮，找到并打开"圆钢管.rfa"文件，选择导入"GB-SSP114×6"类型，将其拖至绘图区放置在对应的轴线上，拖拽两端端点调整其端部位置，随后对齐锁定；切换到"节点 2 标高"视图，采用同样的操作布置该高度处的横支撑构件实例。

Step 5：右键其中一个 GB-SSP114×6 图元，在展开的列表中单击"选择全部实例"-"在整个项目中"，然后在"属性"对话框将"结构材质"设置为"金属-钢-345MPa"。

4. 斜节点

斜节点组装过程如下：

Step 1：放置竖直平面节点，在"三维"视图中，选择"斜节点"族"节点板"类型，拖动至绘图区域，单击"修改 | 放置构件"选项卡"放置在工作平面上"按钮，在"选项栏"中选择"轴线⑫"，放置 4 个图元；在"选项栏"中选择"轴线⑪"，放置 4 个图元。

Step 2：先后切换到"立面-西"、"节点 2 标高"和"节点 1 标高"视图，拖拽将图元调整到准确的位置，调整"属性"对话框中设置"夹角"的参数值，使其在相应的位置上贴合杆体，对齐锁定。

Step 3：切换到"立面-北"视图，选择"项目浏览器"中"节点板"类型，右键选择创建实例选项，然后单击"放置在工作平面上"命令，在选项栏的放置平面中选择"拾取…"选项，在弹出的对话框中选择"拾取一个平面"选项，选中在第 7.3.2 节 3. 支撑下 Step 1 添加在绘图区中的参照平面，如图 7.3-11 所示，在弹出的"转到视图"对话框中选择"三维"视图，然后放置 4 个节点板图元。对图元进行调整，最后锁定完成斜节点组装。

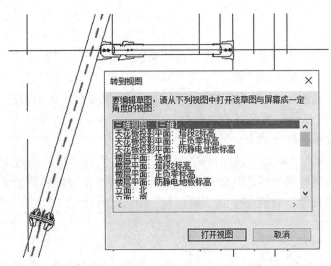

图 7.3-11　斜节点参照平面

5. 天线支架

Step 1：在"天线 1 标高"视图，选择"天线支架"族"组合"类型，拖动至绘图区域，放置在轴线⑨与轴线ⓒ的交点上，并与轴线对齐锁定，在"属性"对话框中的"偏移量"输入"−2400.0",采用同样操作方法完成创建另外两个组合实例,根据不同的高度对应设置偏移量参数。

爬钉构件,参考第5.3.8节组装。

至此,塔体部分组装完毕,如图7.3-12所示。

7.3.3　活动板房

本节将介绍活动板房主要构件的组装方法,活动板房因构件较多,可将其组装过程分为钢框架组装以及围护及附属构件组装两部分。钢框架包含机房底盘框架、框架柱、框架梁和连接板,围护及附属构件包含彩钢夹芯板、防静电地板、防盗门、防盗笼、踢脚线、龙骨等。活动板房主要构件族创建过程详见第7.2节,除该节提到的特殊构件族外,其余构件基本可以采用Revit软件内置的族创建,本节不对细小部件族的创建和放置进行介绍。活动板房具体组装过程如下:

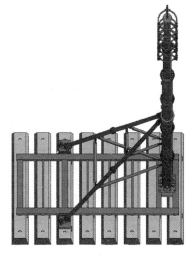

图 7.3-12　塔体

1. 钢框架

钢框架组装可结合其实际施工顺序进行,详细组装过程如下:

Step 1:在"防静电地板标高"视图,从"结构"-"梁"-"载入族"路径找到并打开"热轧槽钢.rft"文件,选择导入"GB-C12"和"GB-C8"类型,选择"热轧槽钢"族"GB-C12"类型,拖动至绘图区域,对选项栏中"链"打钩,点击对应的轴线交点放置机房四周的底盘框架边梁,随后与对应轴线对齐锁定。选择"热轧槽钢"族"GB-C8"类型,拖动至绘图区域,在GB-C12图元内部放置底盘框架中梁,选择全部GB-C12和GB-C8图元,修改"属性"对话框中几何图形位置中参数,"Z轴对正"设为"顶","Z轴偏移值"输入"0"。

Step 2:在"几何图形"面板中,使用"连接端切割"命令,先后单击横竖GB-C8图元,修改"属性"对话框的"连接端切割距离"值为"2",切割后如图7.3-13所示。

Step 3:在"防静电地板标高"视图中,在机房四角放置梁柱"连接板"族"110×110×6"类型,放置方式为"放置在工作平面上",对齐锁定。

Step 4:先单击"结构"选项卡"结构"面板中"结构柱"按钮,再单击"模式"面板中的"载入族"按钮,找到并打开"矩形钢管柱.rfa"文件,选择导入"导管200×120×6.25"类型,在"项目浏览器"中选择该类型,修改"类型属性"对话框中的参数,重命名为"100×100×3",将尺寸修改为100×100×3,点击应用并确定,将该类型并拖动至绘图区域,放置于机房四角,然后选择该类型全部实例,根据工程实例中的尺寸修改"属性"对话框的相关信息,如图7.3-14所示。

Step 5:选择梁柱"连接板"族"110×110×6"类型,拖拽到绘图区,使用"放置在面上"命令将其放置在矩形钢管柱100×100×3图元顶部,对齐锁定。

Step 6:在"机房顶标高"视图,从"结构"-"梁"-"载入族"路径找到并打开"矩形钢管柱.rfa"文件,选择导入"导管200×120×6.25"类型,在"项目浏览器"中选择该类型,修改"类型属性"对话框中的参数,重命名为"100×100×3",尺寸修改为

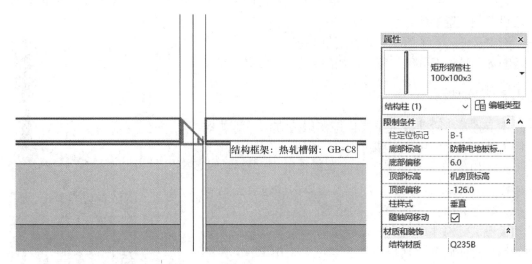

图 7.3-13　连接端切割　　　　　　　图 7.3-14　矩形钢管柱属性

100×100×3，使用"放置在面上"命令，在选项栏中选择放置平面为"梁柱连接板：110×110×6"，对"链"打钩，放置于机房四角，使用移动、对齐命令调整图元位置。

Step 7：切换到"三维"视图，使用"修改"选项卡"几何图形"面板中的"梁/柱连接"按钮，修改矩形钢管"100×100×3"图元连接处的缩进方式，并锁定，如图 7.3-15所示。组装完的效果如图 7.3-16 所示。

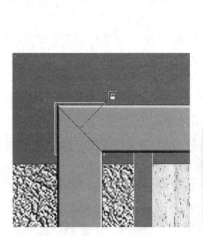

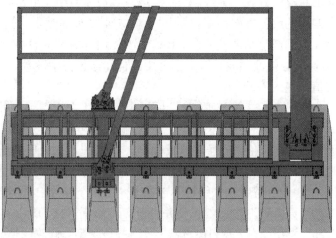

图 7.3-15　梁柱连接　　　　　　　图 7.3-16　活动机房与塔体组合

2. 围护及附属构件

围护及附属构件组装可结合其实际施工顺序进行，详细组装过程如下：

Step 1：载入防盗扁族，在"正负零标高"视图，选择"防盗扁"族"防盗扁"类型，拖拽到绘图区，选择"放置在工作平面上"放置方式，将防盗扁铁实例放置在相应的位置上。

Step 2：载入彩钢夹芯板族，在"正负零标高"视图，选择"彩钢夹芯板"族"底板保温板 0.3＋74.4＋0.3"类型，拖拽到绘图区，选择"放置在工作平面上"放置方式，在

"属性"对话框的限制条件"偏移量"输入"4",并与对应轴线对齐锁定。

Step 3:载入方管地板条族,在"防静电地板标高"视图中,选择"方管地板条"族"方管地板条"类型,拖拽到绘图区,选择"放置在工作平面上"放置方式,在相应的放置放置图元,在"属性"对话框的限制条件"偏移量"输入"-5",并锁定。

Step 4:载入防静电地板族,在"防静电地板标高"视图中,选择"防静电地板"族"600×600"等类型,拖拽到绘图区,选择"放置在工作平面上"放置方式,将图元放置在相应的位置。防静电地板族的其他类型也采用同样的方式放置。

Step 5:载入地龙骨族,选择"地龙骨"类型,采用"放置在面上"的放置方式,将其放置于GB-C12图元上,两端拖拽调整并锁定。

Step 6:载入彩钢夹芯板-墙族,选择"100墙"类型,采用"放置在面上"的放置方式,将其放置于地龙骨图元上,使用"阵列"或"复制"命令重复放置于机房四周,拖拽调整位置后对齐锁定。其他类型也采用同样的方式放置。

Step 7:载入踢脚线、天龙骨族,选择对应的类型,采用"放置在面上"的放置方式,将实例放置于机房内侧彩钢夹芯板图元上,调整位置对齐并锁定。

Step 8:选择"彩钢夹芯板"族"屋面夹芯板"类型,拖拽到绘图区,选择"放置在面上"放置方式,将图元放置于顶部踢脚线图元上,使用"复制"命令放置其他图元,调整位置对齐并锁定。

Step 9:载入铁甲片族,选择对应的类型,采用"放置在面上"的放置方式,将实例放置于彩钢夹芯板构件的100墙图元上,调整位置对齐并锁定。

Step 10:载入屋面铁外皮族,选择对应的类型,采用"放置在面上"的放置方式,将实例放置于屋面夹芯板图元上,调整位置对齐并锁定。

Step 11:载入防盗门族,选择"防盗门"类型,采用"放置在面上"的放置方式,将实例放置于机房前方的底盘框架边梁的GB-C12图元上,调整位置对齐并锁定。

Step 12:载入防盗笼支座族,选择"防盗门支座"类型,采用"放置在面上"的放置方式,将实例放置在矩形钢管的100×100×3图元侧面,对齐。转到"立面-前"视图,调整位置对齐并锁定。

Step 13:载入防盗笼族,选择"防盗笼"类型,采用"放置在面上"的放置方式,将其放置于防盗笼支座图元上,调整位置对齐并锁定。

至此,塔房一体化组装完成,如图7.3-17所示。

图 7.3-17　塔房一体化

第 8 章 机 房

8.1 参数分析

通信基站工程中使用的机房类型主要包含土建机房、活动板房、室外站、塔房一体化中的板房等。根据实际工程需要，上述机房可扩展出多种类型。如土建机房分为框架结构机房、砖混结构机房、钢结构机房等，活动板房分为普通活动板房和铁甲机房等，室外站涉及的柜子较多。根据各类机房在设计阶段的建模工作量进行区分可知，土建机房主要由设计人员建立建筑信息模型，活动板房上部结构与室外站机柜类型多变，通常由生产厂家建立建筑信息模型，塔房一体化中的板房已在第 7 章详细描述建模过程。本章主要针对土建机房中的砖混结构机房进行应用探讨，此外，对活动板房基础进行分析描述。

8.1.1 土建机房

通信基站工程中使用的土建机房涉及建筑专业、结构专业、电气专业、消防专业等，其主要组成构件包括承重墙、柱、梁、板、基础、地坪、地板、散水、防水、预埋钢管、空调室外机防盗笼、手孔、馈线窗防盗网、交流配电箱、照明器材、开关、防雷接地、灭火器等。部分构件包含相应的子构件，每个构件都发挥着特定作用，都可在 Revit 软件中实现参数化建模。

土建机房涉及的主要构件大部分可以采用 Revit 软件系统族以及族库中的族文件进行模拟，如承重墙可采用系统族提供三种类型的墙族进行模拟，其主要控制参数包括墙体厚度、高度、材质等，相关系统族的参数可在软件中通过帮助查询。本节对族库已有的构件类型不再进行详细分析，对 Revit 软件族库中未包含的构件类型，进行构件参数分析，为建模提供准备工作。

族库中未包含的主要构件参数分析如下：

1. 承重墙

土建机房通常为一层建筑，采用砖混结构较多。其以砖墙为承重体系，基础采用混凝土条形基础，在砖墙与条形基础之间考虑砌体局部压应力存在不足，增加墙趾形成倒 T 形或多阶倒 T 形承重墙。带趾墙体属于特殊族，在实际建模中应进行相应的处理。采用 Revit 软件中的叠层墙族建立不同厚度的承重墙，模拟倒 T 形或多阶倒 T 形的承重墙截面。倒 T 形或多阶倒 T 形承重墙通过模拟高度和厚度两个参数可实现与上部墙体的区分。

2. 构造柱与马牙槎

砖混结构中构造柱通常留置马牙槎，马牙槎是砖墙留槎处的一种砌筑方法。当砌体不能同时砌筑时，在交接处一般要预留马牙槎，以保持砌体的整体性与稳定性，常用在构造柱与墙体的连接中。与构造柱相关的为大马牙槎，砌墙时在构造柱处每隔 5 皮砖伸出 1/4

砖长，伸出的皮数也是 5 皮，同时要按规定预留拉接钢筋，每一马牙槎高度不宜超过 300mm，且沿高每 500mm 设置 2 根 $\phi6$ 水平拉结钢筋，每边伸入墙内不宜小于 1.0m。构造柱留槎必须先退后进，如图 8.1-1 所示。

构造柱与墙接触面形成槎口，常见接触形式包括一形、L 形、T 形、十形等。在通信基站工程土建机房中一形、L 形、T 形较为常见。此外，凸出到墙体中的混凝土会导致混凝土方量增加，实际工程中统计混凝土方量需要计算马牙槎，可结合槎口面进行统计。采用 Revit 建立带马牙槎的构造柱族，有助于统计混凝土方量。

3. 人孔

通信类建筑通常含有人孔，大型通信建筑的传输管道、电缆管道在接入建筑物前、穿越道路等均会设置人孔。通信基站工程建设的土建机房属于小型通信建筑，同样存在传输光缆和电缆，通常需要设置小型人孔。在实际工程中，本土建机房在外部设置电缆进线人孔，设置方式如图 8.1-2 所示。

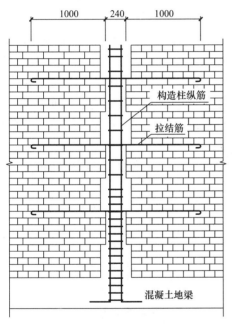

图 8.1-1 构造柱与马牙槎   图 8.1-2 人孔

人孔组成主要包括砖砌墙体、现浇混凝土封底、预制盖板三部分，与土建机房内部通过预埋钢管连通，外部线缆通过预埋钢管接入至人孔中，墙体钢管穿越部分需进行防水处理，避免人孔内部被水浸泡。人孔主要参数包含：平面尺寸、深度、埋设钢管数量、位置、盖板尺寸、接地位置等。人孔属于附属构件，可单独创建人孔模型，在土建机房模型中直接调用即可。

4. 馈线窗防盗网

土建机房内部设备通过馈线与挂置在铁塔上部的发射/接受天线连接，馈线通过馈线洞穿出土建机房，在馈线洞处设置馈线窗封堵板，馈线窗封堵板与承重墙之间连接较为简单，而且馈线窗尺寸（420mm×420mm）较大，在实际使用时存在从馈线窗处发生失盗的可能性，故而在馈线窗处需设置馈线窗防盗网。

馈线窗防盗网可采用角钢和圆钢焊接而成，角钢肢臂嵌入承重墙内部，形成结实的防盗结构。馈线窗防盗网主要参数包括：嵌入角钢型号、圆钢型号、圆钢间距、馈线窗尺寸等。典型的馈线窗防盗网如图 8.1-3 所示。

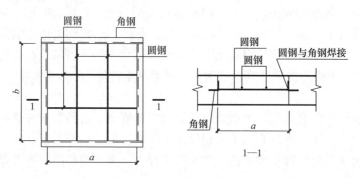

图 8.1-3　馈线窗防盗网

5. 空调室外机防盗笼

土建机房空调室外机放置在外部墙面或屋顶，实际使用中需要设置防盗笼进行保护。防盗笼做法与馈线窗防盗网类似，采用角钢和圆钢焊接而成。空调室外机防盗笼根据其所处的位置分为两种：第一种挂置在外部墙面，其防盗笼为长方体，其中 5 个面设置防盗网，靠墙一面不设置，通过膨胀螺栓或穿墙螺栓固定于承重墙，正向外侧设置维护口；第二种放置在屋面上，其防盗笼为长方体，其中 6 个面设置防盗网，通过化学螺栓固定在屋面上，并需对屋面防水进行处理，正向外侧设置维护口。

防盗笼的主要参数包括：长方体长、宽、高，角钢型号，圆钢型号，圆钢间距等。典型的防盗笼如图 8.1-4 所示。

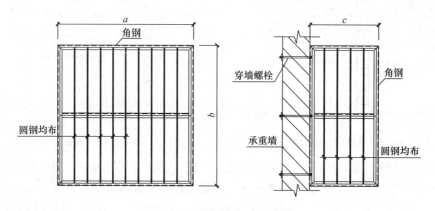

图 8.1-4　空调室外机防盗笼

以上对土建机房涉及的主要特殊构件进行了参数分析，除以上提到的特殊类型外，土建机房涉及的其他特殊构件的创建方法在建立土建机房建筑信息模型时再进行阐述。土建机房中涉及的其余构件可采用系统族及内置的族库完成。

8.1.2　活动板房

活动板房通常采用钢框架结构，机房墙板采用 100mm 厚彩钢夹芯板，内外基板厚度均为 0.5mm，屋面板采用 100mm 厚彩钢夹芯板，内外基板厚度为 0.6mm，机房静电地板下采用 75mm 厚彩钢夹芯板保温，内外基板厚度均为 0.3mm，墙板和屋面板外围包覆 1.2mm 厚铁甲板，铁甲板采用热镀锌钢板折成。夹芯板通常选用保温材料为无氯氟烃泡沫的聚氨酯（PU）或高密度聚苯乙烯（EPS）两种。

实际使用中各厂家生产制造的活动板房以及 ALC 板等预制板房均采用钢框架作为机房结构承重体系，采用板材作为建筑围护，其采用 Revit 建立建筑信息模型及相关族的流程和方法类似，本文已在第 7 章塔房一体化中对此类机房的建筑信息模型创建方式进行了详细描述，此处不再复述。

不同类型的活动板房其上部结构类似，但其基础存在一定差别。塔房一体化机房基础位于条形预制混凝土基础上部，与条形基础采用钢框架连接。而其他类型的活动板房通常建设在位于地面的混凝土筏板基础上，典型的活动板房筏板基础如图 8.1-5 所示。

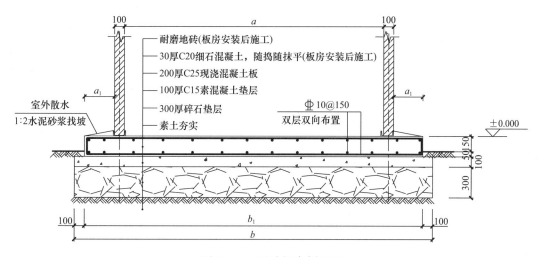

图 8.1-5　活动板房剖面图

8.2　族建立

Revit 软件基本内置了组成土建机房的各类族，通过直接调用系统族和族库可快速建模，但对于部分结构复杂或在其他建筑领域使用较少的构件种类，在 Revit 提供的族库中并未包含。本节将对机房涉及的特殊构件族进行建模讲述。

8.2.1　墙

通信基站工程机房采用的墙包含多种类型，如本书提到的土建机房砖砌墙体、塔房一体化与活动板房的围护墙板等。其中塔房一体化围护墙板夹芯板族建模过程在第 7 章进行了讲述，活动板房墙板建模过程可参考该过程。本小节主要介绍土建机房砖砌墙体族的创建过程。

Revit Architecture 墙属于系统族，其提供三种类型的墙族：基本墙、叠层墙和幕墙，通过设定墙结构参数可生成三维墙体模型。创建墙体需要先定义墙体类型：墙厚、做法、材质、功能等；其次，设定墙体的平面位置、高度等。

机房墙体由基层和面层组成，在基本墙类型属性中，单击编辑部件可对基本墙添加层形成外部和内部的面层。但在实际工程中需要统计工程量，在基本墙中插入新层的方法不能准确提供工程量清单，所以还可采用建立内部面层、中间核心层、外部面层三层基本墙的形式建立机房墙体。此外，墙体根部与混凝土基础接触处需要设置墙趾。以下介绍三层墙与墙趾的创建方法。

1. 基本墙

Step 1：单击"建筑/墙体"按钮，属性栏会列出系统族中基本墙、叠层墙和幕墙的内嵌类型。

Step 2：在"属性"面板中选择基本墙，单击"编辑类型"按钮，打开墙"类型属性"对话框，单击"复制"按钮可以形成新的类型，命名规则采用"基墙-砖类型-厚度-块体的强度等级-砂浆的强度等级-砂浆类型"。

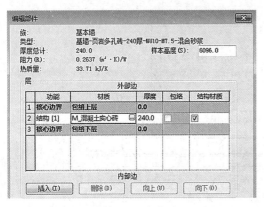

图 8.2-1　基本墙

Step 3：单击"结构"参数后"编辑"按钮，打开"编辑部件"对话框，可修改厚度、材料等相关内容。在"功能"列表中共提供 6 种墙体功能：结构 [1]、衬底 [2]、保温层/空气层 [3]、面层 1 [4]、面层 2 [5]、涂膜层 [6]（通常用于防水涂层，厚度必须为 0）。应注意"核心边界"和"核心结构"两个特殊的功能层，"核心边界"之间的功能层为墙的"核心结构"，"核心结构"是墙存在的必需条件。"核心边界"外可以是抹灰、防水、保温等辅助功能层，如图 8.2-1 所示。

本工程机房采用的核心结构为"基墙-页岩多孔砖-240 厚-MU10-M7.5-混合砂浆"，在该基本墙中不设置辅助功能层，内部及外部辅助功能层采用基本墙建立，命名为："内墙 1-混合砂浆-刮腻子-涂料-18 厚"、"外墙 1-水泥砂浆-涂料-20 厚"。

通过以上步骤可完成基本墙的建立。

2. 叠层墙

采用 Revit Architecture 系统族中叠层墙族可创建结构更为复杂的墙体，叠层墙可由上下两种不同厚度、不同材质的"基本墙"类型子墙构成。在叠层墙类型参数中可通过定义叠层墙结构，分别指定各种类型墙对象的相关参数。叠层墙在定义基本墙族类型的基础上进行定义。在土建机房中基础梁下部到基础之间的带趾墙体可采用叠层墙族建立，该叠层墙族采用已定义好的基本墙进行定义。

Step 1：单击"结构"选项卡"结构"面板中"墙"下拉菜单，选择"结构墙"。

Step 2：单击"属性"面板"类型选择器"下拉列表，选择"叠层墙"下"外部-砌块勒脚砖墙"。

Step 3：单击"编辑类型"按钮，打开墙"类型属性"对话框，单击"复制"按钮可以形成新的类型，命名规则采用"基础墙-砖类型-厚度-块体的强度等级-砂浆的强度等级-砂浆类型-N 阶"。

Step 4：在"类型属性"对话框中，打开"结构"编辑对话框，单击"插入"增加一

行，用"向上"命令移动到第一行，单
击"可变"从"名称"列表选择"基墙-
页岩实心砖-240 厚-MU20-M10-水泥砂
浆"，类型 2 选择"基墙-页岩实心砖-360
厚-MU20-M10-水泥砂浆"，高度选择
120.0，其他参数默认。

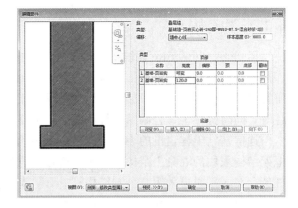

Step 5：在对话框顶部的"偏移"下
拉列表中选择墙体在垂直方向的对齐方
式为"墙中心线"，在左侧的视图中可预
览剖面，如图 8.2-2 所示。单击"确定"
完成设置，关闭对话框即可创建叠层墙

图 8.2-2　叠层墙

体"基础墙-页岩实心砖-240 厚-MU10-M7.5-混合砂浆-2 阶"。

3 阶及 3 阶以上的墙体可继续通过插入增加行来完成阶的创建，通过增加不同厚度的
基本墙族即可满足 N 阶叠层墙的建立。

8.2.2　地砖嵌板

通信工程采用的地板做法主要包括架空地板、地砖、自流平地面三种。其中自流平地
面可采用面层模拟，架空地板做法已在第 7 章中讲述，此处不再复述。此处主要介绍土建
机房地面铺设地砖的做法，另外有景观要求的土建机房会在外墙面粘贴瓷砖，其建模方式
与地砖类似。可以采用幕墙嵌板族模拟地砖和瓷砖，其中嵌板族可采用系统嵌板族、外部
嵌板族或任意基本墙及叠层墙族类型，其中系统嵌板族包含玻璃、实体和空三种。以下采
用"幕墙嵌板"创建地砖。

Step 1：在新建族对话框中选择"公制幕墙嵌板 . rft"族样板文件，单击"打开"按
钮，进入公制幕墙嵌板族编辑器界面，进行幕墙嵌板族的编辑工作。

Step 2：在"项目浏览器"面板中"视图"选项下的"立面"选项中，双击"内部"
视图，使用"创建"选项卡"形状"面板中的"拉伸"命令，在弹出的"修改│创建拉
伸"选项卡"绘制"面板中选择"矩形"命令绘制嵌板平面，并与参照线锁定。

Step 3：设置"属性"面板"限制条件"栏中的"拉伸终点"为 250.0，使创建的嵌
板平面沿着样板预设的参照平面创建拉伸，并将其子类别设置为"嵌板"。

Step 4：为嵌板添加材质参数和厚度参数，单击"属性"面板"材质和装饰"栏，将
"材质"设置为"瓷砖，机制"。单击"限制条件"栏中"拉伸终点"后的"关联族参数"
按钮，弹出"关联族参数"对话框，单击"添加参数"，在弹出的"参数属性"对话框中
进行添加厚度参数。

Step 5：单击"注释"选项卡"尺寸标注"面板中的"对齐标注"按钮，对嵌板厚度
进行标注。

Step 6：选中"尺寸标注"，"选项栏"中出现"修改│尺寸标注"，
单击"标签"选择"厚度＝250"，勾选实例参数，并对参数进行锁定。扫
描二维码观看地板嵌板族创建视频。

8.2.3　构造柱

Revit Architecture 系统提供建筑柱与结构柱两种不同类型的柱，两种柱所起的功能和作用不同，建筑柱起到装饰和围护作用，而结构柱则主要用于支撑和承载重量。Revit 系统提供了多种类型柱族，如钢结构柱、混凝土结构柱、木结构柱、轻型钢柱、预制混凝土柱等，同时提供了"公制结构柱.rft"族样板，可用于定义任意形状的结构柱族。

通信基站工程建设的小型土建机房采用结构类型主要分为框架结构和砖混结构，其中框架结构采用的混凝土结构柱或钢结构柱可直接采用系统提供的柱族，当与系统中提供的柱族存在区别时可采用"公制结构柱.rft"族样板定义结构柱族。砖混结构构造柱存在马牙槎，与结构柱族存在差别，构造柱另一个特点为依附于基本墙。因而，可采用"公制结构柱.rft"族样板定义构造柱族，也可采用"基于墙的公制常规模型"进行定义。以下采用"公制结构柱.rft"族样板定义构造柱。

Step 1：在新建族对话框中选择"公制结构柱.rft"族样板文件，进入公制结构柱族编辑器界面，编辑构造柱族。

Step 2：单击"创建"中的"参照平面"按钮，对族样板添加参照平面。

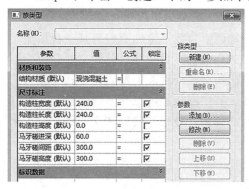

图 8.2-3　构造柱参数设置

Step 3：定义主要参数，单击"创建"面板"属性"栏中的"族类型"按钮，对构造柱族输入参数值，参数名称分别为构造柱高度 H、构造柱宽度 B、构造柱长度 L、马牙槎进深 D、马牙槎间距 S，规程均选用"公共"，参数类型选用"长度"，参数分组方式选用"尺寸标注"，"类型"选择"实例"参数，结构材质选择现浇混凝土，如图 8.2-3 所示。

Step 4：对族进行参数定义，单击操作面中的标注尺寸，"选项栏"显示修改/尺寸标注，单击"标签"进行相应的尺寸定义，该模型可根据实际平面尺寸不同完成一形、L形、T形、十形四种类型构造柱。

Step 5：定义 L 形平面，使用"创建"选项卡"形状"面板中的"拉伸"工具，在弹出的"修改｜创建拉伸"选项卡"绘制"面板中，选择"矩形"工具创建矩形线链，并加上尺寸约束，单击功能区中的"√"完成平面编辑模式。定义结果如图 8.2-4 所示。

Step 6：切换到前视图，选中实心拉伸体，拖动向上箭头，将其上边缘拉伸与"高于参照标高"处对齐并锁定，用相同的方法将下边缘与"低于参照标高"处对齐并锁定。

构造柱中无马牙槎部分采用空心形状删除实心形状的方法创建，首先采用空心拉伸命令建立第一个空心形状，重复以上过程或采用阵列成组的方式创建其余空心形状。

Step 7：创建空心形状，使用"创建"选项卡中的"空心形状"工具，弹出下拉菜单，选择"空心拉伸"命令。在弹出的"修改｜创建空心拉伸"选项卡"绘制"面板中，单击"矩形"工具创建矩形线链，并设置尺寸约束。定义马牙槎高度参数，拉伸起点选择-1000，拉伸终点选择 1000，重复创建十个空心形状，对空心形状进行参数定义，单击"√"完成编辑模式，如图 8.2-5 所示。

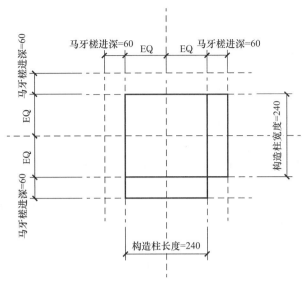

图 8.2-4 构造柱尺寸

Step 8：切换到右视图，在该面上重复 Step 7 创建十个空心形状，单击"√"完成编辑模式，切换到三维视图，创建完成的 L 形构造柱模型，如图 8.2-6 所示。

Step 9：选中拉伸实体，在"属性"栏中"材质和装饰"，修改"材质"为现浇混凝土。

至此，带马牙槎的构造柱族创建完毕，其他类型构造柱创建方法类似。除采用以上模式建立马牙槎外，还可采用"修改"面板中的"阵列"命令，对空心形状进行线性阵列，建立马牙槎模型组。该构造柱族的主要参数如图 8.2-3 所示，此外，采用"公制结构柱.rft"族样板文件建立构造柱，其包含了结构柱的主要参数：基准标高、顶部标高、底部偏移、顶部偏移、柱样式、随轴网移动、顶部连接、底部连接、房间边界、柱体积等。扫描二维码观看构造柱族创建视频。

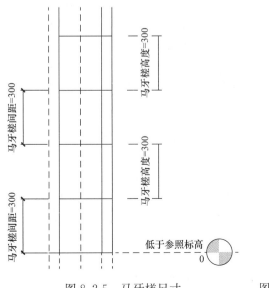

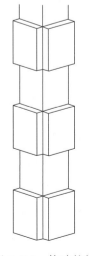

图 8.2-5 马牙槎尺寸　　　图 8.2-6 构造柱族

8.2.4　散水坡道

建筑物室外台阶、坡道、散水族均可采用"轮廓族"创建,采用轮廓族可自定义任意形状。本土建机房室外设置坡道及散水均为斜坡,可采用相同的轮廓族创建。

1. 散水

散水做法从上至下为:20 厚 1:2 水泥砂浆、60 厚 C20 混凝土、80 厚碎石垫层、素土夯实,散水族可相应创建三层,创建过程如下:

Step 1:在新建族对话框中选择"公制轮廓.rft"族样板文件,单击进入轮廓族编辑模式。

Step 2:单击"创建"选项卡"详图"面板中的"直线"命令,沿参照平面绘制坡形截面轮廓,如图 8.2-7 所示。将族保存为"建筑散水-碎石垫层-600mm-80mm.rfa"。

重复 Step 1~Step 2,创建"建筑散水-素混凝土-C20-600mm-60mm.rfa"、"建筑散水-水泥砂浆-600mm-20mm.rfa",完成散水族创建。

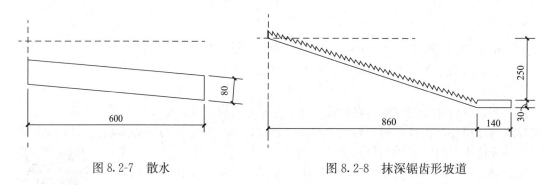

图 8.2-7　散水　　　　　　　　　　图 8.2-8　抹深锯齿形坡道

2. 坡道

室外坡道做法从上至下为:30 厚 1:2 水泥砂浆、抹深锯齿形、素水泥浆一道、150 厚 C20 混凝土、300 厚粒径 10~40 碎石灌 M2.5 混合砂浆、素土夯实,室外坡道族可相应创建三层,创建过程如与散水类似,沿参照平面绘制坡形截面轮廓,分别创建"室外坡道-水泥砂浆-抹深锯齿形-1000mm-30mm.rfa"、"室外坡道-素混凝土-C20-1000mm-150mm.rfa"、"室外坡道-碎石-混合砂浆-1000mm-300mm.rfa",完成坡道族创建,如图 8.2-8 所示。

考虑到墙饰条基于墙布置,当墙饰条与墙体脱开时,"拖曳墙饰条端点"命令不起作用,此时可通过修改相应族的定位或修改墙体下部位置来满足。以上创建的构件含有多层族时,可在创建轮廓时考虑各层之间的高差,方便工程直接使用。

8.2.5　馈线窗防盗网

馈线窗防盗网通常采用角钢和圆钢焊接而成,实际使用中角钢嵌入到墙内部,可采用"基于墙的公制常规模型"族样板文件进行创建。本机房采用的防盗网主要参数为:馈线窗 420mm×420mm,嵌入角钢∟50×5,防盗方格网 18mm 圆钢,其中角钢单肢臂嵌入墙中,另一肢臂内贴洞口,肢臂外侧到对侧肢臂距离为 410mm,防盗方格网采用直径 18mm 的圆钢,将水平方向和竖直方向三等分。创建过程如下:

Step 1:在新建族对话框中选择"基于墙的公制常规模型.rft"族样板文件,进入编辑模式。

Step 2：使用"创建"选项卡"基准"面板中的"参照平面"命令，在楼层平面-参照平面视图中绘制馈线窗平面尺寸限定范围，如图 8.2-9 所示。

Step 3：单击"创建"选项卡"形状"面板中的"拉伸"按钮，进入"修改｜创建拉伸"选项卡，单击"绘制"面板中的"直线"命令，沿参照平面绘制角钢截面轮廓，角钢截面尺寸详见附录 A。选择模型，单击"修改"面板中的"镜像-拾取轴"命令，选择中轴线对已建立的角钢进行镜像操作，对缺失的尺寸标注进行补齐，形成防盗网外部骨架。

Step 4：创建垂直向防盗圆钢。使用"创建"选项卡"基准"面板中的"参照平面"命令，在"楼层平面-参照平面"视图中绘制馈线窗防盗圆钢，馈线窗采用 9 孔样式，采用两根竖向圆钢对馈线窗平面宽度 B 进行三等分。单击"创建"选项卡"形状"面板中的"拉伸"按钮，进入"修改｜创建拉伸"选项卡，单击"绘制"面板中的"圆形"按钮，沿参照平面绘制圆钢截面轮廓，如图 8.2-10 所示。

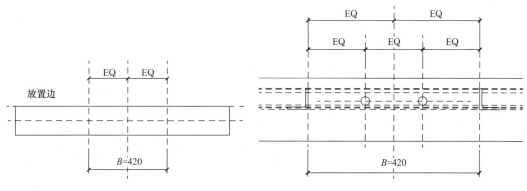

图 8.2-9　馈线窗平面尺寸　　　　　　图 8.2-10　防盗圆钢布置

Step 5：在"项目浏览器"面板中"视图"选项下的"立面"选项中，打开"右立面"视图。使用"创建"选项卡"基准"面板中的"参照平面"命令，在右立面视图中绘制馈线窗立面尺寸限定范围。

Step 6：创建顶部角钢。在右立面视图中，使用"创建"选项卡"基准"面板中的"参照平面"命令，绘制顶部角钢尺寸限定参照平面。参考 Step 3 完成顶部角钢绘制。采用镜像命令创建底部角钢，补齐相关限定参数。切换到"立面—放置边"视图界面，对顶部、底部角钢进行长度锁定。

Step 7：创建水平向防盗圆钢。切换到右立面视图，在垂直向防盗圆钢侧面布置水平向防盗圆钢，参考 Step 4 完成水平向防盗圆钢绘制，并进行长度锁定。

创建完成的馈线窗防盗网如图 8.2-11 所示，其族类型参数如图 8.2-12 所示。

图 8.2-11　馈线窗防盗网

图 8.2-12　馈线窗防盗网参数设置

8.2.6　空调室外机防盗笼

空调室外机防盗笼与馈线窗防盗网类似，通常采用角钢和圆钢焊接而成，空调室外机放置方式可采用壁挂，也可直接放置于地面或屋面。壁挂空调室外机防盗笼可采用"基于面的公制常规模型"族样板文件进行创建，放置于屋面的可采用"基于楼板的公制常规模型"族样板文件进行创建，考虑到创建族使用的环境类别较多，为避免重复创建，也可统一采用"公制常规模型"族样板文件进行创建。本机房采用的室外机防盗笼主要参数为：外观尺寸 1200mm×1200mm×600mm，四周角钢 L50×5，防盗方格网直径 16mm 圆钢，水平方向和竖直方向间距均不大于 110mm。创建过程如下：

Step 1：在新建族对话框中选择"公制常规模型.rft"族样板文件，进入编辑模式。

Step 2：使用"创建"选项卡"基准"面板中的"参照平面"命令，在楼层平面-参照标高视图中绘制空调室外机防盗笼平面尺寸限定范围，并对尺寸宽度 B 和深度 D 进行参数化。

Step 3：使用"创建"选项卡"基准"面板"参照平面"命令，在楼层平面-参照标高视图中创建用于约束角钢的各参照平面，并对各尺寸数据进行参数化。

Step 4：创建四根角部角钢。单击"创建"选项卡"形状"面板中的"拉伸"按钮，进入"修改 | 创建拉伸"选项卡，创建左下角角钢。选择建立好的左下角角钢模型，使用"修改"面板中的"镜像-拾取轴"命令，选择中轴线对已建立的角钢进行镜像操作，补齐缺失尺寸标注，通过多次镜像复制完成空调室外机防盗笼四周角钢创建。在前立面视图中绘制防盗笼立面尺寸限定范围，并对建立好的角钢拖拽到指定位置进行锁定。完成创建的四根角钢如图 8.2-13 所示。

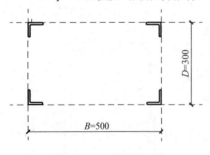

图 8.2-13　角钢布置

Step 5：创建竖向圆钢。使用"创建"选项卡"基准"面板中的"参照平面"命令，创建用于约束竖向圆钢的各参照平面，并对各尺寸数据进行参数化。创建两侧参照平面，用来确定两侧竖向圆钢到防盗笼外侧间距，两侧圆钢中间设置的角钢可采用平均分派的方式解决，分布间距为 $(B-2a)/(n-1)$，圆钢中心距离前立面距离为 $d_1/2+d$。采用同样的方式创建其他三个立面竖向圆钢参照平面。单击"创建"选项卡"形状"面板中的"拉伸"命令，进入"修改｜创建拉伸"选项卡，创建各立面竖向圆钢。

Step 6：单击"修改｜创建拉伸"选项卡"绘制"面板中的"圆形"按钮，在已创建好的参照平面相交点上布置前立面和后里面靠近左里面角钢的第一根竖向圆钢，采用参数 a、e 进行位置控制，如图 8.2-14 所示。实际工程中可使参数简洁化，将前立面圆钢

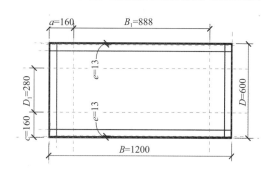

图 8.2-14　竖向圆钢布置

和背立面圆钢分别创建并进行立面约束，确保生成的圆钢可随同防盗笼整体高度 H 进行参数变化。

Step 7：单击"属性"面板中"限制条件"按钮，对"拉伸起点"和"拉伸终点"进行定义，单击"拉伸起点"和"拉伸终点"后侧的"关联族参数"，将拉伸起点定义为参照标高＋f，其中 f 指角钢肢厚＋5mm，将拉伸终点定义成 $H-f$。

Step 8：创建自适应竖向圆钢组。选中创建好的两根竖向圆钢，单击"修改｜拉伸"选项卡"修改"面板中的"阵列"按钮，向右侧阵列出其他圆钢，属性栏设置移动到最后一个。

Step 9：阵列范围采用注释尺寸进行参数化，左侧参照面距离防盗笼左侧立面为 a，右侧参照面根据左侧参照面确定，两个参照面距离为 $B_1=B-2a+d_1/2$，新阵列出来的实体，左侧锁定到左边参照面，右侧可采用"修改"面板中的"对齐"命令将阵列组锁定到右边参照面上。

Step 10：阵列数定义为 n_1，若改变"阵列数量"n_1 值或改变参照面距离，阵列将自动改变。此外，可添加阵列间距参数，利用公式将阵列数量设定为：B_1/阵列间距，如图 8.2-15 所示。改变 B_1 值，阵列数量以恒定的间距根据 B_1 值自动调整数量，从而成为自适应竖向圆钢组。

背立面竖向圆钢可采用对前立面竖向圆钢阵列的方法得到，也可采用复制得到。

重复 Step 5～Step 10 可完成左立面、右立面、顶面、底面圆钢绘制，完成的空调室外机防盗笼族如图 8.2-16 所示。创建涉及的族参数如图 8.2-17 所示。

其他			
n1 (默认)	8	=B1 / 110 mm	
n2 (默认)	3	=D1 / 110 mm	

图 8.2-15　自适应竖向圆钢组参数设置　　　　图 8.2-16　空调室外机防盗笼族

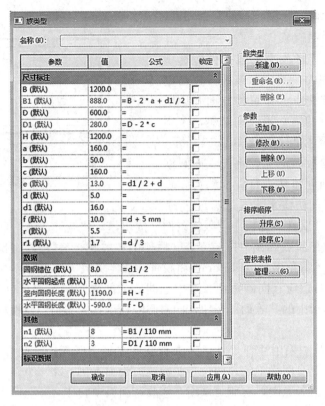

图 8.2-17　空调室外机防盗笼参数设置

8.3　产品组装

8.3.1　土建机房

本节对通信基站工程中广泛分布的单层砖混土建机房进行组装讲述。

1. 标高与轴网

单层土建机房涉及标高主要包括屋顶标高、室内地坪标高、室外地面标高、基础底面标高等。标高详细创建过程可参考第 5 章。创建的四个标高分为可定义为：基础底面标高－1.000m、室外地面标高－0.300m、室内地坪标高±0.000m 以及屋顶标高 3.030m。对创建的标高完成锁定，创建好的土建机房标高如图 8.3-1 所示。

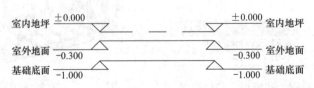

图 8.3-1　标高

单层土建机房涉及轴线主要包括水平轴线和垂直轴线各两条。轴线绘制同样可参照第 5 章进行创建，此外，可通过"插入"选项卡"导入"面板中的"导入 CAD"命令来插入 CAD 底图中的轴网进行创建。创建完成的轴网如图 8.3-2 所示。

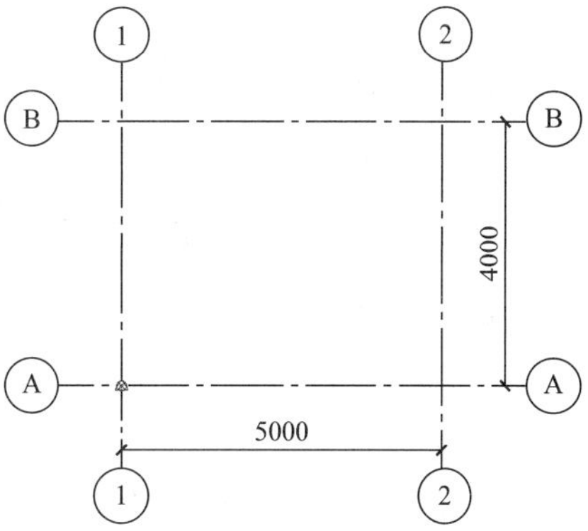

将轴网影响范围调整到满足要求，本工程各层标高轴网均相同，可选择所有轴网，在"修改｜轴网"选项卡"基准"面板中单击"影响范围"工具，可将基准图元的范围和外观复制到平行视图。在弹出的对话框中选择需要应用的视图范围即可。

图 8.3-2 轴网

2. 布置墙体

砖混土建机房墙体从布置位置来看，主要可分外基础梁上部的基本墙与基础梁下部的叠层墙。在布置时采用属性中的"底部限制条件"、"底部偏移"、"顶部约束"、"顶部偏移"进行约束，即可区分建立位置及标高。

首先建立基本墙，在选取的轴线上布置核心结构墙体，单击轴线即可完成布置。内部及外部辅助功能层的布置采用"修改/放置墙"中的"拾取线"命令。"拾取线"可根据绘图区域中选定的现有墙、线或边创建一条线。辅助功能层创建过程如下：

Step 1：单击"建筑/墙体"中的"修改/放置墙"按钮，属性栏中选择需要使用的内部或外部辅助功能层基本墙。

Step 2：单击"修改/放置墙"中的"拾取线"按钮，选择核心结构墙体需要布置的一侧，完成辅助功能层的基本墙布置。

其次建立叠层墙，布置带趾墙体。选择"室外地面"平面层，沿轴线布置带趾墙体。

Step 1：单击"结构"选项卡"结构"面板中的"墙：结构"按钮，进入"修改｜放置结构墙"选项卡。

Step 2：单击"属性"面板的"类型选择器"下拉列表，选择"叠层墙"下"基础墙-页岩实心砖-240 厚-MU10-M7.5-混合砂浆-2 阶"，"限制条件"中"底部限制条件"选择"基础底面"，"底部偏移"填写 300.0，"顶部约束"选择"直到标高：室外地面"。

Step 3：单击"修改｜放置结构墙"选项卡"绘制"面板中的"直线"工具，沿需要布置的轴线布置叠层墙。

3. 布置屋面板

屋面板包括结构顶板和建筑面层，可分别进行创建。首先创建结构顶板，创建过程如下：

Step 1：单击"结构"面板中的"楼板"工具三角形，弹出楼板下拉选项列表，选择"楼板-结构"工具。

Step 2：单击"属性"面板中的"编辑类型"按钮，定义选用的屋顶类型，选用"系统族：楼板"，在类型中自定义屋顶名称，命名为"有梁板-现浇钢筋混凝土板-C25-120厚"，单击"结构"参数后的"编辑"按钮，打开"编辑部件"对话框，可修改厚度、材料等相关内容，如图 8.3-3 所示。

Step 3：选择"绘制"面板中的绘制模式为"边界线"，绘制方式为"拾取墙"，修改

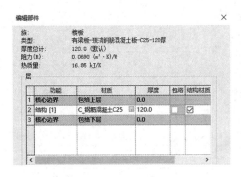

图 8.3-3　屋面结构板

"偏移量"为 420，该偏移量指拾取墙时生成的边界线位置与所拾取墙位置的偏移值，勾选"延伸到墙中（至核心层）"选项。

Step 4：定义结构顶板坡度。选择"绘制"面板中的绘制模式为"坡度箭头"，绘制方式为"直线"；坡度箭头头部和尾部分别设置在结构顶板的倾斜方向的两侧边缘，在限制条件中设置头部及尾部高度偏移值，完成结构顶板坡度指定。

Step 5：根据提示在项目中载入跨方向符号族，选择注释-符号-结构中的"跨方向"族，单击打开，提示"是否希望将到达此楼层标高的墙附着到此楼层的底部"，选择"是"，完成结构顶板的创建。

建筑面层创建与结构顶板类似，采用"建筑"选项卡"构件"面板中的"迹线屋顶"工具，选用"系统族：基本屋顶"，单击"结构"参数后的"编辑"按钮，打开"编辑部件"对话框，可修改厚度、材料等相关内容。在"功能"列表中共提供 6 种功能：结构［1］、衬底［2］、保温层/空气层［3］、面层 1［4］、面层 2［5］、涂膜层［6］（通常用于防水涂层，厚度必须为 0）。其"核心边界"和"核心结构"的概念与墙体部分相同。该土建机房需要设置的屋面建筑层如图 8.3-4 所示。绘制可拾取 Step 3 形成的板边界线，点选锁定。坡度定义与结构板坡度定义相同。

图 8.3-4　屋面建筑面层

通过以上步骤可完成墙体和屋顶的建立，但对于坡屋顶，存在墙体与屋顶之间不协调的情况，可通过以下方法使得墙体选择屋顶的下边缘相连接：选中需要和屋顶相连接的墙体，在关联选项卡中选择"附着顶部/底部"命令，然后选择需要附着的屋顶，完成墙体与坡屋顶的附着。

4. 建立混凝土构件

砖混土建机房墙体混凝土构件包含：条形基础、基础梁、构造柱、圈梁、结构顶板、雨篷等，其中雨篷可采用成品结构，本节不对其进行创建讲述，结构顶板在布置屋面板中已讲述，其余各构件创建过程如下：

1）条形基础

在"三维视图-结构"视图中，沿叠层墙布置条形基础。

Step 1：单击"结构"选项卡"基础"面板中的"条形基础"按钮，进入"修改｜放置条形基础"选项卡。

Step 2：单击"属性"面板的"类型选择器"下拉列表，选择"条形基础"下"承重基础"，单击"编辑类型"，复制形成"现浇钢筋混凝土条形基础-C25-1000×300"，编辑"尺寸标注"，指定条形基础宽度为 1000.0、厚度为 300.0，勾选"不在插入对象处打断"，指定"材质与装饰"为"C_钢筋混凝土 C25"，如图 8.3-5 所示。

148

Step 3：依次单击需要布置条形基础的叠层墙完成条形基础布置，也可一次性选择多面墙体布置，单击"修改｜放置条形基础"选项卡"多个"面板中"选择多个"按钮，按住 Ctrl 按键，依次选择需要布置条形基础的墙体，单击"多个"面板中的"完成"按钮。创建完成的条形基础如图 8.3-6 所示。

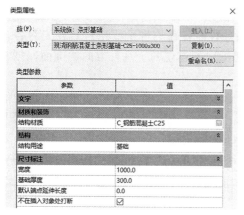

图 8.3-5　条形基础属性　　　　　　　　　　图 8.3-6　条形基础

2）基础梁

选择"室外地面"平面层，沿轴线布置基础梁。

Step 1：单击"结构"面板中的"梁"按钮，进入"修改｜放置梁"选项卡，"属性"面板中会弹出系统中提供的梁族。若不满足要求，可通过点选"模式"面板中"载入族"工具，调入所需要的梁族。

Step 2：在"属性"面板中选择"现浇钢筋混凝土基础梁-C25"，截面尺寸填写240mm×200mm 使用"绘制"面板"直线"命令，沿各轴线进行绘制。

Step 3：调整基础梁标高，选中建立的混凝土基础梁，"属性"面板中会弹出该基础梁的相应信息，设置"限制条件"中"参考标高"为室外地面，"起点标高偏移"和"终点标高偏移"为 200mm。

Step 4：选中基本墙，在操作窗口用鼠标左键拖动"造型操作柄"，使承重墙"基墙-页岩多孔砖-240 厚-MU10-M7.5-混合砂浆"底部与基础梁"现浇钢筋混凝土基础梁-C25"附着，并锁定，完成所有墙体附着操作。

3）构造柱

墙体中布置的构造柱，若采用基于墙创建的族，则可通过选择墙体直接布置，本节载入 8.2 节已创建的构造柱族，在室内地坪平面中根据需要布置构造柱。布置过程如下：

Step 1：单击"结构"面板中的"柱"按钮，进入"修改｜放置结构柱"选项卡，使用"载入族"工具，载入已创建完成的构造柱。

Step 2：使用"修改｜放置结构柱"选项卡"放置"面板中的"垂直柱"命令，在"属性"面板中编辑构造柱相应尺寸，根据需要完成构造柱布置。

4）圈梁

选择楼层平面2，沿轴线布置圈梁。圈梁布置方法与基础梁类似，需要注意当两个轴网的圈梁相交时，可通过调节"属性"面板"几何图形位置"中的"起点连接缩进"和"端点连接缩进"参数获得符合实际需要的圈梁布置图。

此外，可勾选"链"进行连续绘制梁，勾选"三维捕捉"在三维视图中绘制梁，也可选用"轴网"工具布置梁。

5. 混凝土构件配筋

本砖混土建机房需要配置钢筋的混凝土构件包含：条形基础、基础梁、构造柱、圈梁、屋面板以及墙体拉结筋。Revit软件部分配筋过程需要在构件剖面中进行，先对各构件建立剖面。分析土建机房构件布置特点，对土建机房可建立两个垂直方向的剖面，创建过程如下：

Step 1：在项目浏览器中选择"楼层平面"，单击"视图"选项卡"创建"面板中的"剖面"按钮，沿 X 方向和 Y 方向分别创建剖面 1-1、2-2，形成两个方向剖面，剖面对基础梁、构造柱、圈梁、条形基础、屋面板以及墙体均形成剖切。

在创建好的剖面中，完成各构件钢筋布置，本土建机房属于砖混结构，涉及需要配置钢筋的为条形基础、基础梁、构造柱、圈梁、结构顶板等。首先阐述条形基础配筋过程。

1）条形基础

Step 1：在"项目浏览器"面板中"视图"选项下的"剖面"选项中，打开"剖面 1-1"视图。

Step 2：单击"结构"选项卡"钢筋"面板中的"保护层"按钮，定义条形基础保护层厚度。单击选项栏"编辑钢筋保护层"中"编辑保护层设置"，弹出"钢筋保护层设置"对话框设置钢筋保护层厚度。单击选项栏"编辑钢筋保护层"中"拾取图元"按钮，选择条形基础，在"保护层设置"中选择相应的保护层厚度，完成条形基础混凝土保护层厚度设置。钢筋保护层厚度设置应遵循《混凝土结构设计规范》相关规定，设置结果如图 8.3-7 所示。

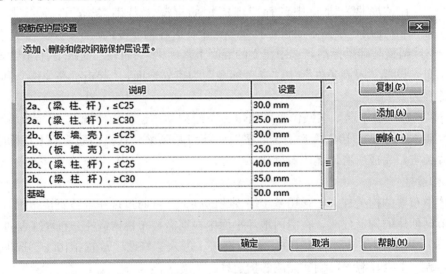

图 8.3-7 钢筋保护层

Step 3：单击"结构"选项卡"钢筋"面板中的"结构钢筋"按钮，定义条形基础钢筋。

Revit 软件自带 53 种钢筋形状，其储存位置为族-结构-钢筋形状。其中，对于带有弯钩的钢筋可在"钢筋设置"中更改，且应在向项目添加钢筋图元前进行设置。"修改｜放

置钢筋"选项卡中可看到基于"放置平面"和"放置方向"的钢筋放置工具。在选项栏"修改|放置钢筋"中可选择钢筋形状，单击"启动/关闭钢筋形状浏览器"可调出钢筋形状浏览器，方便直观使用。在选项栏"修改|放置钢筋"下拉列表或"钢筋形状浏览器"中，可根据需要选择所需要的钢筋形状。

本土建机房条形基础采用刚性基础，混凝土强度等级 C25，受力钢筋采用 HRB400、直径 10mm、间距 150mm，选用钢筋形状 02 布置；分布钢筋采用 HRB400、直径 8mm，间距 200mm，选用钢筋形状 01 布置。所有钢筋均设置在条形基础底部，其他部位不再设置钢筋。

Step 4：首先布置受力钢筋 ϕ10@150，采用钢筋形状 02。在"修改|放置钢筋"选项卡中将"放置平面"设置为"当前工作平面"，"放置方向"设置为"平行于工作平面"，如图 8.3-8 所示。

图 8.3-8　放置钢筋设置

Step 5：在"属性"图框"结构钢筋 1"中，将钢筋直径设置为 10mm，强度等级设置为 HRB400，选择"修改|放置钢筋"选项卡"钢筋集"命令，定义布局为"最大间距"，间距为 150mm。选择条形基础布置受力钢筋。

Step 6：采用类似的流程定义条形基础分布钢筋。选择钢筋形状 01，"放置方向"选择"垂直于保护层"，选择钢筋直径为 8mm，强度等级设置为 HRB400，选择"修改|放置钢筋"选项卡"钢筋集"命令，定义布局为"最大间距"，间距为 200mm。选择条形基础布置分布钢筋。

对已布置的钢筋，可在"属性"图框中单击"编辑类型"对"类型属性"进行编辑，完成钢筋长度、直径、弯钩起点、终点等修改，通过拖拽操作柄可完成纵向钢筋布置范围的调整。调整后的基础梁配筋满足国标图集要求，完成后的土建机房条形基础钢筋如图 8.3-9 所示。

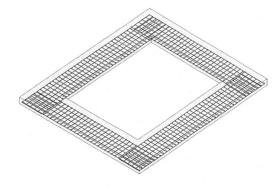

图 8.3-9　条形基础钢筋

2) 基础梁

机房建设于非寒冷地区，与无侵蚀性土壤直接接触，根据《混凝土结构设计规范》规定，环境类别为二 a，混凝土强度等级为 C25，基础梁钢筋保护层厚度取 30mm，配筋采用 4 根直径 12mm 的三级钢筋，箍筋采用直径 8mm 的三级钢筋，间距 200mm。

基础梁钢筋布置过程如下：

Step 1：在"项目浏览器"面板中"视图"选项下的"剖面"选项中，打开"剖面 1-1"

视图。

Step 2：单击"结构"选项卡"钢筋"面板中的"保护层"按钮，定义基础梁保护层厚度。单击选项栏"编辑钢筋保护层"中"编辑保护层设置"，弹出"钢筋保护层设置"对话框设置钢筋保护层厚度。单击选项栏"编辑钢筋保护层"中"拾取图元"按钮，单击基础梁，在"保护层设置"中选择二 a，混凝土≤C25 的保护层厚度，完成基础梁混凝土保护层厚度设置。

Step 3：单击"结构"选项卡"钢筋"面板中的"结构钢筋"按钮，定义基础梁纵向钢筋类型。在选项栏"修改｜放置钢筋"下拉列表或"钢筋形状浏览器"中，选择钢筋形状 05，在"属性"图框"结构钢筋 1"中，将钢筋直径设置为 12mm，强度等级设置为HRB400，选择"修改｜放置钢筋"选项卡"钢筋集"命令，定义纵向钢筋布局为"单根"，"放置方向"选择"垂直于保护层"，选择基础梁完成四根角部钢筋布置。

Step 4：采用类似的流程定义基础梁箍筋。箍筋选择钢筋形状 33，放置平面选择"当前工作平面"，"放置方向"选择"平行于工作平面"。钢筋直径为 8mm，强度等级设置为HRB400，单击"修改｜放置钢筋"选项卡"钢筋集"命令，定义布局为"最大间距"，间距为 200mm。选择基础梁完成箍筋布置。

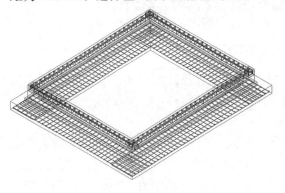

图 8.3-10　基础梁配筋

对已布置的钢筋，可在"属性"图框中单击"编辑类型"对"类型属性"进行编辑，完成钢筋长度、直径、弯钩起点、终点等修改，通过拖拽操作柄可完成纵向钢筋布置范围的调整，调整后的基础梁配筋满足国标图集要求，如图 8.3-10 所示。

3）构造柱

本土建机房建设于非寒冷地区，根据规范规定，构造柱环境类别为二 a，混凝土强度等级为 C25，构造柱保护层厚度为30mm，构造柱纵筋直径为 14mm、强度等级为 HRB400，箍筋直径为 8mm、强度等级为HRB400、间距为 100/200mm。由于配筋需要在构件剖面中进行，故而首先切换至楼层平面，参考基础梁混凝土保护层厚度设置过程完成保护层设置。纵向钢筋选择钢筋形状 22，完成四根角部钢筋布置，箍筋采用钢筋形状 33，通过定义最大间距为 200mm 完成构造柱箍筋初步布置。

采用 Revit 软件对构造柱进行配筋，无法一次性完成加密区和非加密区的同时指定，对于矩形柱和圆形柱可采用基于 Revit 平台开发的二次插件进行，完成对箍筋加密区和非加密区不同间距的配置，如采用"速博"插件可完成矩形柱和圆形柱的钢筋配置。本节讲述的构造柱含马牙槎，在二次插件中不包含该柱体类型，无法采用插件进行一次性配筋，只能考虑其他配置方法。构造柱加密区箍筋补充配置过程如下：

Step 1：单击"修改｜放置钢筋"选项卡"钢筋集"按钮，定义布局为"间距数量"，间距为 200mm，数量为 5 根，相应的顶端加密区和低端加密区高度为 1000mm，选择各构造柱顶端和底端，完成加密区增加的箍筋布置。

Step 2：单击"修改｜放置钢筋"选项卡"钢筋集"按钮，定义布局为"单根"，完成构造柱伸入基础部分对主筋的约束构造要求，通过复制达到规范和图集要求设置的数量。依次完成各构造柱纵筋深入基础的约束构造钢筋。

对已布置的钢筋，可在"属性"图框中单击"编辑类型"对"类型属性"进行编辑，完成钢筋长度、直径、弯钩起点、终点等修改，通过拖拽操作柄可完成纵向钢筋布置范围的调整。调整后的构造柱配筋满足国标图集要求，如图 8.3-11 所示。

4）墙体拉结筋

砖混机房要求构造柱与墙连接处砌成马牙槎，并沿墙高每隔 500mm 布置 2 根直径 6mm 钢筋与直径 4mm 短钢筋组成的拉结网片，伸入墙内 1000mm。布置过程如下：

Step 1：由于钢筋无法在建筑墙中附着，首先需要修改建筑墙为结构墙，切换到三维视图，选择四面承重墙，在"属性"图框"结构"栏中勾选结构，将建筑墙转换为结构墙，如图 8.3-12 所示。

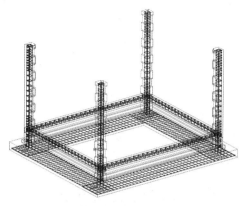

结构	
结构	☑
启用分析模型	☑
结构用途	承重
钢筋保护层 - 外部面	1，（板、墙、壳），≥C30 <15 mm>
钢筋保护层 - 内部面	1，（板、墙、壳），≥C30 <15 mm>
钢筋保护层 - 其他面	1，（板、墙、壳），≥C30 <15 mm>
估计的钢筋体积	47.72 cm³

图 8.3-11　构造柱配筋　　　　　　图 8.3-12　结构墙设置

Step 2：在"项目浏览器"面板中"视图"选项下的"楼层平面"选项中，打开"楼层平面——1F 视图"。

Step 3：单击"结构"选项卡"钢筋"面板中的"结构钢筋"按钮，定义墙体拉结筋。在"钢筋形状浏览器"中选择钢筋形状 28。在"修改｜放置钢筋"选项卡中将"放置平面"设置为"当前工作平面"，"放置方向"设置为"平行于工作平面"，对钢筋直径和强度等级进行定义。布置最大间距为 500mm，单击构造柱布置 6mm 拉结分布筋，拉结分布筋进入墙体长度可通过定义钢筋数据实现，如图 8.3-13 所示。

尺寸标注	
钢筋长度	2273.4 mm
总钢筋长度	15913.6 mm
A	1000.0 mm
B	180.0 mm
C	1000.0 mm
D	0.0 mm
E	0.0 mm

图 8.3-13　钢筋数据定义

Step 4：在选项栏"修改｜放置钢筋"下拉列表或"钢筋形状浏览器"中，选择钢筋形状 1，单击"属性"图框中"结构钢筋 1"，选择钢筋直径为 4mm，强度等级设置为 HPB300，"放置方向"选择"平行于工作平面"，布置最大间距为 500mm，单击承重墙布置 4mm 拉结钢筋，通过复制形成钢筋网片，镜像形成 4 个角部的墙体拉结筋。

同样对已布置的钢筋，可参考前述过程进行各种调整。调整后的墙体拉结筋如图 8.3-14 所示。

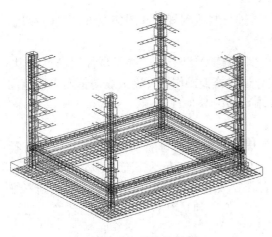

图 8.3-14　墙体拉结筋

5）圈梁

根据《混凝土结构设计规范》规定，本土建机房圈梁环境类别为二 a，混凝土强度等级为 C25，圈梁钢筋保护层厚度为 30mm，配筋采用 4 根直径 12mm 的三级钢筋，箍筋采用直径 8mm 的三级钢筋，间距为 200mm。配筋过程与基础梁类似，此处不再复述。

此外，该土建机房圈梁共涉及四根，其中两根为倾斜布置，端点比起点标高高出 200mm，针对此类倾斜布置的结构梁体，在钢筋布置时会出现无法识别倾斜坡度的情况，可将结构梁两端标高修改为相同，再进行布置钢筋，钢筋布置完毕后，将两端标高修改为实际标高，内部已配置的钢筋会跟随标高移动形成倾斜配置状态。圈梁配筋完成如图 8.3-15 所示。

6）结构顶板

本土建机房结构顶板厚 120mm，X 向配筋为底部 $\phi8@150$，顶部 $\phi10@150$，Y 向配筋为底部 $\phi8@150$，顶部 $\phi10@150$，构成双层双向配筋，钢筋强度等级均为 HRB400。

Revit 软件提供的板配筋方式主要有"结构区域配筋"和"结构路径配筋"两种。双层双向配筋直接采用"结构区域配筋"配筋方式；有单独布置支座负筋的可采用"结构路径配筋"配筋方式。

本机房结构顶板配筋过程如下：

Step 1：单击"结构"选项卡"钢筋"面板中的"保护层"按钮，定义楼板保护层厚度。

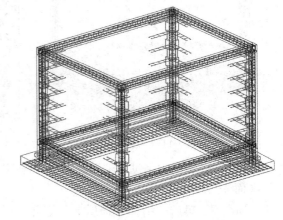

图 8.3-15　圈梁配筋

Step 2：单击"结构"选项卡"钢筋"面板中的"结构区域配筋"按钮，定义屋面板钢筋。

Step 3：根据弹出的对话框提示，载入"结构区域钢筋符号族"，选择"注释/符号/结构"，打开"区域钢筋符号 . rfa"；同时根据提示载入"结构区域钢筋标记族"，选择"注释/标记/结构"，打开"区域钢筋标记 . rfa"。

Step 4：单击"修改 | 创建钢筋边界"选项卡"绘制"面板中的"线性钢筋"按钮，在三维视图中沿屋面板边线绘制区域钢筋布置范围，形成闭合环，平行线符号表示区域钢筋的主筋方向边缘，完成编辑模式。

Step 5：在"项目浏览器"面板中"视图"选项下的"剖面"选项中，打开"剖面 1-1"视图。选择屋面板，在"属性"图框中会出现"结构区域配筋"有关参数，可通过修改参数完成屋面板钢筋的型号和等级有关信息修改。

结构顶板配筋完成如图 8.3-16 所示。

6. 建筑构造

1）创建室外地面

室外地面在原始地形表面上进行创建，采用"地形表面"工具为项目创建简单的地形，通过放置高程点或导入测量文件创建地形表面。考虑到土建机房周围场地较为简单，本书采用放置高程点方式手动添加地形点并指定点高程，根据已指定的高程点生成三维地形。

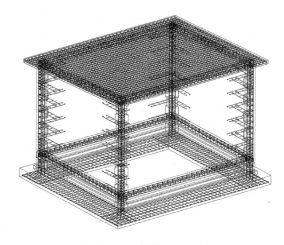

图 8.3-16　结构顶板配筋

Step 1：单击"体量与场地"选项卡"场地建模"面板中的"地形表面"按钮，打开"修改 | 编辑表面"选项卡。

Step 2：使用"修改 | 编辑表面"选项卡"工具"面板中的"放置点"工具，设置"选项栏"高程为-300.0，高程形式为"绝对高程"，沿土建机房四周单击鼠标左键，即可再单击范围内创建-300 的地形表面，单击"√"完成地形表面编辑。

Step 3：选择创建好的地形表面，单击"属性"面板"材质和装饰"栏"材质"后的浏览器按钮，打开"材质浏览器"对话框，将"材质"设置为"建筑场地-草地"，单击"外观"面板中的"替换资源"按钮，在弹出的"资源浏览器"中可选择合适的外观。完成后的地形表面，如图 8.3-17 所示。

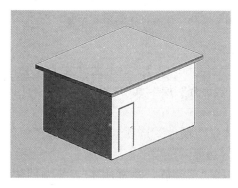

图 8.3-17　地形表面

2）室外坡道与散水

室内外联系可采用台阶，也可采用坡道，考虑到土建机房在实际使用中搬运设备便捷，本书采用坡道形式。坡道宽度 1000mm，建筑构造做法从上至下分别为：30mm 厚 1：2 水泥砂浆（抹深锯齿形）、素水泥浆一道（内参建筑胶）、150mm 厚 C20 混凝土、300mm 厚碎石（粒径 10～40mm）灌 M2.5 混合砂浆、素土夯实。室外坡道族创建过程如下：

Step 1：切换到三维视图，单击"建筑"选项卡"构建"面板中的"墙"工具三角形，选择"墙：饰条"命令，打开"修改 | 放置墙饰条"选项卡。

Step 2：单击"属性"面板中的"编辑类型"按钮，选择"系统族：墙饰条"，单击复制，创建"室外坡道-水泥砂浆-抹深锯齿形-1000mm-30mm"，勾选"限制条件"中的"剪切墙"和"被插入对象剪切"选型。设置"构造"参数分组中"轮廓"值为"室外坡道-水泥砂浆-抹深锯齿形-1000mm-30mm"，设置材质为"室外坡道-30 厚 1/2 水泥砂浆"，如图 8.3-18 所示。

Step 3：单击"修改 | 放置墙饰条"选项卡"放置"面板中的"水平放置"按钮，选择需要布置的墙体，布置室外坡道。

Step 4：选择已布置的室外坡道，修改"属性"面板中的"限制条件"，使坡道与实际需要的对应，本项目修改"相对标高的偏移"为-50.0，"与墙的偏移"为5.0。

Step 5：选择已布置的室外坡道，单击"拖曳墙饰条端点"可修改墙饰条长度，需要注意墙饰条基于墙布置，当墙饰条与墙体脱开时，"拖曳墙饰条端点"命令将不起作用，此时可通过修改相应族的定位或修改墙体下部位置来满足。

重复 Step 1～Step 5 完成其他构造层的创建。

散水宽度 600mm，建筑构造做法从上至下分别为：20mm 厚 1：2 水泥砂浆、60mm 厚 C20 混凝土、80mm 厚碎石垫层、素土夯实。散水创建方法与室外坡道相同。完成的室外坡道与散水布置如图 8.3-19 所示。

图 8.3-18　室外坡道属性　　　　　　　图 8.3-19　室外坡道与散水布置

3）室内地坪

土建机房室内地面建筑构造包含：耐磨地砖面层、20mm 厚 1：2 水泥砂浆结合层、100mm 厚 C20 素混凝土垫层、80mm 厚碎石压实层和素土夯实层，其中"80mm 厚碎石压实层"可采用建筑地坪进行创建，创建过程如下：

Step 1：切换到"室外地面"平面视图，单击"体量与场地"选项卡"场地建模"面板中的"建筑地坪"按钮，打开"修改｜创建建筑地坪边界"选项卡。

Step 2：单击"属性"面板中的"编辑类型"，选择"系统族：建筑地坪"，复制创建"建筑地坪-碎石-80mm"，单击"类型参数"，设置"结构"参数值，核心边界包围的结构层材质为碎石，厚度为 80mm。

Step 3：设置"属性"面板"限制条件"中"标高"为室外地面，修改"自标高的高度偏移"为-140.0。

Step 4：使用"修改｜创建建筑地坪边界"选项卡"绘制"面板中的"边界线"工具，选择矩形命令，沿墙体内边界线绘制，并与墙体锁定，完成建筑地坪编辑。完成的室内地坪如图 8.3-20 所示。

4）室内地面

室内地面中"20mm 厚 1：2 水泥砂浆结合层"与"100mm 厚 C20 素混凝土垫层"可采用系统族"楼板：建筑"创建。当 Revit 软件中无合适地面时可新建地面，单击"编辑类型"按钮，定义选用的地面类型，选用"系统族：楼板"，在类型中可自定义楼板名称。通过"编辑部件"对话框可编辑楼板各功能层材质与厚度，如图 8.3-21 所示。

图 8.3-20　室内地坪

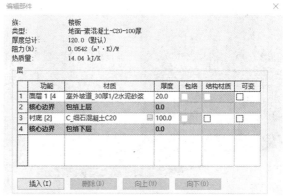

图 8.3-21　室内地面属性

室内地面"耐磨地砖面层"通常需要模拟铺砖效果，并统计数量，可采用"玻璃斜窗"进行创建。创建过程如下：

Step 1：创建地砖材质，采用"幕墙嵌板"模拟地砖。创建过程详见地砖嵌板族。

Step 2：创建灰缝，单击"建筑"选项卡"构建"面板中的"竖梃"工具三角形，进入"修改｜放置竖梃"选项卡，单击"属性"面板中的"类型选择器"下拉列表，选择"矩形竖梃"，单击"编辑类型"按钮，定义选用的矩形竖梃尺寸。

Step 3：创建地砖，单击"建筑"选项卡"构件"面板中的"屋顶"工具三角形，弹出屋顶下拉选项列表，单击"迹线屋顶"工具，打开"修改｜创建屋顶迹线"选项卡。

Step 4：单击"属性"面板中的"类型选择器"下拉列表，选择"玻璃斜窗"，单击"编辑类型"按钮，定义选用的玻璃斜窗类型，选用"系统族：玻璃斜窗"，在类型中自定义玻璃斜窗名称。通过复制命名玻璃斜窗为"地面-耐磨地砖－600×600"。

Step 5：在类型"地面-耐磨地砖－600×600"中，设置类型参数"幕墙嵌板"为"地砖嵌板族"，根据实际地板砖大小调整其间距尺寸，设置"网格 1"参数"布局"为固定距离，参数"间距"为 600.0mm，设置"网格 2"参数"布局"为固定距离，参数"间距"为 600.0mm，设置"网格 1竖梃"参数"内部类型"为"矩形竖梃 5×20mm"，如图 8.3-22 所示。

Step 6：单击"属性"面板中的"限制条件"，限定"底部标高"为 1F，绘制屋

图 8.3-22　竖梃参数设置

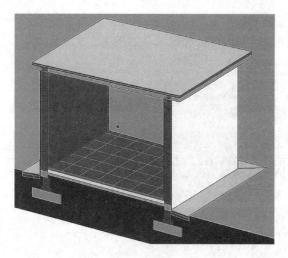

图 8.3-23　耐磨地砖面层

顶是从选取标高向上绘制的，所以将"限制条件"中的"自标高的底部偏移"设置为—20.0。

Step 7：使用"修改｜创建屋顶迹线"选项卡"绘制"面板中的"边界线"工具，选择矩形绘制命令，沿铺砖区域绘制玻璃斜窗，并对边界线进行锁定，单击"√"完成地板编辑，编辑好的耐磨地砖面层如图 8.3-23 所示。

5）预埋管道

机房电缆进线采用预埋钢管，光缆进线采用预埋 PVC 管。室外地面下埋深应满足规定深度，室外出管与水平面平行，连接到人孔，室内要求垂直地板平面，从室外进入室内的管道弯曲半径要求大于电缆最小弯曲半径。根据实际埋设电缆要求，电缆预埋钢管采用 2 根直径 80mm 的镀锌钢管，室内出地面 50mm，弯曲半径取 600mm。预埋管道创建过程如下：

Step 1：单击"插入"选项卡"从库中载入"面板中的"载入族"按钮，载入"机电/供配电/配电设备/线管配件"文件下的"线管弯头-钢"族。

Step 2：单击"系统"选项卡"电气"面板中的"线管"按钮，进入"修改｜放置线管"选项卡。

Step 3：单击"属性"栏"编辑类型"，弹出"类型属性"对话框，通过复制建立镀锌钢管。在"管件"栏中将"弯头"设置为"线管弯头-钢"。

Step 4：切换到楼层平面视图，选择"线管"，设置线管为镀锌钢管，直径为 78mm，偏移量为—1000mm，在需要布置的位置单击布置水平镀锌钢管。

Step 5：切换到三维视图，选择"线管"，设置线管为镀锌钢管，直径为 78mm，偏移量为 50mm，在已布置的水平镀锌钢管末端单击布置垂直镀锌钢管，形成垂直镀锌钢管。选中镀锌钢管，可对其长度及位置进行相应修改。

Step 6：单击"系统"选项卡"电气"面板中的"线管配件"按钮，进入"修改｜放置线管配件"选项卡，在属性栏中选择"线管弯头-钢"，单击已布置的镀锌钢管进行布置。

Step 7：单击选中线管弯头，可对其长度及位置进行相应修改。修改完毕符合设计要求的电缆进线预埋钢管，如图 8.3-24 所示。

其余预埋管道参考上述过程创建。

6）预留墙体洞孔

机房墙体洞孔包含馈线窗、空调冷凝管、排水管等。可采用 Revit 内置的"洞口"命令进行布置。

Step 1：切换到"三维视图-建筑"视图，使用"建筑"选项卡"洞口"面板中的"墙洞口"命令，在三维视图中选择需要开洞的墙体，在开洞的范围从左上角到右下角拖动鼠标，形成洞口。

Step 2：切换到"建筑立面"视图，选中创建的洞口，进入"修改｜矩形直墙洞口"，可在立面对创建的洞口进行定位及尺寸修改。

Step 3：创建墙体时采用了三层基本墙，故而在墙体相同位置应采用"墙洞口"命令完成三次开洞，分别在外层涂料、承重墙、内层粉刷层上进行开洞。

重复以上步骤完成所有洞孔的开洞。布置完成的机房洞孔如图 8.3-25 所示。

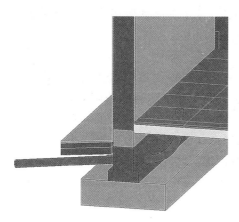

图 8.3-24　电缆进线预埋钢管

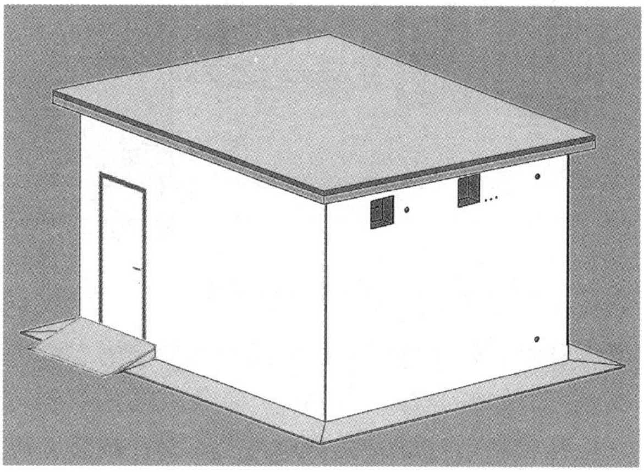

图 8.3-25　机房洞孔

7）防盗网

机房防盗网主要包括馈线窗防盗网与空调室外机防盗笼。馈线窗防盗网族创建过程详见 8.2 节，其在墙体洞口中的布置过程如下：

Step 1：单击"插入"选项卡"从库中载入"面板中的"载入族"按钮，载入已建立好的馈线窗防盗网族。

Step 2：切换到三维视图。单击"建筑"选项卡"构建"面板中的"构件"工具三角箭头，选择"放置构件"命令，单击需要布置的地方布置馈线窗防盗网。

Step 3：切换到"建筑立面-东"视图，选中已布置的馈线窗防盗网，通过修改尺寸进行定位。布置好的馈线窗防盗网如图 8.3-26 所示。

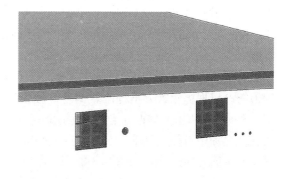

空调室外机挂设建筑立面，防盗笼尺寸为 1200mm×1200mm×600mm，四周角钢均采用∟50×5 等肢角钢，空调室外机防盗笼族创建过程详见 8.2 节。本机房空调室外机防盗笼五面设置防盗网，靠墙体一面不设置。在机房墙体上可参考馈线窗防盗网布置方法布置。当布置的防盗笼方向不符合要求时，可通过"修改"面板中的

图 8.3-26　馈线窗防盗网

"旋转"命令，对空调室外机防盗笼进行旋转，使其无防盗网一面对应土建机房外墙。单击选中东立面外墙，单击空调室外机防盗笼侧面，使其对齐到东立面外墙并锁定。切换到"建筑

图 8.3-27　空调室外机防盗笼

立面-东"视图，完成定位工作，采用"修改"面板中的"复制"命令，给出复制偏移距离，获得第二个空调室外机防盗笼。布置好的空调室外机防盗笼如图 8.3-27 所示。

8.3.2　活动板房

本节将介绍活动板房下部基础及地基的相关创建方法。

1. 标高与轴网

活动板房可创建屋顶标高、室内地坪标高、室外地面标高、基础底面标高等，标高详细创建过程可参考第 5 章，各标高定义根据实际产品指定。轴线主要包括水平轴线和垂直轴线各两条。轴线绘制参照第 5 章进行创建，此外，可通过"插入"选项卡"导入"面板中的"导入 CAD"命令来插入 CAD 底图中的轴网进行创建。轴线创建完成后，应将轴网影响范围调整到满足要求，调整方法参考第 8.3.1 节。

2. 筏板基础

活动板房筏板基础采用"结构基础：楼板"来模拟，模拟过程如下：

Step 1：在"结构"选项卡"基础"面板中单击"板"三角形工具箭头，打开下拉菜单，单击"结构基础：楼板"按钮。

Step 2：使用"修改 | 创建楼层边界"选项卡"绘制"面板中的"边界线"工具，选择直线绘制命令，在室内地坪平面视图中绘制基础边界线，沿每边轴线外扩 350mm，形成基础平面，完成编辑。

Step 3：根据提示载入跨符号族。在"属性"图框中，单击"编辑类型"，弹出"编辑部件"对话框，在对话框中对筏板基础厚度修改，将"结构"厚度修改为 350mm，"材质"修改为 C25 现浇混凝土。

Step 4：单击"结构"选项卡"钢筋"面板中的"保护层"按钮，定义筏板基础保护层厚度。

Step 5：单击"结构"选项卡"钢筋"面板中的"结构区域配筋"按钮，定义筏板基础钢筋。根据提示载入结构区域钢筋符号族和结构区域钢筋标记族。

Step 6：单击"修改 | 创建钢筋边界"选项卡"绘制"面板中的"线性钢筋"按钮，在三维视图中沿筏板基础边线绘制区域钢筋布置范围，形成闭合环，平行线符号表示区域钢筋的主筋方向边缘，如图 8.3-28 所示。

Step 7：选择筏板基础，在"属性"图框中会出现"结构区域配筋"有关参数，可通过修改参数来完成筏板基础钢筋的型号和等级等有关信息修改。

Step 8：配置马凳筋，马凳筋在 Revit 软件提供的 53 种钢筋形状中不包含，本书在第 9 章铁塔基础创建中将会详细讲述马凳筋族的创建方法。

完成配筋的筏板基础，如图 8.3-29 所示。

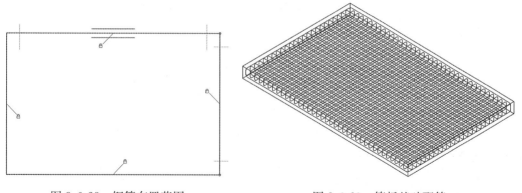

图 8.3-28 钢筋布置范围   图 8.3-29 筏板基础配筋

3. 室内地坪

根据场地土质情况不同，活动板房筏板基础底部地基采取不同的处理方式。在地质条件较差时采用碎石进行换填，本节讲述采用 300 厚碎石垫层进行换填处理的创建方法。此外，在基础下部还需要设置 100mm 厚 C15 素混凝土垫层。详细创建过程如下：

Step 1：切换到"室外地面"平面视图，单击"体量与场地"选项卡"场地建模"面板中的"建筑地坪"按钮，打开"修改｜创建建筑地坪边界"选项卡。

Step 2：单击"属性"面板中的"编辑类型"，选择"系统族：建筑地坪"，单击复制，创建"建筑地坪-碎石-300mm"，单击"类型参数"，设置"结构"参数值。

Step 3：设置"属性"面板中的"限制条件"中"标高"为室外地面，修改"自标高的高度偏移"为需要值。

Step 4：使用"修改｜创建建筑地坪边界"选项卡"绘制"面板中的"边界线"工具，选择矩形命令，沿墙体内边界线绘制，并与墙体锁定。单击"√"完成建筑地坪编辑。

采用同样方法创建 100 厚 C15 素混凝土垫层。

4. 室内地面

活动板房室内地面建筑构造做法自上而下为：耐磨地砖面层、30mm 厚 C20 素混凝土，其中"耐磨地砖面层"采用"玻璃斜窗"进行创建；其余层采用系统族"楼板：建筑"创建。详细创建过程参考第 8.3.1 节相应部分。

活动板房结构可参考第 7 章塔房一体化中机房的创建，预埋管道、墙体孔洞、防盗网等创建参考第 8.3.1 节。

在通信基站工程中，除以上讲述的土建机房和活动板房外，还可采用一体化机柜、室外站等室外柜建设类型，室外柜基础创建与活动板房基础类似，参考活动板房筏板基础创建即可，不再复述。室外柜模型由相应厂家提供。

第9章 铁塔基础

9.1 参数分析

通信铁塔使用的基础类型不多，其中单管塔使用到的基础类型包括单桩基础、多桩基础、独立基础、预制配重基础等；三管塔及多管塔使用到的基础类型包括筏板基础、塔柱下独立基础、桩基础、锚杆基础等。各类基础形式大同小异，可以使用 Revit 程序系统基础样板进行建模，但系统基础族样板形式比较单一，不能满足铁塔工程项目的使用要求，部分基础类型需要自行创建基础族库。以下选取较为常用的基础类型进行参数分析，其中预制基础可参见第 7 章的相关内容。

1. 独立基础

建筑物的柱下独立基础通常为二阶或多阶基础，单管塔所使用的独立基础则采用单阶筏板基础。短柱截面和筏板截面皆为正方形，形式简单，控制参数包括短柱边长、短柱高、筏板边长、筏板厚、基础埋深、混凝土等级、钢筋等级、钢筋直径等。基础浇筑完成时短柱一般露出自然地坪 350mm，以防铁塔底部钢构件腐蚀和便于铁塔安装。短柱中预埋铁塔地脚锚栓，锚栓伸出基础顶面长度按相应设计要求确定。独立基础形式如图 9.1-1 所示。

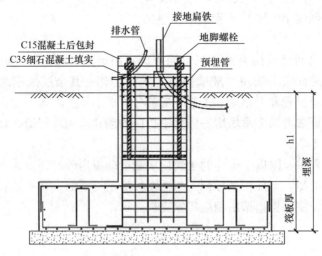

图 9.1-1　独立基础

2. 单桩基础

单桩基础包括刚性短柱基础和普通单桩基础，当短柱基础的弹性变形相对于土的变形可以忽略时，一般情况 $h×D≤10$，则可以使用刚性短柱的计算方法进行设计；当桩基础较长，不满足短柱基础条件时，则按普通单桩基础的计算方法进行设计。当建站位置分布有较厚的回填土层时，可采用在接近地面的 1～2m 桩身高度设置加强板的措施，减小桩顶位移。单桩基础的控制参数包括桩径、桩长、加强板长、加强板宽、加强板高、混凝土等级、钢筋等级、钢筋直径等，若为扩底桩还包括扩底直径参数。基础中预埋铁塔地脚锚栓，锚栓伸出基础顶面长度按相应要求确定。单桩基础形式如图 9.1-2 所示。

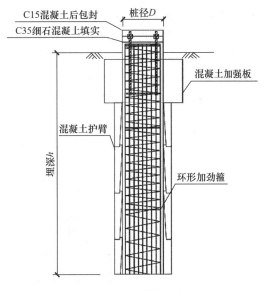

图 9.1-2　单桩基础

3. 多桩基础

当浅层土体较弱，承载力无法满足要求时，可采用多桩基础，将荷载传至深层土体，采用满足承载力要求的深层土体作为持力层。多桩基础承台截面形状根据桩数量来确定，通常设置成正多边形，桩顶嵌入承台深度取 100mm，承台顶面以上设置单个或多个结构柱，用于连接单管塔或多管塔塔脚。多桩基础的控制参数包括桩数、桩径、桩长、承台长、承台宽、承台厚、承台埋深、短柱高、短柱长、短柱宽、混凝土等级、钢筋等级、钢筋直径等。短柱中预埋铁塔地脚锚栓，锚栓伸出基础顶面长度按相应要求确定。多桩基础形式如图 9.1-3 所示。

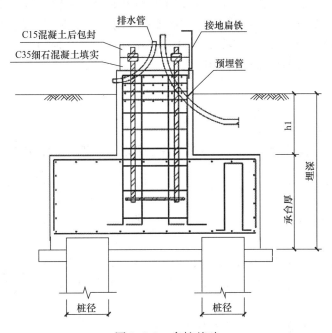

图 9.1-3　多桩基础

4. 筏板基础

三管塔、增高架或其他类型的多管塔、角钢塔等塔脚数量多，设计反力值较大，当浅层土体承载力满足要求时，可采用整体性较好的筏板基础。筏板基础的底板截面宜取正方形，每个塔柱之间设置连梁，提高整体性。控制参数包括底板长、底板宽、底板厚、底板埋深、短柱长、短柱宽、短柱高、连梁宽、连梁高、连梁埋深、根开、短柱排列形式、混凝土等级、钢筋等级、钢筋直径等。短柱中预埋铁塔地脚锚栓，锚栓伸出基础顶面长度按相应要求确定。筏板基础形式如图 9.1-4 所示。

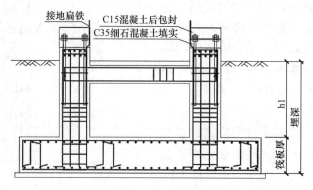

图 9.1-4　筏板基础

根开较大的多管塔、角钢塔等也可使用塔柱下独立基础，各个独立基础之间设置连梁。相较于筏板基础，能减少土方开挖和混凝土的使用量，达到降低造价目的。

通信铁塔使用的基础类型主要为以上类别，独立基础、多桩基础为通用基础类型，Revit 系统已内置；单桩基础、筏板基础可采用基础族样板进行创建，补充系统基础族样板中缺少的类型，方便项目快速建模。除以上所列几种外，通信铁塔会使用到的其他基础类型有锚杆基础、配重基础、钢管桩等，锚杆基础用于岩石地基；配重基础放置于地表面，无需深层开挖，安装快速；钢管桩可用于基站现场不能开挖的情况。这几种类型在基站工程中使用较少，本书不作详细叙述。

9.2　族建立

以下对第 9.1 节中介绍的四种基础类型族的创建方法进行详细阐述。

9.2.1　独立基础

单阶独立基础参数少，建模较为简单，创建过程如下：

Step 1：在新建族对话框中选择"公制常规模型.rft"族样板文件，进入族编辑器界面。

Step 2：选择"楼层平面"视图，以预设参照平面交点为中心，建立两层矩形参照平面，如图 9.2-1 所示。

Step 3：单击"注释"选项卡"尺寸标注"面板中的"对齐"按钮，为两层参照平面的长、宽

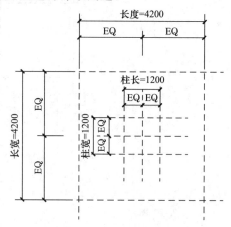

图 9.2-1　独立基础参照平面

添加标注，并参数化。外层标注为基础底板的长、宽参数，内层标注为短柱的长、宽参数。输入尺寸参数值，如图 9.2-2 所示。

参数	值	公式	锁定
材质和装饰			⌃
结构材质	混凝土 - 现场浇注	=	
尺寸标注			⌃
h1	650.0	=	☑
h2	1850.0	=	☑
柱宽	1200.0	=	☑
柱长	1200.0	=	☑
长度	4200.0	=	☑
宽度	4200.0	=	☑
标识数据			⌄

图 9.2-2 独立基础参数

Step 4：单击"创建"选项卡"形状"面板中的"拉伸"按钮，在外层参照系上绘制矩形。切换到任一立面视图，将拉伸长度添加为参数"底板厚"，并锁定。

Step 5：使用相同方法，绘制短柱。拉伸底边与底板顶面对齐，并将拉伸长度添加为柱高参数。

Step 6：在立面视图中，单击"注释"选项卡"尺寸标注"面板中的"对齐"按钮，以参照标高为顶部，底板底面为底部，添加标注并设置为埋深参数，参照标高定义为自然平整地面。

Step 7：单击"族类别和族参数"按钮，选择"结构基础"，将族文件定义为结构-结构基础类别（其余各基础形式的族类别设置均相同），独立基础族样板创建完成，如图 9.2-3 所示。

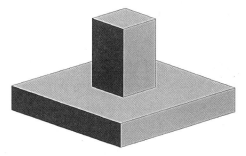

图 9.2-3 独立基础族

9.2.2 单桩基础

单桩基础设置加强板，主要创建过程如下：

Step 1：在新建族对话框中选择"公制常规模型.rft"族样板文件，进入族编辑器界面。

Step 2：选择"楼层平面"视图，使用"拉伸"命令，以预设参照平面交点为圆心绘制圆。

Step 3：单击"注释"选项卡"尺寸标注"面板中的"直径"按钮，为圆添加直径标注，并将标注添加为桩径参数。

Step 4：切换到任一立面视图，单击"注释"选项卡"尺寸标注"面板中的"对齐"按钮，以参照标高为顶部，桩底面为底部，添加标注并设置为桩长参数。在桩顶面下部添加参照平面，距离桩顶面为露出地面长度，添加此参照平面与桩底面的尺寸标注，即为埋深，并参数化。

Step 5：切换回到平面视图，添加加强板的参照平面。再次使用"拉伸"命令，绘制加强板，如图 9.2-4 所示。

Step 6：切换回到立面视图，为加强板高度添加参照平面和尺寸标注，并参数化。创建完成的单桩基础族如图 9.2-5 所示。

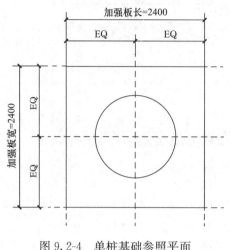

图 9.2-4　单桩基础参照平面　　　　　图 9.2-5　单桩基础族

9.2.3　多桩基础

多桩承台基础相对于单桩基础，增加了桩的数量和承台。承台模型创建过程与独立基础类似，桩创建过程与单桩基础类似，此外，需要注意桩嵌入承台的深度应要满足规范要求。多桩基础族创建过程如下：

Step 1：在新建族对话框中选择"公制常规模型 .rft"族样板文件，进入族编辑器界面。

Step 2：与独立基础创建过程类似，在"楼层平面"视图中以预设参照平面交点为中心，建立两层矩形参照平面，添加尺寸标注，设置为承台和短柱长、宽参数。

Step 3：单击"创建"选项卡"基准"面板中的"参照平面"按钮，添加参照平面确定各桩中心位置。桩中心距承台边缘的距离添加标注，作为桩中心定位参数。

Step 4：使用"拉伸"命令，在外层矩形参照平面上绘制矩形拉伸。切换到任一立面视图，将拉伸长度添加为底板厚参数，并锁定。

Step 5：同样使用"拉伸"命令创建短柱，拉伸底边与底板顶面对齐，并将拉伸长度添加为柱高参数。

Step 6：切换回到平面视图，再次使用"拉伸"命令，以各定位好的桩中心作为圆心绘制圆，添加直径标注，设置为参数，如图 9.2-6 所示。

Step 7：切换回到立面视图，为桩的拉伸长度添加标注并设置为桩长参数。最后为承台埋深和短柱高度添加参数并锁定，多桩基础族绘制完成，如图 9.2-7 所示。

扫描二维码观看多桩基础族创建视频。

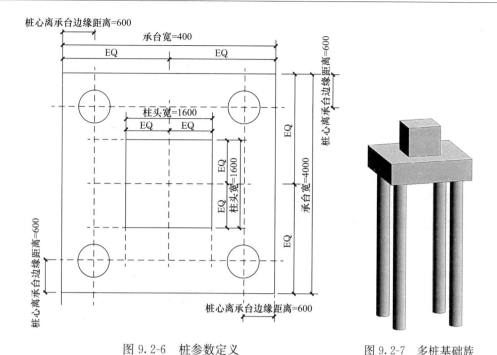

图 9.2-6　桩参数定义

图 9.2-7　多桩基础族

9.2.4　筏板基础

筏板基础相对于单阶独立基础，区别为短柱数量不同，短柱之间设置有连梁。以下采用三管塔筏板基础为例，创建筏板基础族样板，过程如下：

Step 1：在新建族对话框中选择"公制常规模型.rft"族样板文件，进入族编辑器界面。

Step 2：在"楼层平面"视图中，以预设参照平面交点为中心绘制底板矩形参照平面，添加尺寸标注，并设置为底板的长、宽参数。

Step 3：为使三管塔的重心与基础底板的中心重合，需根据塔脚根开来确定各塔脚位置。三个塔脚围绕底板中心，根开 L 为控制参数，底板中心至塔脚中心的距离为 r，重心至塔脚三角形轴线一条边上的距离为 L_1，从而确定三个塔脚的位置。参数标注及设置如图 9.2-8、图 9.2-9 所示。

Step 4：使用"拉伸"命令绘制

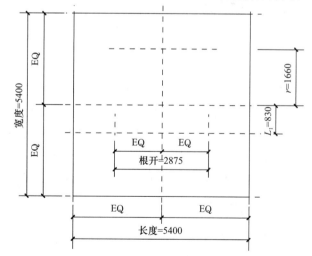

图 9.2-8　筏板基础参照平面

底板，完成拉伸编辑后，在立面图中添加底板厚参数，并锁定。

Step 5：切换回到平面视图，绘制塔柱。首先创建塔柱边与底板边平行的塔柱，其余 2 个塔柱可以在第一个塔柱创建完成后使用径向阵列复制。使用"拉伸"命令将第一个塔柱绘制完成，以底板中心为圆心，径向阵列得到其余 2 个塔柱，并添加尺寸标注及参数化。

Step 6：采用类似方法绘制 3 根连梁。使用"拉伸"命令绘制与底板平行的连梁，在左立面或右立面为连梁的宽和高添加标注并参数化。完成后以底板中心为圆心，径向阵列得到其余 2 根连梁。

Step 7：切换回到立面视图，为塔柱的拉伸边界和连梁的埋深添加尺寸标注并参数化。通常取连梁顶面标高为自然地面以下 50mm，塔柱伸出自然地面 350mm 高。创建完成的筏板基础族如图 9.2-10 所示。

参数	值	公式	锁定
材质和装饰			
结构材质	混凝土 -	=	
尺寸标注			
长度	5400.0	=	☑
宽度	5400.0	=	☑
根开	2875.0	=	☑
筏板厚度	700.0	=	☑
柱高	2850.0	=	☑
梁高	400.0	=	☑
梁宽	300.0	=	☑
Z	700.0	=	☑
柱露出地面高度	350.0	=	☑
平面至梁顶距离	150.0	=	☑
r	1659.9	= sqrt(3) * 根开 / 3	☑
柱子拉伸终点	2850.0	= 柱高	☑
L1	829.9	= r / 2	☑
梁标高偏移	2350.0	= 柱高 - 柱露出地面高度 - 平面至梁顶距离	☑
其他			
顶部偏移 <结构柱>	混凝土 -	=	
标识数据			

图 9.2-9 筏板基础参数设置

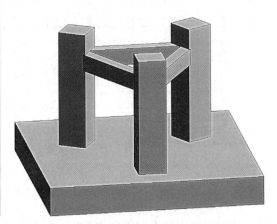

图 9.2-10 筏板基础族

9.3 钢筋配置

结构构件的钢筋配置在项目文件中才能进行，即基础族文件需要载入项目中才可进行配筋操作。

独立基础、单桩基础、多桩基础、筏板基础等各类型基础的钢筋配置，操作步骤大致相同，本节主要介绍多桩基础配筋。除受力钢筋外，基础中还需要布置马凳筋，底板中的马凳筋呈梅花形布置，系统中没有自带的马凳筋钢筋形状，需要自定义创建马凳筋钢筋形状，载入到项目中使用。

以下介绍马凳筋钢筋形状族的创建和较为典型的多桩基础配筋过程。

9.3.1 马凳筋

在 Revit 程序中，钢筋是一类较为特殊的图元，需要依附于结构实体（柱、梁、板）存在。程序已内置多种钢筋形状，但马凳筋不属于 Revit 内置构件，需要自定义创建。马凳筋是属于多平面钢筋，可先创建一半的形状，载入项目后再旋转组合形成。创建过程如下：

Step 1：在新建族对话框中选择"钢筋形状样板-CHN.rft"族样板文件，进入族编辑器界面。

Step 2：单击"族编辑器"面板中的"多平面"按钮，切换到多平面绘制视图。

Step 3：使用"创建"选项卡"绘制"面板中的"直线"命令，绘制一半马凳筋形状，并取消另一端镜像钢筋，如图 9.3-1、图 9.3-2 所示。

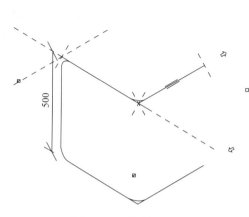

图 9.3-1　绘制马凳筋

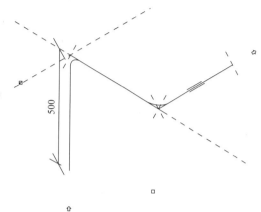

图 9.3-2　取消镜像钢筋

Step 4：单击"创建"选项卡"尺寸标注"面板中的"对齐"按钮，为新增的钢筋添加长度标注并参数化，如图 9.3-3 所示。

Step 5：至此已完成创建半个马凳筋形状，其中已参数化的尺寸可以在载入项目后修改。在项目中放置完整马凳筋方法在第 9.3.2 节多桩基础配筋中进行详述。

扫描二维码观看马凳筋族创建视频。

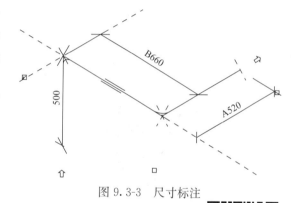

图 9.3-3　尺寸标注

9.3.2　多桩基础配筋

多桩基础中包含短柱、承台、桩三种构件，以下对各构件的配筋过程进行详细讲解。

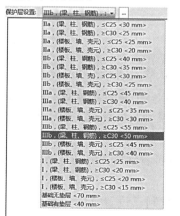

图 9.3-4　保护层

1. 短柱钢筋

Step 1：将多桩基础族载入到项目中并放置，单击"结构"选项卡"钢筋"面板中的"保护层"按钮，为基础图元设置钢筋保护层。多桩基础各构件保护层厚度均取 50mm，如图 9.3-4 所示。

Step 2：钢筋只能在剖面图中添加，所以先要创建基础剖面，在剖面图中进行钢筋配置。单击"视图"选项卡"创建"面板中"剖面"按钮，创建 4 个剖面，其中剖面 3 和剖面 4 的位置剖切到桩，如图 9.3-5 所示。

Step 3：切换到"剖面 1"视图，使用"结构"选项卡"钢筋"面板中的"钢筋"命令，在选项栏单击"启动/关闭钢筋形状浏览器"按钮,打开钢筋形状浏览器,选择钢筋形状。柱纵筋在底板中的锚固段有弯折,可采用"钢筋形状:09"进行布置。

Step 4:将鼠标移动至短柱上,可自动识别保护层,使钢筋沿着保护层放置。在"修改 | 放置钢筋"选项卡"放置方向"面板中选择"平行于工作平面"方式,布置第一根钢筋。自动设置的钢筋是默认沿保护层通长放置的,需要根据实际取值。可通过修改钢筋参数或直接拉伸来调整钢筋长度,如图 9.3-6 所示。

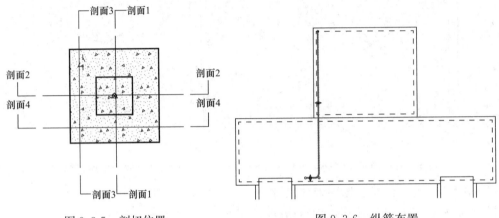

图 9.3-5　剖切位置　　　　　　　　　图 9.3-6　纵筋布置

Step 5:选中钢筋,在"修改 | 结构钢筋"选项卡"钢筋集"面板中,设置钢筋的布置方式。纵筋沿短柱边长等数量布置,可选择"固定数量"布局方式,"数量"输入框中输入设计取值,完成短柱其中一条边上的纵筋布置,其余各边纵筋采用相同方法布置。

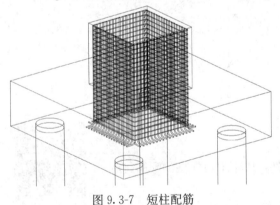

图 9.3-7　短柱配筋

Step 6:布置箍筋,箍筋对应钢筋形状 33,按类似纵筋布置的步骤来添加箍筋,在"钢筋集"面板中以"最大间距"布置,间距按设计取值输入。短柱配筋如图 9.3-7 所示。

2. 马凳筋和承台钢筋

Step 1:单击"修改 | 放置钢筋"选项卡"族"面板中的"载入形状"按钮,将创建好的马凳筋形状载入钢筋形状浏览器。

Step 2:在"剖面 1"视图中,选择刚刚载入的马凳筋形状,沿保护层放置。因马凳筋形状特殊,单击放置后在剖面视图中会不可见,此时需要切换到三维视图才能选中放置的钢筋。

Step 3:切换到三维视图,将视觉样式切换到"线框",即可看到放置的马凳筋。选中马凳筋,在"属性"对话框中调整长度参数。

Step 4:单击三维视图滚轴的"上",旋转到俯视位置,复制已设置长度的半个马凳筋,将复制的半个马凳筋旋转 180°。

Step 5：移动复制的半马凳筋，使之与前一个半马凳筋端点对齐。复选两个半马凳筋，在"修改｜结构钢筋"选项卡中单击"创建"面板中的"创建组"按钮，将两个钢筋合成组，完成马凳筋创建，如图 9.3-8 所示。

Step 6：马凳筋在底板中按@1000mm 梅花形布置，选中组合的马凳筋，首先沿纵向线性阵列。完成纵向阵列后复选全部马凳筋，再横向阵列，按间距形成梅花形布置。

Step 7：切换到"剖面 3"视图，钢筋形状浏览器中选择"钢筋形状：05"，在"放置方向"面板中选择"平行于工作平面"方式，在承台的顶面配置第一根纵筋。选中钢筋，"钢筋集"面板中点选"固定数量"布局方式，沿承台边长布置纵筋。采用相同方法选择"钢筋形状：01"在承台底面布置纵筋，如图 9.3-9 所示。

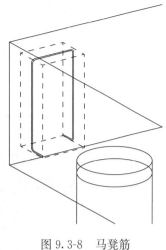

图 9.3-8　马凳筋

Step 8：切换到"剖面 4"视图，采用相同方法布置承台其余两个对边的纵筋。布置完成的承台配筋如图 9.3-10 所示。

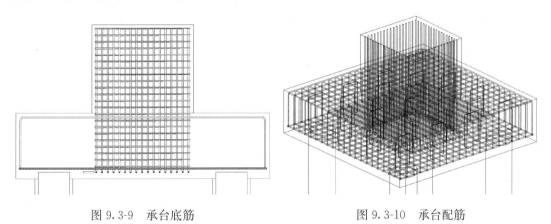

图 9.3-9　承台底筋　　　　　　　　　　　图 9.3-10　承台配筋

3. 桩配筋

Step 1：桩纵筋既可在立面剖切视图中放置，也可在横截面剖切视图中放置，为方便调整，此处选择在横截面剖切图中放置。可在立面图中剖切桩身并添加标高，在添加的标高平面视图中编辑。切换至"南"立面，单击"结构"选项卡"基准"面板中的"标高"按钮，在桩顶以下的位置添加标高 2。

Step 2：切换到"标高 2"视图，在钢筋浏览器中选择"钢筋形状：01"，将光标移至桩横截面，布置纵筋，纵筋深入底板的锚固长度按规范要求取值。第一根纵筋长度设置完成后，以桩中心为原点，对钢筋进行径向阵列。

Step 3：在钢筋浏览器选择"钢筋形状：53"，在"修改｜放置钢筋"选项卡"放置透视"面板中选择"顶"方向，将鼠标移至桩横截面上，光标显示为可以在此位置放置钢筋。

Step 4：单击左键，沿桩的钢筋保护层放置螺旋箍筋。选中螺旋箍筋，在"属性"对话框中修改高度和螺距参数。加密区螺距为 100mm，非加密区螺距为 200mm，非加密区的螺旋箍可按相同步骤再布置一次，调整高度的起始位置并修改为对应螺距参数，如图 9.3-11 所示。

Step 5：多桩基础桩径较大时，一般沿桩长每隔 1m 设置三角形焊接圆形加劲箍，如图 9.3-12 所示。

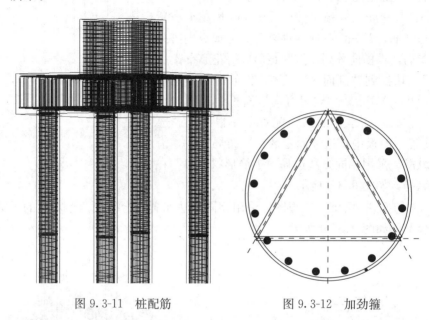

图 9.3-11　桩配筋　　　　　　　　　图 9.3-12　加劲箍

多桩基础配筋已完成，单桩基础、独立基础、筏板基础的构件与多桩基础类似，配筋过程与多桩基础配筋过程大致相同，不再赘述。

9.3.3　局部加强配筋

铁塔基础构件中，柱头为传力构件，局部受力较大，可对柱头进行加强配筋。基础构件中通常还有预埋管件和预留孔洞，相应位置也需要进行配筋加强。以下介绍柱头和短柱开孔的加强配筋，过程如下：

Step 1：切换到"剖面 1"视图，在钢筋浏览器选择"钢筋形状：01"，在"修改｜放置钢筋"选项卡"放置方向"面板中选择"平行于工作平面"方式，在柱头顶面保护层内布置第一根加强钢筋，长度按设计取值确定，通常按柱头边通长布置。

Step 2：选中刚刚布置的钢筋，在"修改｜结构钢筋"选项卡"钢筋集"面板中，选择"固定数量"布局方式，"数量"输入框按输入设计取值，完成一个方向的加强钢筋布置。

Step 3：切换到"剖面 2"视图，采用相同方法完成另一个方向的加强钢筋布置。

Step 4：复选双向加强钢筋，按设计要求的竖向间距，采用"阵列"命令，完成全部柱头加强钢筋布置，如图 9.3-13 所示。

Step 5：在钢筋浏览器选择"钢筋形状：21"，在"修改｜放置钢筋"选项卡"放置方向"面板中选择"平行于工作平面"方式，沿短柱高布置开孔加强钢筋。

Step 6：根据设计取值调整钢筋长度，使用"复制"命令得到需要的钢筋数量，复制的横向间距根据设计取值。

Step 7：切换到"标高 1"视图，再次采用"钢筋形状：21"，沿短柱横截面布置加强钢筋，根据设计取值调整钢筋长度，同样使用"复制"命令得到需要的钢筋数量，复制的竖向间距根据设计取值。布置完成的短柱开孔加强钢筋如图 9.3-14 所示，为便于观察，短柱的纵筋已被隐藏。

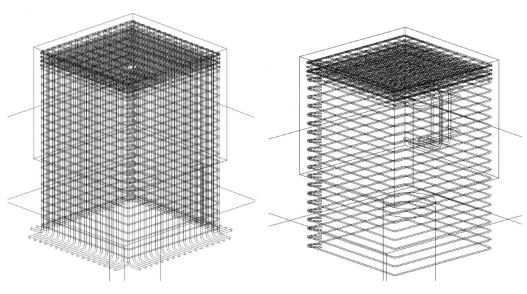

图 9.3-13　柱头加强钢筋　　　　　图 9.3-14　短柱开孔加强钢筋

至此，通信铁塔常规基础类型配筋过程已介绍完毕，本书中未介绍到的其他基础类型，族创建和配筋过程类似，都可以参考本节的操作过程，完成族的创建和钢筋配置。

第 10 章　设　　备

10.1　设备分析

　　通信基站工程涉及的设备可分为机房设备和铁塔挂载设备,其中机房设备主要包含:电气设备、消防设备、暖通设备、通信设备、监控报警设备等;铁塔挂载设备主要包含:发射/接受设备和功率放大设备等。除各种设备外,实际工程中还包含用于连接设备的馈线、光缆以及用于铺设的走线架等,此外,还包含设备抗震加固构件等辅助设施。

　　本书将对各种设备类型分开阐述,实际工程使用的设备通常由不同厂家提供,各厂家生产的设备外观、尺寸通常存在差别,在实际使用中推荐采用各设备生产厂商提供的设备模型。本书不对专用类设备模型创建方法进行研究,仅对通用型设备进行建模阐述,对专业厂商生产的设备直接采用其提供的设备模型完成布置,本章侧重描述在工程中如何使用Revit对各设备按要求进行布置。

　　根据以上描述,对通信基站工程中各设备类别分析如下:

　　1. 厂商设备模型

　　通信基站工程中涉及的电气、消防、暖通、通信、监控报警、发射/接受、功率放大等设备均为设备厂商直接提供,在实际工程中直接调用厂商设备模型布置。为满足工程施工阶段及运维管理阶段的需求,可统一厂商设备模型参数,使各设备厂商提供的模型满足使用要求。设备模型在项目中应用时需要控制的主要参数为:几何尺寸、空间位置、设备特性、功能参数、环境参数等,通过对以上参数的控制实现设备类的信息模型要求。

　　2. 自建模型

　　除厂商提供的成品设备模型外,在通信基站工程中,还会涉及标准产品类型构件,如馈线、光缆、走线架、抗震加固支架等。标准类构件通常在采购上并不严格限制厂商,因而通常厂商不提供相应的信息模型。例如实际工程设置的走线架、抗震加固支架等结构类构件,可根据国家标准进行设计,属于典型的非成品类构件。此类构件采用自建模型更切合工程实际,针对实际工程需求,可根据工程需要的款式创建各种类型族。

　　3. 模型库模型

　　Revit内置模型库中的模型可以用于电气、消防、暖通等专业,当模型库有相应类型族时,可采用Revit系统族直接布置,或根据需求对系统族进行参数修改,满足要求后再进行布置。

　　以上三种模型创建与布置方法,满足通信基站工程设备模型布置要求。本章根据实际工程中涉及的设备类型,分7节对相应设备类型包含的内容进行讲述。对采用厂商模型的只介绍布置方法,对需要自建模型的讲述族创建过程及布置方法,对采用模型库模型的简要介绍使用方法。分节如下：

1）电气设备

2）消防设备

3）暖通设备

4）通信设备

5）监控报警设备

6）铁塔挂载设备

7）辅助设施

10.2　电气设备

10.2.1　电气设备分类

通信基站工程涉及的电气设备类型主要包括机房电气设备和铁塔电气设备。其中机房涉及的电气设备主要包含：交流配电箱、单管荧光灯、应急单管荧光灯、双联单控开关、单相二级加三级暗插座、应急照明灯、屋顶避雷带、室外接地体、总等电位接线端子箱、接地端子等；铁塔涉及的电气设备主要包含避雷针、接地引下线和室外接地体等。机房内动力配套中的电力在通信设备中讲述。

10.2.2　电气设备布置

Revit 软件内置了部分电气设备族，直接调用可快速建模。Revit 族库中未包含的电气设备，本节将对其进行建模讲述，并进行相应布置。

1. 交流配电箱

交流配电箱可采用"基于面的公制常规模型"，也可采用"公制常规模型"。本书采用厂商提供的交流配电箱模型来布置，该模型采用"公制常规模型"制作。外观及尺寸均采用厂商参数，交流配电箱空间位置由三维坐标参数确定。在墙面布置好的交流配电箱如图 10.2-1 所示。除此之外，交流配电箱作为基站动力控制设备，其内部还应配置相应设备，具体配置控制参数要求如下：

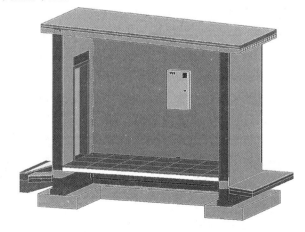

图 10.2-1　交流配电箱

基站交流配电箱通常需要配置微型断路器、监测仪表、壳体、铜母线、双电源切换塑壳断路器（机械互锁）等。控制参数包括规格、极数、数量等。其中各配件又可根据其主要参数进行定义，如微型断路器主要控制参数有：额定电压 U_e；额定电流 I_n；过载保护（I_r 或 I_{rth}）和短路保护（I_m）的脱扣电流整定范围；额定短路分断电流（工业用断路器 I_{cu}；家用断路器 I_{cn}）等。

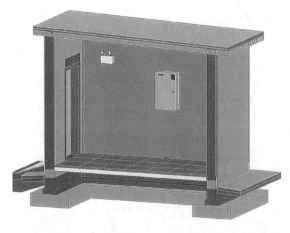

图 10.2-2 应急照明灯

另外，可对交流配电箱增加时间参数，用来追踪生产日期、保修期、检修时间等时间节点，协助工程实现运维管理。

2. 应急照明灯

应急照明灯与交流配电箱类似，由于挂置在墙面上，所以既可采用"基于面的公制常规模型"，也可采用"公制常规模型"制作。本书采用"基于面的公制常规模型"来布置应急照明灯。外观及尺寸均采用厂商参数，应急照明灯空间位置由墙面二维坐标确定。在墙面布置好的应急照明灯如图 10.2-2 所示。

除几何参数外，应急照明灯包含的其他主要控制参数如下：额定电压、光源功率、光通量、光源平均寿命、放电时间、充电时间、电池寿命、净重等。与交流配电箱类似，可通过增加时间参数，协助工程实现运维管理。

3. 单管荧光灯

单管荧光灯可采用 Revit 内置的系统族创建，也可基于面创建"单管荧光灯"族，基于面创建的族可基于楼板进行布置。应急单管荧光灯可通过修改族参数的方法得到。采用系统族布置单管荧光灯步骤如下：

Step 1：单击"系统"选项卡"电气"面板中"照明设备"按钮，进入"修改｜放置设备"选项卡，使用"模式"面板中"载入族"命令，载入需要布置的单管荧光灯。

Step 2：载入基于面创建的"单管荧光灯"族。在机柜列间沿天花板布置 4 盏单管荧光灯，并修改其中 2 盏单管荧光灯为应急单管荧光灯。

通过调整空间位置确定单管荧光灯布置位置，单管荧光灯控制参数包括：额定功率、额定电流、适用电压、功率因数、光通量、显色指数、灯管色温、光效流明、平均寿命、光衰退、镇流器类型、几何尺寸、净重等。应急单管荧光灯控制参数除普通荧光灯提到的参数外，还应包含放电时间、充电时间、电池寿命等。布置完成的单管荧光灯如图 10.2-3 所示。

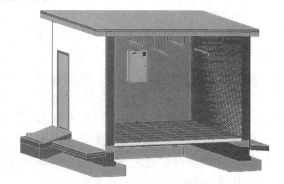

图 10.2-3 单管荧光灯

4. 开关与插座

机房内开关通常采用双联单控开关，由于开关是布置在墙面上的，所以可采用基于面创建的公制常规族制作，布置时基于墙面布置，布置位置为机房入口处。双联单控开关主要控制参数包括：布置位置、几何尺寸、控制线路等。此外，可添加时间参数和厂家参数，方便后期运营管理。

机房内插座通常采用单相二级加三级暗插座，插座与开关类似，可采用基于面创建的公制常规族制作，布置时基于墙面布置，布置位置为空调室内机位置、应急照明灯位置以及机房需要操作用电的位置，单相二级加三级暗插座主要控制参数包括：布置位置、几何尺寸、额定电流、插口类型等。布置完成的开关与插座如图 10.2-4 所示。

5. 接地系统

机房接地系统主要由避雷带、柱纵筋、基础钢筋、接地网、接地端子、总等电位接线端子箱等组成。柱纵筋和基础钢筋在第 8 章已讲述，总等电位接线端子箱采用厂家模型，也可采用基于面创建的公制常规族制

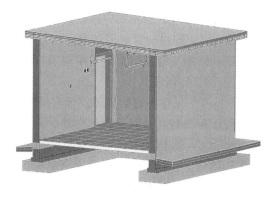

图 10.2-4　开关与插座

作，基于墙面布置。总等电位接线端子箱主要控制参数包括：布置位置、几何尺寸、接地母排位置与数量等。除以上提到的内容外，其余接地系统构件需要自行创建，创建过程如下：

1）避雷带

屋顶避雷带采用 $\phi12$ 镀锌圆钢沿屋顶四周围成闭合环路，防雷引下线与柱内四根纵筋上下焊接连通，柱内纵筋与基础钢筋焊接连通，搭接长度大于 $10d$，共计 4 处。屋顶避雷带创建及布置如下：

Step 1：在新建族对话框中选择"基于面的公制常规模型"族样板文件，进入族编辑器界面。

Step 2：机房避雷带为矩形环，可创建四个参照平面，对避雷带范围进行约束。并对避雷带矩形环长度、宽度进行参数定义。

Step 3：创建避雷带支撑圆钢。避雷带支撑圆钢采用整列方式进行创建，将支撑圆钢"限制条件"中"拉伸终点"和"拉伸起点"分别进行定义，参考第 8 章空调室外机防盗笼圆钢自适应组创建自适应避雷带支撑圆钢组。

Step 4：载入新创建的"屋顶避雷带"族，在屋顶平面完成布置。

2）接地网

接地网由水平接地体 $40\times4mm$ 热镀锌扁钢和垂直接地体 $\phi50\times4mm$ 热镀锌钢管组成。水平接地体埋深要求大于冻深，且不小于 $700mm$；垂直接地体要求埋深距地面 $-0.7m$，人流入口处为 $-1m$，垂直接地体长度 $2.5m$、布置间距 $5m$。接地网沿机房四周形成闭合环。接地网创建及布置过程如下：

Step 1：在新建族对话框中选择"公制常规模型"族样板文件，进入族编辑器界面。

Step 2：首先创建水平接地网。根据图纸要求，在条形基础下部设置热镀锌扁钢闭合环，在距离机房外墙符合距离处设置第二圈镀锌扁钢闭合环。

Step 3：绘制两圈接地网的参照平面，对平面范围进行约束，分别定义外圈和内圈的宽度和长度。

Step 4：单击"创建"选项卡"形状"面板中的"放样"工具，打开"修改｜放样 绘制路径"选项卡，在参照标高平面沿约束内圈绘制放样路径，并与参照平面进行锁定。

Step 5：单击"修改｜放样"选项卡"放样"面板中的"编辑轮廓"命令，打开"修改｜放样 编辑轮廓"选项卡，在"立面：右"视图中绘制 $40\times4mm$ 热镀锌扁钢轮廓。

重复 Step 4、Step 5 完成创建内圈和外圈接地扁钢。

Step 6：创建辐射水平接地扁钢。与前述步骤相同，采用"放样"命令分别对外圈接地扁钢和内圈接地扁钢角点及中点进行连接布置辐射水平接地扁钢。创建完成的水平接地网如图 10.2-5 所示。

Step 7：创建垂直接地体。垂直接地体采用 $\phi 50 \times 4$ mm 热镀锌钢管，长度 2.5m，根据间距要求可布置在外圈扁钢相交处。

Step 8：单击"创建"选项卡"形状"面板中的"拉伸"工具，打开"修改｜创建拉伸"选项卡，在参照标高平面内绘制 $\phi 50 \times 4$ mm 热镀锌钢管平面形状。将拉伸起点定义为 0，拉伸终点定义为 -2500 mm。创建完成的垂直接地体如图 10.2-6 所示。

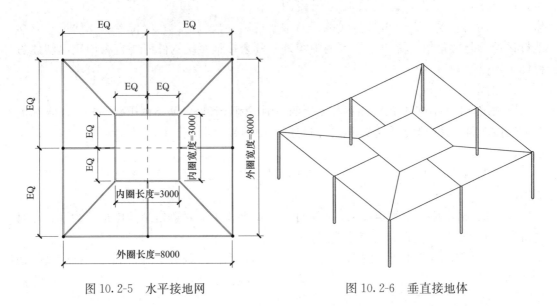

图 10.2-5　水平接地网　　　　　图 10.2-6　垂直接地体

Step 9：将接地网载入到设备模型中，接地网标高设置为室外地面，偏移量为 -700 mm，对应于机房接地网埋深 700mm 的要求。

Step 10：按机房图纸要求调整接地网尺寸，并调整其平面与机房平面相对应。

扫描二维码观看铁塔接地网创建视频。

3）接地端子

机房通常设置四处接地端子，分别布置在交流配电箱、空调室内机、电池组、馈线窗四个位置。此外，需要在馈线窗外侧布置室外接地端子。接地端子均采用扁钢制作，室内接地端子采用 40×4 mm 热镀锌扁钢，室内端子高出室内地面 200mm，并在端部设置 3 个 $\phi 8$ mm 孔；另一端埋地与环形接地网焊接。室外接地端子采用 40×4 mm 热镀锌扁钢，引至馈线窗外侧，并在端部设置 3 个 $\phi 8$ mm 孔，用于走线架接地。

参考接地网创建过程可采用拉伸工具建立垂直接地扁钢，采用放样工具建立水平接地扁钢，水平接地扁钢可通过指定放样路径线的角度来指定其不同焊接方向。接地端子顶部预留洞孔可采用空心拉伸命令实现。布置完成的接地端子如图 10.2-7 所示。

机房接地系统如图 10.2-8 所示。

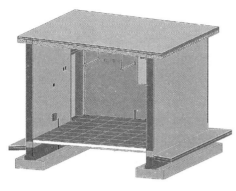

图 10.2-7　接地端子

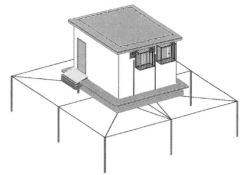

图 10.2 -8　机房接地系统

10.3　消防设备

10.3.1　消防设备分类

　　机房涉及的消防设备类型主要包含手提式 CO_2 灭火器及消防落地式柜体，在消防落地式柜体中配置过滤式消防自救呼吸器供消防人员使用。消防设施应按照国家有关要求进行定期维护。

10.3.2　消防设备布置

　　根据消防设备在空间布置的特点，可采用"公制常规模型"族样板文件，创建消防落地式柜体以及手提式 CO_2 灭火器族。在设备模型中载入两个族文件，按照图纸要求进行布置。

　　1. 消防落地式柜体

　　消防落地式柜体主要控制参数为柜体几何尺寸：长度、宽度、高度等，以及空间位置。采用已创建完成的"消防柜 . rfa"进行布置，在空间中将其移动到指定位置。

　　2. 手提式 CO_2 灭火器

　　手提式 CO_2 灭火器主要控制参数为灭火器几何形状以及空间位置。采用已创建完成的"灭火器 . rfa"进行布置。手提式 CO_2 灭火器控制参数还应包括以下内容：型号、生产日期、定期检查日期、试验日期、试验单位代号、维修单位名称、维修单位日期、灭火剂重量、有效喷射时间、有效喷射距离、喷射滞后时间、喷射剩余量、灭火级别、使用温度范围等。

　　3. 过滤式消防自救呼吸器

　　过滤式消防自救呼吸器数量根据需求配置，放置于消防落地式柜体内。此外，应根据国家规定配置维护日志记录本。

　　布置好的消防设备如图 10.3-1 所示。

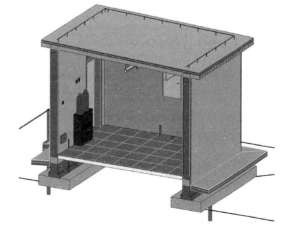

图 10.3-1　消防设备

10.4 暖通设备

10.4.1 暖通设备分类

通信基站工程与大型数据中心暖通设备差异较大，大型数据中心采用水冷暖通设备时涉及设备众多，但在基站工程中采用的为普通空调。

机房涉及的暖通设备类型主要包含空调室内机、空调室外机。

10.4.2 暖通设备布置

采用"公制常规模型"族样板文件建立立柜式空调室内机以及空调室外机族。在设备模型中载入两个族文件，按照图纸要求进行布置。

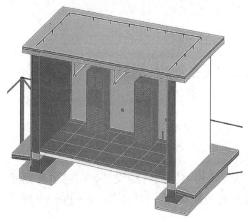

图 10.4-1　立柜式空调室内机

1. 立柜式空调室内机

立柜式空调室内机主要控制参数为长度、宽度、高度以及空间位置。采用已建立好的"立柜式空调室内机.rfa"进行布置。布置好的立柜式空调室内机如图 10.4-1 所示。

2. 空调室外机

空调室外机主要控制参数为长度、宽度、高度以及空间位置。采用已建立好的"空调室外机.rfa"进行布置。

立柜式空调室内机和空调室外机除几何尺寸外，还需要控制的关键参数包括：电压、压缩机类型、最大制冷量、最大制热量、额定功率、额定电流、运转噪声、使用面积、净重等。

10.5 通信设备

10.5.1 通信设备分类

机房涉及的通信设备主要包含：综合柜、开关电源、蓄电池组等。在实际建模时可选择设备厂商模型，对于设备厂商未提供模型的设备以及属于通用性的设备可根据设备特点自行建模。如壁挂设备可采用"基于面的公制常规模型"，天花板设备可采用"基于楼板的公制常规模型"，地面设备可采用"公制常规模型"进行建立。

10.5.2 通信设备布置

根据实际机房布置情况，采用已创建完成的各设备族，按图纸要求进行布置。

1. 综合柜

综合柜产品种类较多，机柜平面尺寸包括 600mm×600mm、600mm×800mm、

800mm×800mm、800mm×600mm 等多种宽度×深度系列，机柜通常采用标准 U 形和英制单位设计，具有全封闭式结构，有可拆卸盖板进线孔、敲落孔，顶部装配有排风扇，便于机柜内良好通风，机柜门采用钢化玻璃门或网孔门，机柜内装有电源插座、承重层板、托架、L 形托板、键盘托盘等部件。

综合柜需要控制的外观几何参数为长度、宽度、高度以及空间位置。除几何尺寸外，还应包括：有效高度、ODF 熔接配线单元、DDF 单元、MDF 单元、交直流配电盘等。

采用已创建完成的"综合柜.rfa"进行布置。按图纸要求布置三列，布置 11 台综合柜，布置完成的综合柜如图 10.5-1 所示。

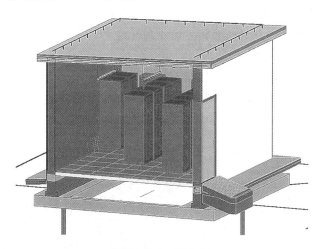

图 10.5-1　综合柜

2. 开关电源

开关电源由交流配电、整流模块、监控模块和直流配电四部分组成。主要控制参数为：浮充电压、均充电压、测试电压、电池容量、电池限电流、一次下电电压、二次下电电压、均充限流、均充时间、均充周期、温度补偿系数等。

开关电源需要控制的外观几何参数为长度、宽度、高度以及空间位置。采用已创建完成的"开关电源.rfa"进行布置，布置完成的开关电源如图 10.5-2 所示。

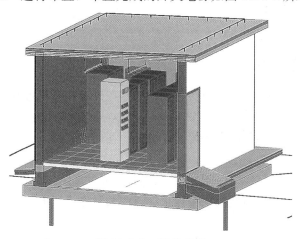

图 10.5-2　开关电源

3. 蓄电池组

蓄电池组主要控制参数包括：电池过压告警电压、电池欠压告警电压、负载脱离电压、传输脱离电压、脱离延迟时间、浮充电压、均充电压、均充时间、均充周期、浮充温度补偿、充电限流等。在机房布置中主要关注其几何参数：长度、宽度、高度以及空间位置。

多组蓄电池通常需要通过蓄电池架组建形成符合机房使用要求的电池组。蓄电池架属于通用设备，通常厂商并未提供模型，可根据实际需要采用方钢管制作。本节采用"公制常规模型"建立蓄电池架模型。

Step 1：在新建族对话框中选择"公制常规模型"族样板文件，进入族编辑器界面。

Step 2：绘制蓄电池组长度、宽度、高度参照平面，对空间范围进行约束。在相应约束点绘制蓄电池组各构件，并对截面相关尺寸进行约束。

Step 3：在立面视图中对各构件进行约束，形成电池架，将蓄电池设备厂商提供的电池模型放入电池架中形成蓄电池组。如图 10.5-3 所示。

采用已建立好的"蓄电池组.rfa"在机房中完成布置，布置好的蓄电池组如图 10.5-4 所示。

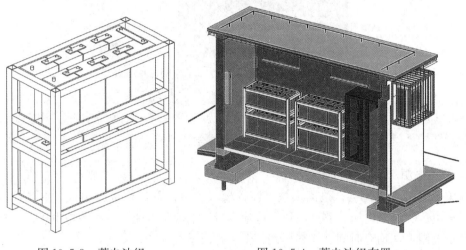

图 10.5-3　蓄电池组　　　　　　图 10.5-4　蓄电池组布置

10.6　监控报警设备

10.6.1　监控报警设备分类

通信基站工程涉及的监控报警设备分为动环监控设备和及早报警设备。

1. 动环监控设备

动环监控设备包含动力设备和环境监控设备，在通信基站工程应用中，主要包括以下设备：

1）动力设备

直流电压采集模块、交流电压采集模块、直流负载电流、电池充放电电流检测等。

2）环境监控设备

门禁传感器、红外传感器、温度传感器、声音监控、烟感传感器、空调监控、水传感器、湿度传感器等。

2. 及早报警设备

及早报警设备采用基于数据网络平台的防盗报警系统，通过数据、语音、短信等通道将各基站告警信息上传至运维中心的运维人员，促使告警信息得到及时处理，提高通信设备的可靠性。

及早报警系统主要包含以下内容：门磁报警、围墙红外报警、机房墙体及屋顶防凿振动报警、机房室内红外报警、电池被盗报警、馈线被盗报警等。同时通信基站工程中布置的摄像监控可连续拍照通过数据通道上传到运维中心，为日常运维工作带来便捷，并提高网络安全性。

在机房内还可以布置可控声响，当机房红外探测到有人活动并首次产生告警后，通过可控声响及摄像监控可判断报警内容真实性。

10.6.2　监控报警设备布置

监控报警设备采用"基于面的公制常规模型"和"公制常规模型"建立，其布置方法与基站内其他设备的布置方法类似，本节不再复述。各动环监控设备和及早报警设备应进行族参数定义，对其主要控制参数及性能指标进行参数化。此类设备还需要重点关注设备控制参数和时间记录信息，为控制设备正常运行和必要的取证提供数据支撑。

10.7　铁塔挂载设备

10.7.1　铁塔挂载设备分类

通信基站工程涉及的铁塔挂载设备主要包括：发射/接收天线、功率放大设备、卫星定位设备等，这些设备均可采用厂商模型布置，但此类挂载设备与铁塔之间的连接构件通常需要建模制作，在实际建模时对未提供模型的可采用"公制常规模型"进行创建。

10.7.2　铁塔挂载设备布置

发射/接收设备中的天线布置于铁塔上部塔段，RRU 根据天线类型差异布置位置不同，目前广泛采用的多频天线，其配套 RRU 布置在天线下侧，与天线距离要求不大于 3m，以便减小线缆传输距离对信号的衰减影响，GPS 设备根据需要可布置在铁塔中部塔段或机房顶部，其要求接收天线部位顶部空间开阔。以上各设备布置简述如下：

1. GPS

GPS 天线要控制几何参数及空间位置。本节采用已创建完成的"全向 GPS 天线.rfa"进行布置，布置在机房顶部。

基站 GPS 天线主要指标分为：电性能指标、低噪声放大器技术指标、机械特性指标。

1）电性能指标包括：频带、增益、驻波比、极化、前后比、工作电压、工作电流、射频接口、防雷击浪涌特性；

2）低噪声放大器技术指标包括：频带、增益、噪声系数、增益平坦度、频率响应、1dB 压缩点；

3）机械特性指标包括：天线罩材料、天线尺寸、重量、工作温度、储藏温度、工作湿度、最大风速、工作环境。

2. 发射/接收天线

基站发射/接收天线主要分为全向天线和定向天线，基站天线技术参数和主要控制指标分为电性能指标和机械特性指标。

1）电性能指标包括：工作频率、阻抗、最大增益、功率容量、驻波比、极化方向、垂直面波瓣宽度、水平面波瓣宽度、交叉极化鉴别率、交调、隔离度、前后比、电下倾角、接头类型、旁瓣抑制与零点填充、三阶互调等；

2）机械特性指标包括：机械调倾角、环境温度、相对湿度、净重、尺寸、抗风能力、雷电保护、天线罩材料、天线罩颜色、辐射单元材料等。

天线需要控制的几何参数包括长、宽、高以及空间位置。此外，需要考虑下倾角、方向角、天线挂高、天线分集距离和隔离距离等参数。天线需要定义方向角和下倾角，可以采用"放样"命令进行创建路径，通过对路径与垂直方向的夹角控制实现下倾角变化，可在项目水平视图中通过旋转实现方向角变化。根据需要控制的几何参数内容创建天线如下：

Step 1：在新建族对话框中选择"公制常规模型"族样板文件，进入族编辑器界面。

Step 2：切换到"立面：前"视图，单击"创建"选项卡"形状"面板中的"放样"按钮，打开"修改｜放样"选项卡，使用"放样"面板中的"绘制路径"工具，选择"直线"命令绘制放样路径。

Step 3：单击"注释"选项卡"尺寸标注"面板中"对齐"按钮和"角度"按钮，对天线长度和下倾角进行尺寸标注，并进行参数化，如图 10.7-1 所示。

Step 4：单击"修改｜放样"选项卡"放样"面板中"编辑轮廓"按钮，打开"三维视图"，绘制天线的矩形断面，并对天线宽度、厚度进行参数化，退出绘制轮廓命令完成编辑。

Step 5：使用"基于面的公制常规模型"族样板文件创建馈线固定卡口。

Step 6：使用"拉伸"命令创建馈线固定卡口，使用"融合"命令创建馈线卡口旋紧段。在立面视图中对各段长度进行参数化。将制作完毕的馈线固定卡口族载入到全向天线族中。

Step 7：单击"创建"选项卡"模型"面板中的"构件"按钮，在天线底部面板上布置馈线固定卡口。布置完成的天线如图 10.7-2 所示。

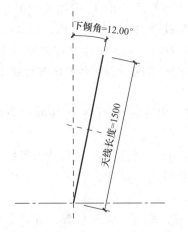
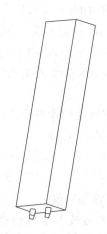

图 10.7-1　天线长度与下倾角参数化　　图 10.7-2　天线族

3. 其他挂载设备

除以上设备外，铁塔需要挂载的设备还有 RRU 等，其需要控制的参数依据自身特性确定，除专有参数外，需要控制设备的几何参数和空间位置。各类设备创建方法和布置方法均与天线类似，不再讲述。各类设备控制参数详情可参阅产品技术资料。

4. 固定件

各类挂载设备需要通过固定件挂载于铁塔，以发射/接收天线固定件为例说明相应族创建过程。

Step 1：采用"基于面的公制常规模型"族样板文件创建全向天线固定件。将已创建好的可旋转型背爪固定件载入到"基于面的公制常规模型"族样板文件中，放置在面上。

Step 2：单击"创建"选项卡"形状"面板中的"拉伸"工具，打开"修改｜创建拉伸"选项卡，在参照标高平面视图内绘制矩形钢管。建立参照平面，并将矩形钢管相应参数进行约束。

Step 3：切换到"立面：右"视图，将拉伸起点、拉伸终点分别与约束参照平面进行锁定。指定矩形钢管长度参数。制作完成的"基于面的全向天线下侧固定件.rfa"如图 10.7-3 所示。

Step 4：参考下侧固定件制作方法制作可弯曲的上侧固定件。打开"天线固定支臂.rfa"族文件，切换到"立面：右"视图，采用"拉伸"命令绘制可弯曲旋转组件，并对旋转关节直径及厚度进行参数化定义。

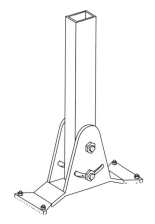

图 10.7-3　基于面的全向天线下侧固定件族

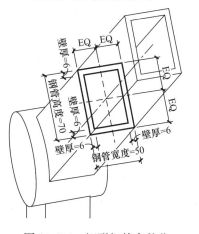

图 10.7-4　矩形钢管参数化

Step 5：在右立面视图中，单击"创建"选项卡"形状"面板中的"放样"工具，打开"修改｜放样"选项卡，单击"放样"面板中的"绘制路径"工具，选择"直线"命令绘制放样路径。

Step 6：单击"注释"选项卡"尺寸标注"面板中"对齐"命令和"角度"命令，对钢管长度和弯曲角度进行尺寸标注，并进行参数化，其中弯曲角度的设置方法与下倾角设置方法类似。

Step 7：单击"修改｜放样"选项卡"放样"面板中"编辑轮廓"命令，打开"三维视图"，绘制矩形钢管断面，并对钢管高度、宽度、壁厚进行参数化，如图 10.7-4 所示。

Step 8：单击"修改"选项卡"几何图形"面板中"连接"命令，对矩形钢管与旋转关节进行连接操作。

Step 9：将"天线可弯折固定支臂.rfa"载入采用"基于面的公制常规模型"族样板建立的可旋转型背爪固定件族中。制作完成的"基于面的天线上侧固定件.rfa"族如图 10.7-5 所示。

Step 10：将"基于面的天线上侧固定件.rfa"和"基于面的天线下侧固定件.rfa"载入采用"天线.rfa"族中。在不同视图调整空间位置完成布置。单击选择两个固定件族，可通过对固定件族相关参数修改，调节上侧固定件和下侧固定件的长度，以及上侧固定件支臂弯曲角度等，实现天线要求的各种下倾角。组装完成的含固定件天线如图 10.7-6 所示。

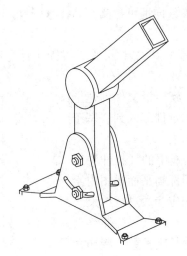 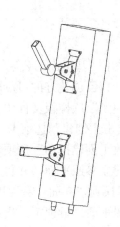

图 10.7-5　基于面的天线上侧固定件族　　　图 10.7-6　组装完成的天线族

创建完成的各类铁塔挂载设备可按要求在单管塔、三管塔、塔房一体化等结构上布置。其余连接类结构构件创建过程与天线固定件类似。

10.8　辅助设施

10.8.1　辅助设施分类

机房内布置的多种设备需要采用馈线、光缆等进行连接，以实现数据传输、电力供给等功能要求，馈线与光缆在空间的布置通过走线架完成，对于抗震烈度高的地区建设的通信基站工程，尚应考虑抗震加固措施，如采用抗震加固支架对设备进行加固等。通信基站工程涉及的辅助设施较多，根据实际要求对应创建即可。

10.8.2　辅助设施布置

辅助设施除其自身专有特性外，均具有几何尺寸及空间位置两个控制性参数，以下通过辅助设施中的走线架布置进行简要描述。

走线架为布置在空中，供馈线、光缆布置的构件，其主要控制几何参数为长度、宽度、高度以及空间位置，除此之外，还应控制主材、辅材截面形状、辅材间距等。走线架属于通用性设备，截面变化较多，通用截面为 U 形，可采用"公制常规模型"建立模型。

Step 1：在新建族对话框中选择"公制常规模型"族样板文件，进入族编辑器界面。

Step 2：绘制走线架长度、宽度参照平面，对平面范围进行约束。

Step 3：切换到"立面：右"视图，创建走线架主材。单击"创建"选项卡"形状"面板中的"拉伸"按钮，打开"修改｜创建拉伸"选项卡，在右立面视图内绘制 U 形钢棒。建立参照平面，并将 U 形钢棒相应参数进行约束。

Step 4：切换到"立面：前"视图，将拉伸起点、拉伸终点分别与走线架宽度约束参照平面进行锁定。

重复 Step 3、Step 4 创建左侧 U 形钢棒。

Step 5：切换到"立面：前"视图，创建走线架辅材。单击"创建"选项卡"形状"面板中的"拉伸"按钮，打开"修改｜创建拉伸"选项卡，在前立面视图内绘制辅材 U 形钢棒。建立参照平面，并将 U 形钢棒相应参数进行约束。

Step 6：切换到"立面：右"视图，创建辅材长度约束参照平面，与走线架宽度约束参照平面间距 2 倍主材壁厚。辅材拉伸起点、拉伸终点采用数值 a_1、a_2 进行定义。

Step 7：切换到"立面：前"视图，对走线架辅材创建自适应阵列组。选中走线架辅材，单击"修改"选项卡"修改"面板中的"阵列"命令，向右阵列出辅材。

Step 8：对阵列数量进行参数化，将其定义为 n_1，添加阵列间距参数，利用公式将阵列数量设定为走线架长度/辅材间距，当改变走线架长度以及辅材间距时，辅材阵列数量可自动调整。

创建完成的走线架如图 10.8-1 所示。采用类似的方法创建走线架吊挂，将创建完成的走线架族和走线架吊挂族载入到机房模型中进行布置，布置如图 10.8-2 所示。

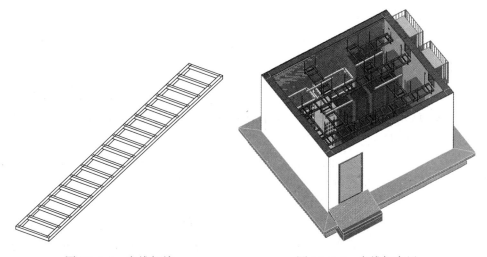

图 10.8-1　走线架族　　　　　图 10.8-2　走线架布置

第 11 章　模型总装配

本书将通信基站工程铁塔、机房、基础与设备共分为三个项目文件分别进行创建，其中机房项目文件包含工艺设备。实际工程使用时，需将三个项目文件合成单个项目文件协同使用。可采用 Revit 软件提供的链接或工作集方式，实现三个项目文件的协同工作；也可采用 Navisworks 程序调用三个文件协同工作。无论采用哪种协同方式，不同项目之间需要进行项目原点对应，以便控制不同项目的相互空间关系。

通信基站工程除涉及铁塔、机房、基础与设备项目外，还涉及与工程施工有关的项目，如工程施工中对场地进行基坑开挖、支护、回填等；与生产运营有关的项目，如布置馈线、挂载天线设备等。可在通信基站工程模型总装配中完成此类项目文件协同组装。

11.1　模型协同

11.1.1　链接

采用 Revit 软件链接功能可实现铁塔、机房、基础三个项目文件协同，可采用以下方式指定链接模型与主模型的定位关系：自动-中心到中心、自动-原点到原点、自动共享坐标或手动-原点、手动基点、手动-中心。

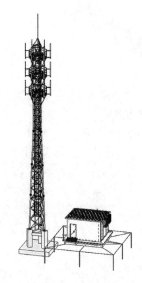

链接模型可实现三个项目模型的协同整合，同时可实现碰撞检查等功能，通信基站工程模型链接操作步骤如下：

Step 1：单击打开第 6 章创建的"三管塔"项目文件，单击"应用程序菜单"按钮，选择菜单中的"另存为"→"项目"选项，将"三管塔"项目文件另存为"三管塔通信基站工程完整模型"项目文件。

Step 2：单击"插入"选项卡"链接"面板中的"链接 Revit"按钮，打开"导入/链接 RVT"对话框，选择"土建机房设备模型"项目文件，按照"自动-原点到原点"方式链接两个项目文件。

重复 Step 2 完成三管塔筏板基础项目文件链接操作。

Step 3：切换至"三维视图"，链接后的协同模型如图 11.1-1 所示。

采用同样的方法可对插接式单管塔、土建机房、单桩基础三个模型进行链接，形成单管塔通信基站工程完整模型，如图 11.1-2 所示。

图 11.1-1　三管塔
协同模型

11.1.2　工作集

采用 Revit 软件"工作集"协作模式也可实现通信基站工程铁塔、机房、基础与设备的协同设计，可采用工作集将四个专业的模型通过网络共享文件夹的方式保存在中央服务器上，各专业修改可实时反馈给其他专业，共同促进模型的修改更新。

工作集协作模式需要设置的主要内容为：

1）在服务器中建立共享文件夹，并确保各专业用户具备访问并修改中心文件的权限；

2）为各专业用户创建相应的工作集，并指定可编辑范围，将各工作集设置与中心文件同步，完成各工作集设置；

3）通过设置可控制各工作集在视图中的可见性。

数据机房涉及专业较多，通常多人参与建模工作，通过链接方式无法实时解决碰撞冲突问题，从而导致效率降低。在实际工程中，数据机房通常采用工作集协作模式，通过合理划分专业，将项目分为建筑、结构、生产配套、工艺设备等工作集。各专业

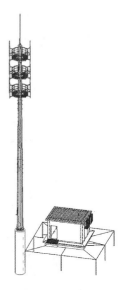

图 11.1-2　单管塔协同模型

在编辑模型时仅打开自己专业工作集，可加快计算机响应速度，同时可实时解决多专业间的碰撞冲突，提高建模效率。通信基站工程涉及专业较少，通常由单人完成基站全部模型，因而工作集协作模式不适用于通信基站工程，本书不对该协作方式进行详细讲述。

11.1.3　项目基点和测量点

通过链接可实现不同项目文件的组合，但不同项目之间的相对坐标关系需要进行处理，以使各项目能满足工程实际要求。在链接操作前可指定项目原点，对两个项目文件完成各自项目原点的指定工作后，可通过"自动-原点到原点"的链接方式实现两个模型所要求的空间位置关系。在 Revit 中项目原点主要指项目基点和测量点。

采用 Revit 软件创建的项目文件具有项目基点和测量点，项目基点记录项目的定位点位置，测量点记录当前项目中大地坐标原点位置。项目基点与测量点之间的相对关系，决定项目的定位坐标。通常在创建项目中，项目基点与测量点默认是不可见的，可激活项目基点与测量点，根据工程实际情况对其进行修改，以满足多个项目文件相互空间位置关系。

激活项目基点与测量点的步骤如下：

Step 1：单击"视图"选项卡"图形"面板中"可见性/图形"按钮，弹出楼层平面"可见性/图形替换"对话框，单击"模型类别"，选择并展开"场地"类别，勾选"项目基点"、"测量点"，单击"确定"退出当前对话框，项目当前视图中将会显示项目基点与测量点，如图 11.1-3、图 11.1-4 所示。

项目基点和测量点位置均可移动，项目基点位置改变操作方法如下：

Step 1：选择"项目基点"，单击项目基点左侧"修改点的裁剪状态"图标，修改项目基点的裁剪状态为不裁剪，将坐标值改为工程实际值。

移动项目基点位置，只会修改项目基点自身位置，不会改变项目相对坐标值，也不会改变项目模型图元和注释图元的坐标值。

项目基点
共享场地：
北/南 2.6
东/西 63.6
高程 0.0
到正北的角度 0.000°

测量点—内部
共享场地：
北/南 0.0
东/西 0.0
高程 0.0

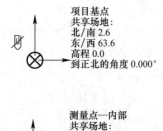

图 11.1-3　模型类别设置　　　　图 11.1-4　项目基点与测量点

测量点位置改变的操作方法与项目基点类似。实际工程可通过修改"项目基点"和"测量点"的坐标，实现多个项目的相对位置定位。按照工程实际相对位置关系修改定位之后的通信基站工程各项目模型，在完成链接操作后，各项目自动实现相对位置关系指定，避免在模型协同中对各模型进行移动定位，有助于提高协同效率。

11.1.4　共享坐标

除采用修改项目基点和测量点的方式实现相对位置关系指定外，也可在链接模型后通过共享坐标方式修改不同模型的空间位置关系。对于单个项目，当项目内部图元之间的相对关系较为复杂，且不允许改变"项目基点"和"测量点"坐标时，可采用 Revit 软件提供的"共享坐标"记录多个链接模型之间的相对位置关系。

本节采用"共享坐标"操作方法对前述通信基站工程完成其各模型的相对位置关系指定，基本操作步骤如下：

Step 1：打开主项目文件，单击"插入"选项卡"链接"面板中的"链接 Revit"按钮，按照"自动-原点到原点"方式链接需要链接的项目文件。

Step 2：选择"链接项目文件"，使用"移动"工具，将链接的项目文件移动至其相应位置。

Step 3：单击"管理"选项卡"项目位置"面板中的"坐标"下拉工具列表，选择"发布坐标"选项，如图 11.1-5 所示。单击"链接项目文件"中任意图元可将当前模型相对位置共享给链接项目文件。

Step 4：在弹出的链接项目"位置、气候和场地"对话框中，切换至"场地"选项卡，创建共享坐标名称。单击"确定"退出"管理地点和位置"对话框，如图 11.1-6 所示。

Step 5：单击"保存"按钮保存项目，可将发布的共享位置保存到链接项目中。

当再次需要调用该链接文件时，可选择"定位"方式为"自动-通过共享坐标"来链接项目文件，可自动实现快速定位到当前位置。当需要修改链接项目与主体项目之间的相

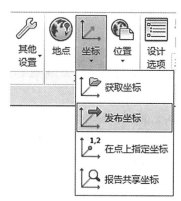

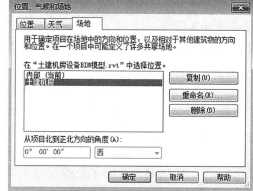

图 11.1-5　发布坐标　　　　　图 11.1-6　创建共享坐标

对位置关系时，可使用"坐标"下拉列表中的"在点上指定坐标"工具，通过输入新的坐标来重新确定链接项目的共享坐标，Revit 软件将根据修改后的共享坐标重新指定位置，更新已发布的共享坐标。使用"获取坐标"工具可从链接项目文件中向主体项目发布坐标。

11.2　场地模型

11.2.1　基坑开挖

通信基站工程在实际建设中，首先需要对场地进行开挖，形成各种基础所需要的基坑，可采用 Revit 软件建立施工场地及基坑模型，采用插接式单管塔与土建机房组合的通信基站工程进行讲述，详细创建过程如下：

Step 1：单击"应用程序菜单"按钮，选择菜单中的"新建"栏中的"项目"选项，选择"建筑样板"新建项目文件。

Step 2：单击"体量与场地"选项卡"场地建模"面板中的"地形表面"按钮，进入"修改｜编辑表面"选项卡，在"修改｜编辑表面"选项栏中输入绝对高程－300。

Step 3：单击"修改｜编辑表面"选项卡"工具"面板中的"放置点"按钮，如图 11.2-1 所示，在"绘图区域"绘制场地平面。

Step 4：单击"体量与场地"选项卡"修改场地"面板中的"拆分表面"按钮，如图 11.2-2 所示，进入"修改｜拆分表面"上下文选项卡，在"绘图区域"对场地平面进行拆分。

图 11.2-1　放置点　　　　　图 11.2-2　拆分表面

Step 5：使用"修改｜拆分表面"选项卡"绘制"面板中"矩形"工具，根据工程实际需要创建土建机房条形基础外侧开挖土体上部边界。

Step 6：单击"体量与场地"选项卡"修改场地"面板中的"拆分表面"按钮，选择 Step 5 拆分出的场地平面，进入"修改｜拆分表面"选项卡，使用"修改｜拆分表面"选项卡"绘制"面板中"矩形"工具，创建土建机房条形基础外侧开挖土体下部边界。

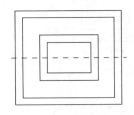

图 11.2-3　土体开挖边界

重复 Step 6 创建条形基础内侧开挖土体下部边界和内侧开挖土体上部边界，创建结果如图 11.2-3 所示。

Step 7：选择外侧开挖土体上部边界与外侧开挖土体下部边界围成的带状场地，单击"修改｜地形"选项卡"表面"面板中的"编辑表面"按钮，进入"修改｜编辑表面"文选项卡。删除不在转角部位的多余点。选择内侧边线转角部位的点，调整其标高为－1000。

Step 8：选择内侧开挖土体上部边界与内侧开挖土体下部边界围成的带状场地，单击"修改｜地形"选项卡"表面"面板中的"编辑表面"按钮，进入"修改｜编辑表面"选项卡。删除不在转角部位的多余点。选择外侧边线转角部位的点，调整其标高为－1000。

Step 9：选择外侧开挖土体下部边界与内侧开挖土体下部边界围成的带状场地，单击"修改｜地形"选项卡"表面"面板中的"编辑表面"按钮，进入"修改｜编辑表面"选项卡。删除不在转角部位的多余点。选择外侧和内侧边线转角部位的点，调整其标高为－1000。

创建完成的土建机房条形基础基坑开挖结果，如图 11.2-4 所示。

Step 10：单击"体量与场地"选项卡"修改场地"面板中的"拆分表面"按钮，单击场地，进入"修改｜拆分表面"选项卡，使用"修改｜拆分表面"选项卡"绘制"面板中的"圆形"工具，在场地平面进行人工挖孔桩土体开挖范围拆分。采用环形对挖孔范围进行开挖模拟。

插接式单管塔与土建机房组合的通信基站工程场地开挖结果如图 11.2-5 所示。

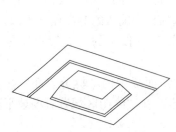
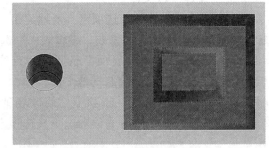

图 11.2-4　基坑开挖结果　　　　　图 11.2-5　场地开挖结果

此外，在创建场地过程中需要注意指定坐标及相对距离，通常将铁塔原点定义为坐标原点，方便后期统一组装。

11.2.2　基坑支护

基坑开挖土体深度超出土体自稳范围时，需对基坑进行支护处理。在工程建设时插接式单管塔与土建机房均需要对场地进行开挖，土建机房基础开挖深度 800mm，采用自然放坡进行处理；插接式单管塔基础为单桩基础，土体开挖深度 9000mm，需设置人工挖孔桩护壁，确保基坑开挖时的人员安全。人工挖孔桩护壁由多节组成，主要分为顶段和中段两种类型，中段类型上部开口带有卡口，以下采用中段类型对人工挖孔桩护壁创建过程进行介绍。详细创建过程如下：

Step 1：在新建族对话框中选择"公制常规模型"族样板文件，进入族编辑器。

Step 2：切换到前立面视图，使用"创建"选项卡"基准"面板中的"参照平面"工具，在绘图区域绘制控制参照平面，控制人工挖孔桩护壁半径及单节开挖深度。

Step 3：单击"创建"选项卡"形状"面板中的"旋转"按钮，弹出"修改 | 创建旋转"选项卡。使用"修改 | 创建旋转"选项卡"绘制"面板中的"轴线"工具，拾取参照中轴线作为旋转轴线，并进行锁定。

Step 4：使用"修改 | 创建旋转"选项卡"绘制"面板中的"边界线"工具，绘制人工挖孔桩护壁，并进行参数指定，如图 11.2-6 所示。

Step 5：单击"修改 | 创建旋转"选项卡"模式"面板中的"√"工具，退出绘制模式，切换到三维视图，创建好的人工挖孔桩护壁如图 11.2-7 所示。

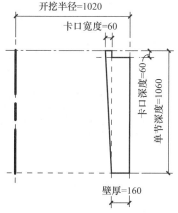
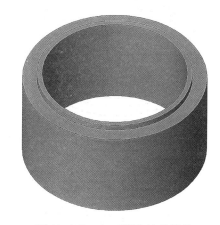

图 11.2-6　人工挖孔桩护壁参数　　　图 11.2-7　人工挖孔桩护壁族

Step 6：在"属性"面板中，将"结构"参数中的"可将钢筋附着到主体"打钩，使得该常规模型可在项目中进行配筋。

Step 7：将创建的"人工挖孔桩护壁"族载入新建项目文件中，并将布置点修改为坐标原点。

Step 8：选中"人工挖孔桩护壁"构件，使用"结构"选项卡"钢筋"面板中的"保护层"命令，定义人工挖孔桩护壁保护层厚度。单击选项栏"编辑钢筋保护层"中"编辑保护层设置"按钮，弹出"钢筋保护层设置"对话框设置钢筋保护层厚度。

Step 9：使用"视图"选项卡"创建"面板中的"剖面"工具，将人工挖孔桩护壁沿轴线进行剖切。选择剖切后的图元，弹出"修改 | 常规模型"选项卡。

Step 10：使用"修改 | 常规模型"选项卡"钢筋"面板中的"钢筋"工具，对人工挖孔桩护壁进行配筋。

Step 11：在弹出的"修改 | 放置钢筋"选项卡"放置平面"面板中选择"当前工作平

面"，"放置方向"面板中选择"垂直于保护层"，在选项栏"修改｜放置钢筋"中选择"钢筋形状：38"。

Step 12：单击"属性"图框中"结构钢筋 1"，对钢筋直径和强度等级进行定义。

Step 13：使用"修改｜放置钢筋"选项卡"钢筋集"命令，定义布局为"最大间距"，间距为 150mm。单击布置环形钢筋 $\phi 8@150$，如图 11.2-8 所示。

Step 14：在剖面 1 中采用相同方法选用"钢筋形状：6"完成单根竖向钢筋布置，对布置好的单根竖向钢筋，通过拖拽"造型操作柄"可实现符合人工挖孔桩护壁之间相互搭接的钢筋弯头。

Step 15：切换到平面视图，将"视觉样式"设置为"线框"，选择布置好的单根竖向钢筋，使用"修改｜结构钢筋"选项卡"修改"面板中的"阵列"工具，设置"阵列方式"为"径向"，定义新的旋转中心为坐标原点，旋转角度为 360°，移动到最后一个，项目数量为 41，完成竖向分布筋布置，如图 11.2-9 所示。

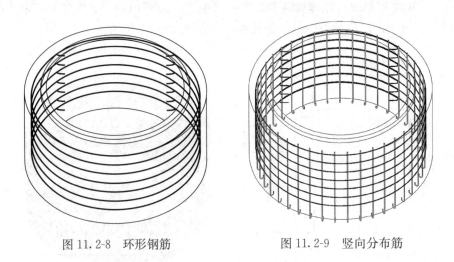

图 11.2-8　环形钢筋　　　　　　图 11.2-9　竖向分布筋

通信基站工程涉及的基坑支护类型主要为人工挖孔桩护壁，其余支护类型涉及较少，本书不再介绍。

11.2.3　开挖与回填土体

通信基站工程在实际建设中既包括开挖土体，又涉及回填土体，例如本章讲述的插接式单管塔与土建机房组合的通信基站工程，其开挖与回填土体包括土建机房开挖与回填土体以及单管塔开挖与回填土体。在施工中通过模拟开挖与回填土体，有助于确定场地土方开挖与回填顺序，从而降低造价。此外，准确统计土方量有助于计算工程成本。

在 Revit 软件中，可通过体量模型模拟开挖与回填土体。详细模型创建过程如下：

1. 土建机房开挖土体

Step 1：单击"应用程序菜单"按钮，选择菜单中的"新建"栏中的"概念体量"选项，在新建族对话框中选择"公制体量"族样板文件。

Step 2：使用"创建"选项卡"绘制"面板中的"参照平面"工具，在绘图区域绘制控制土建机房条形基础开挖位置的参照平面。

Step 3：使用"修改｜放置 参照平面"选项卡"尺寸标注"面板中的"对齐标注"工具，对参照平面进行参数化定义。

Step 4：使用"创建"选项卡"绘制"面板中的"矩形"工具，在绘图区域绘制矩形，并将矩形四边与四个参照平面进行锁定。

Step 5：切换到立面视图，完成开挖土体剖面参照平面绘制，并进行参数化定义，完成土体平面绘制，并将其与参照平面锁定，如图 11.2-10 所示。

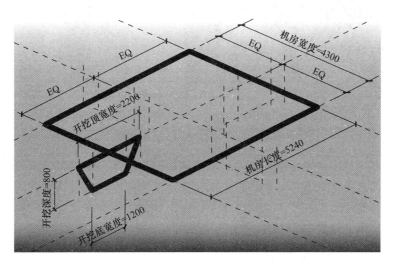

图 11.2-10　开挖土体参照面

Step 6：在绘图区域选中条形基础放样矩形线，选择其中一个断面，弹出"修改｜线"选项卡，单击"形状"面板中"创建形状"下拉三角形，选择"实心形状"工具，完成开挖土体断面的融合放样，完成后的开挖土体，如图 11.2-11 所示。

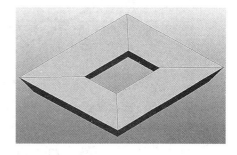

图 11.2-11　开挖土体

2. 单管塔开挖土体

单管塔人工挖孔桩开挖土体模型可结合人工挖孔桩护壁施工顺序分段创建，创建过程如下：

Step 1：单击新建概念体量族，在新建族对话框中选择"公制体量"族样板文件。

Step 2：使用"创建"选项卡"绘制"面板中的"参照平面"工具，在立面图绘制单管塔人工挖孔桩开挖土体分段参照平面。

Step 3：使用"修改｜放置 参照平面"选项卡"尺寸标注"面板中的"对齐标注"工具，对绘制的参照平面进行参数化定义。

Step 4：切换至平面视图，绘制人工挖孔桩开挖土体圆形线，并将开挖直径参数化。

Step 5：选中人工挖孔桩开挖圆形线以及分段开挖线，弹出"修改｜线"选项卡，单击"形状"面板中"创建形状"下拉三角形，选择"实心形状"工具，完成开挖土体断面的融合放样，完成后的分段开挖土体，如图 11.2-12 所示。

Step 6：新建项目文件，按照开挖段通过复制创建人工挖孔桩开挖土体模型，如图 11.2-13 所示。

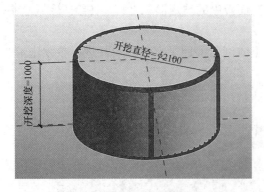 

图 11.2-12　分段开挖土体　　　　图 11.2-13　人工挖孔桩开挖土体

3. 土建机房回填土体

土建机房条形基础施工完成后，需对基础四周回填土体，根据位置进行区分，主要可分为基础内侧回填土体和基础外侧回填土体。回填土体模型创建过程与开挖土体类似，可创建相应的体量族来模拟回填土体，参考土建机房开挖土体创建过程进行创建，此处不再赘述。创建完成的基础外侧回填土体如图 11.2-14 所示，基础内侧回填土体如图 11.2-15 所示。

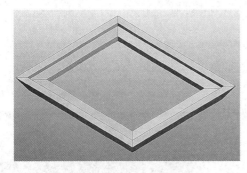 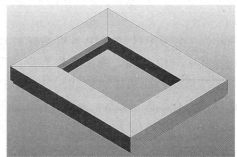

图 11.2-14　基础外侧回填土体　　　　图 11.2-15　基础内侧回填土体

11.3　模型总装配

通信基站工程涉及的各类模型可采用链接等方法进行总装配，在 Revit 软件中将采用相同软件创建的模型载入到总模型中，完成通信基站工程模型总装配。此外，可在总装配模型中加入天线设备、室外馈线、走线架等，最终形成完整的通信基站工程模型。本书第 5 章～第 10 章创建的各类模型，可采用 Revit 软件"链接"功能组装出如下通信基站工程类型：

1）单管塔与土建机房总装配模型如图 11.3-1 所示；

2）三管塔与土建机房总装配模型如图 11.3-2 所示；

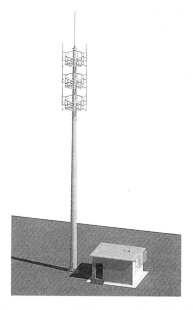

图 11.3-1　单管塔与土建机房总装配

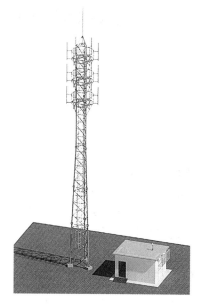

图 11.3-2　三管塔与土建机房总装配

3）塔房一体化总装配模型如图 11.3-3 所示。

除采用 Revit 软件建立模型外，还存在采用其他 BIM 软件建立的建筑信息模型。当通信基站工程存在采用其他 BIM 软件建立的模型时，Revit 软件"链接"功能将不能满足组装需求。此时，需要采用其他通用型软件进行模型总装配，目前国际上使用较为广泛的为 Navisworks 软件。采用 Navisworks 进行组装，有利于将多个不同软件创造的模型组装在同一模型中。

采用 Revit 模型结合 Navisworks 软件可实现对工程项目的多种模拟与计算，可帮助工程人员探讨方案实施以及解决疑难问题。本节将重点阐述采用 Navisworks 软件对文件进行处理，使其能够满足实际工程中模拟和计算的需要。并对单管塔、土建机房以及场地中涉及的多种模型进行模型总装配。

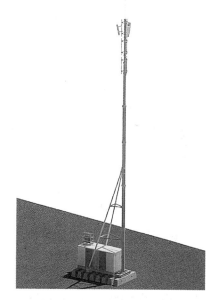

图 11.3-3　塔房一体化总装配

11.3.1　文件生成

在安装 Navisworks 软件时，需要注意在配置安装 Autodesk Navisworks 64 bit Exporter Plug-ins 时，需要选择要安装的功能，在该对话窗口中将提示可安装的"从其他应用程序导出"插件，Navisworks 不同版本对应的 Revit 版本有所不同，应选择安装具有对应插件版本的 Navisworks 软件版本。该插件适用于在其他应用程序中导出原生的 Navisworks 文件。在安装 Navisworks 软件时选择对应的 Revit 软件版本，便可在 Revit 软件中生成插件，如图 11.3-4 所示。

采用 Revit 插件导出原生 Navisworks 文件操作步骤如下：

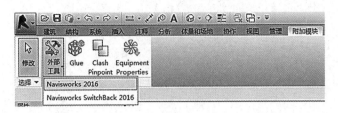

图 11.3-4　Revit 附加模块

Step 1：打开第 11 章创建的"单管塔通信基站工程完整模型"项目文件，单击"附加模块"选项卡"外部工具"面板中的"Navisworks 2016"按钮，弹出"导出场景"对话框，保存类型选择 .nwc 格式。

Step 2：单击"Navisworks 设置"按钮，打开"Navisworks 选项编辑器-Revit"对话框进行相关内容设置。如对镶嵌面系数进行修改，以满足通信基站工程圆形截面显示精度要求，如图 11.3-5 所示。

转换完成的 .nwc 格式文件如图 11.3-6 所示。

图 11.3-5　镶嵌面系数设置

图 11.3-6　转换完成文件

11.3.2　文件读取

Navisworks 软件内置多种文件读取器，在读取和导入其他数据格式时，可根据文件读取器的设置把模型转换为 .nwc 格式临时文件。在应用程序菜单中，单击右下角的"选项"按钮，打开"选项编辑器"对话框，实现对各种文件格式调节选项指定。对于采用其他程序插件生成的 Navisworks 格式文件，可不再进行相应指定。

当单个 Navisworks 文件需要读取多个文件时，可采用在其他软件中将模型链接完毕生成总装配模型的方法，也可采用 Navisworks 软件完成对不同软件生成模型的总装配。各类软件生产的模型文件读取过程，简述如下：

Step 1：单击"应用程序菜单"按钮，选择菜单中的"打开"栏中的"项目"选项，打开"插接式单管塔"文件。

Step 2：单击"应用程序菜单"按钮，在应用程序菜单中，单击"附加"按钮，打开"土建机房设备模型"文件。也可单击"常用"选项卡"项目"面板中的"附加"工具完成多个项目的叠加。

　　各模型创建时坐标系通常不满足工程要求的相对关系，对附加的多个模型需要进行空间位置调整，调整可在 Revit 软件中采用坐标协调的方法实现，也可在 Navisworks 软件中采用"移动"工具实现。对于不同软件创建的建筑信息模型可在 Navisworks 软件附加生成模型后，采用"移动"工具修改各模型相对位置关系。修改方法如下：

　　Step 1：单击"常用"选项卡"选择和搜索"面板中的"选择"工具下拉三角形按钮，单击"选择框"工具。选择需要移动的图元，弹出"项目工具"选项卡。

　　Step 2：使用"项目工具"选项卡"变换"面板中的"移动"工具，对三个坐标轴沿相应方向进行拖动即可完成空间位置的调整，如图 11.3-7 所示。当需要精确的数值移动时，可展开变换面板，直接在交换面板中对位置、旋转、缩放、变换中心等进行修改，如图 11.3-8 所示。

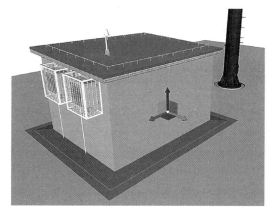

图 11.3-7　变换移动　　　　　　　　图 11.3-8　坐标设置

　　通过以上步骤可采用 Navisworks 软件对多个模型进行读取合并，并重新定义各模型之间的空间相对关系，形成符合工程实际需求的总模型。

11.3.3　图元编辑

　　Navisworks 软件可整合多种软件建立的模型，并可对模型中各类图元进行编辑和修改，以提高模型数据分析功能和增强展示效果。图元编辑建立在图元选择的基础上，Navisworks 软件提供的图元选择方法主要包含：采用选择框对图元进行选择；单击"选择"工具完成对单个图元的选择；单击"选择树"按钮激活"选择树"工具窗口，通过在选择树中单击相应图元进行选择，"选择树"在使用中非常方便，如图 11.3-9 所示。

　　在"常用"选项卡"选择和搜索"面板中，可对"选取精度"进行设置，如图 11.3-10 所示。Navisworks 软件采用选择树层级对场景中的图元进行管理。采用 Revit 软件创建的模型由相关族组成，在导入 Revit 软件创建的几何图元时，Navisworks 软件会采用"连接几何图形"工具对其进行整合形成图形组，因而在 Revit 软件创建过程中使用多层嵌套形成的嵌套族，在导入 Navisworks 软件后合并为一个几何对象，如单管塔项目文件中创建的单管塔平台嵌套族，在导入 Navisworks 软件后被认定为一个几何对象。当在 Navisworks 软件中需要将平台组装构件细化时，可先将"单管塔平台"项目文件作为单独文件生成 .nwc 格式文件，再与单管塔塔身等模型在 Navisworks 软件中进行组合，以便实现嵌套族中各构件的细化展现。

图 11.3-9 选择树

图 11.3-10 选取精度设置

采用 Navisworks 软件可对场景中的模型进行移动、旋转、缩放等编辑操作，采用"移动"工具对附加的多个模型进行空间位置调整，其余图元的调整方式与该调整过程类似。以下简述旋转与涂装操作。

1. 旋转

如果附加的多个模型之间存在角度不对应时，可使用"旋转"工具对模型进行修改，以土建机房馈线孔方向举例。在单管塔模型中附加土建机房模型后，土建机房馈线孔方向未正对单管塔，如果采用上走线方案，可通过旋转土建机房模型，使其满足馈线孔正对单管塔，操作步骤如下：

Step 1：单击"常用"选项卡"选择和搜索"面板中的"选择"工具下拉三角形按钮，单击"选择框"按钮。选择需要移动的土建机房图元，弹出"项目工具"选项卡。

Step 2：单击"项目工具"选项卡"变换"面板中的"旋转"按钮，展开变换面板，在交换面板中修改绕 Z 轴旋转 $180°$，即可实现土建机房旋转修改。

2. 涂装

Navisworks 软件除可调整图元空间位置外，还可对图元可见性、图元属性等进行修改操作。如在实际工程中可根据运营商需求，设定单管塔涂装颜色，操作过程如下：

Step 1：在"选择树"工具窗口选择"插接式单管塔天线平台 1"，弹出"项目工具"选项卡。

Step 2：单击"项目工具"选项卡"外观"面板中的"颜色"按钮，对"插接式单管塔天线平台 1"进行颜色指定。单击"更多颜色"按钮，调出"颜色"对话框，可根据实际平台租用运营商进行颜色指定，如中国移动租用平台颜色指定为中国移动的标准色值（RGB 三原色色值 R：49，G：74，B：156）如图 11.3-11 所示。

图 11.3-11 颜色设置

重复以上步骤可完成对三个平台、塔身等构件的颜色涂装。

此外，还可利用图元特性对图元进行分类和管理。

11.3.4　模型总装配

采用 Navisworks 软件对创建的单管塔、桩基础、土建机房、场地、开挖土体、基坑支护、回填土体等模型进行模型总装配，并根据实际工程布置要求对各图元进行编辑处理，可获得最终的通信基站工程总装配模型，如图 11.3-12 所示。

采用 Navisworks 软件完成的总装配模型具备工程需要的各种构件，可通过剖切方式进行查看。

Step 1：单击"视点"选项卡"剖分"面板中的"启用剖分"按钮，进入"剖分工具"选项卡。

Step 2：单击"剖分工具"选项卡"模式"面板中的"平面"按钮，切换为平面剖分，在"平面设置"面板中选择合适的剖切平面，可实现对模型的剖切，如对单管塔桩基础平面剖切，如图 11.3-13 所示。通过剖切视图，可看出单管塔塔身、地脚锚栓、接地网、桩基础、桩钢筋、人工挖孔桩护壁、护壁钢筋、开挖土体。

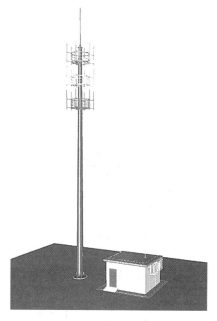

图 11.3-12　通信基站工程总装配模型

除平面剖切外，还可采用长方体剖切法对复杂构件进行剖切，单击"剖分工具"选项卡"模式"面板中的"长方体"按钮，切换为长方体剖分，对土建机房进行剖切，如图 11.3-14 所示。通过剖切视图，可看出机房内设备布置、机房建筑构件、混凝土构件配筋、基础土体开挖等。

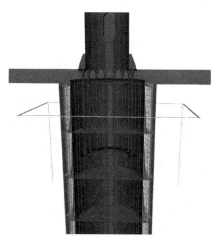

图 11.3-13　桩基础剖切

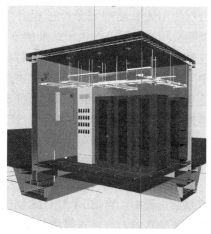

图 11.3-14　土建机房剖切

以上总装配模型包含了通信基站工程涉及的各专业内容，可采用 Navisworks 软件及其他相关软件做深入分析，进行施工过程模拟、碰撞检查等后续工作，并有助于通信基站工程全生命周期应用。

第 12 章　全生命周期管理

通信基站工程建筑信息模型可应用于全生命周期各阶段，在各阶段对其进行全生命周期管理有助于工程流程管控与质量管控。本章通过讲述通信基站工程全生命周期设计阶段、施工阶段和运维阶段主要涉及内容，为读者提供 BIM 在通信基站工程全生命周期中的应用思路。

12.1　设计阶段

本书将前期工作阶段和设计阶段均包含在设计阶段，该阶段围绕规划和设计展开，工作重点主要包括项目立项、项目建议书、可行性研究、方案设计、施工图设计等。其中与全生命周期管理相关的主要内容包括：规划管理、碰撞检测管理、工程量统计等。

12.1.1　规划管理

通信基站工程单体较常规工程小，具有数量多，覆盖范围广的特点。在工程开展过程前，通过编制通信基站城乡规划，对基站建设位置分析布局。传统规划布置图采用二维图示，各基站组成平面采用蜂窝系统，完成基站规划布置图。在实际应用中，建筑物布置并非整齐划一，且建筑物各异，导致采用二维图完成的基站规划布置图并不能完全代表现场实际情况，必须通过现场查勘判断空间通信信号传输路径，结合基站覆盖区域确定实际站点选址。目前使用的基站规划分析过程必须通过"二维图初步规划—现场查勘—综合判断"才能判断实际站点选址，由于站址的不确定性，通常会导致初步规划的选址位置与实际可建设位置存在矛盾性，导致工作效率降低。在数字信息技术快速发展的 21 世纪，在规划分析中引入 BIM 和 GIS 将有助于解决此矛盾，提供效率更高的工作方式。

地理信息系统（Geographic Information System，GIS）是对整个或部分地球表层空间中的有关地理分布数据进行采集、储存、管理、运算、分析、显示和描述的技术系统，可用于输入、存储、查询、分析和显示地理数据。GIS 可用于通信基站工程站址规划、资源管理、财产管理等工作，如采用 GIS 进行空间站址位置分析，以解决二维平面选址法中存在的不足；采用 GIS 资源管理功能可在自然灾害发生时做出快速反应。

在通信基站工程中，将 BIM 与 GIS 结合使用，首先要对二者加以深入分析，本节将在分析二者特征的基础上，重点讲述如何结合两种技术形成综合信息模型。

1. 特征分析

GIS 包括空间位置数据、属性特征数据和时域特征数据三大基本要素。空间位置数据用于描述地理对象所在的位置，包含绝对位置和相对位置，如采用大地经纬度坐标描述基站的空间绝对位置，采用局部坐标可描述基站内部机房与铁塔之间的相对位置关系；属性特征数据是用来描述地理要素特征的定性或定量指标，如基站周边地理环境的定性描述；时域特征数据用于记录地理数据采集或地理现象发生的时间，可用于记录和模拟环境变化。

BIM 同样包括空间数据、属性数据和时域数据三个基本要素。空间数据是指模型的空间位置、外观形状以及基站内部各构件之间的相对关系，不包含绝对位置数据；属性数据包括设计参数、施工参数以及运维参数等，主要指基站各构件和设备的相关参数；时域数据用来记录各建筑构件和设备的随时间的变化。

对三个基本要素进行详细对比，区别如下：

1）空间数据

GIS 空间位置数据主要用来描述地理对象的相关内容，而 BIM 空间数据则用来描述建筑物的相关内容，建筑物是地理对象的组成部分，但并不包括地理对象，在实际使用中需要将两者结合使用，使建筑信息模型在真实地理空间中展开，有助于结合基站周边地理对象数据判断基站选址的合理性。

2）属性数据

GIS 属性特征数据主要指地理要素指标，用来描述地理环境，而 BIM 属性则用来定义建筑各构件和设备的特征，两者数据结合能完整描述基站周边环境与建筑物自身属性，有助于为基站的安全运行建立数据支撑。如地处野外山坡顶部的基站，可采用 GIS 提供的边坡稳定性监测指标判断基站运行的安全性。

3）时域数据

GIS 时域特征数据与 BIM 时域数据类似，均为记录所涉及对象在各时间段的变化。不同的是记录对象有所区别，GIS 记录地理现象的变化，包含基站机房与铁塔的新建及改造变化，但不包含机房内部的设备变化。BIM 则记录建筑构件和设备的变化。两者结合有助于完整描述基站周边地理情况与基站自身各构件和设备的时间特征。

综上所述，在通信基站工程中将 BIM 与 GIS 结合使用，可实现建筑信息模型与地理信息模型的精确匹配，将创建的通信基站建筑物信息模型以准确坐标展现在真实场地中，同时具备相应位置的完整地理信息数据。

2. GIS 软件与数据

地理信息系统发展过程中，涌现出各类软件。根据国内外开发主体不同，可将软件划分为国外软件和国内软件两类。国外软件主要有：ArcGIS、MapInfo、Geoconcept、GeoMedia、MGE 等；国内软件主要有：Supermap、MapGIS、ConverseEarth、GeoStar、Thgis 等。其中 ArcGIS、MapInfo、SuperMap 在实际使用中较为广泛。GIS 软件通用的数据格式包括：＊.SHP、＊.EOD、＊.ADF、＊.TAB、＊.MIF、＊.DWG、＊.DXF、＊.GML 等。

目前 GIS 软件已经向普适化发展，通常兼具云端化、移动化、智能化、个性化和简捷化等特征，能够提供简便易用的使用方式，便捷灵活的开发手段，可以实现随时随地对空间信息的获取和共享。但 GIS 数据与 BIM 数据的融合还存在很多困难，许多软件并未提供相应的数据接口，采用标准 IFC 格式转换数据又会丢失部分模型信息，在一定程度上限制了 BIM 与 GIS 的融合发展。

以上提及软件中，SuperMap 软件针对 Autodesk Revit 软件提供了 SuperMap Export 插件，该插件可以将 Revit 建筑信息模型按指定格式导出为可供 SuperMap 软件使用的数据格式文件。

3. 综合信息模型

采用 BIM 与 GIS 结合,在地理信息系统中布置建筑信息模型,形成综合信息模型。本书采用 SuperMap 软件将单管塔建筑信息模型与某城市区域地理信息模型结合生成综合信息模型。

首先安装 SuperMap Export 插件。SuperMap 软件针对 Revit 软件不同版本提供了相应的插件类型,可支持 2014～2018 软件版本。根据安装的 Revit 软件版本,将对应版本的插件库文件 RevitPlugin. dll 及配置程序 WriteAddin. exe 覆盖至 Bin _ x64 目录下,运行该配置文件即可配置成功。配置成功后,在 Revit 软件"附加模块"选项卡中出现"Super-Map Exporter for Revit"面板,如图 12.1-1 所示。

图 12.1-1　SuperMap Exporter for Revit 面板

完成 SuperMap Export 插件安装后,在 Revit 软件中以"塔房一体化模型"为例,演示导出 SuperMap 格式文件过程。导出步骤如下:

Step 1:单击"视图"选项卡"创建"面板中的"三维视图"下拉菜单,选择"默认三维视图",切换到三维视图模式。

Step 2:单击"附加模块"选项卡"SuperMap Exporter for Revit"面板中的"Super-Map Export"按钮,弹出导出参数设置对话框。

Step 3:在"场景投影信息"栏中"插入点信息"选择"球面坐标"命令,输入通信基站项目基点对应的球面坐标值,"颜色类型"选择 Revit 真实模式视图下的颜色,"参数设置"选择导出法线,"模型精细度"填写 100%,如图 12.1-2 所示。

Step 4:单击确定导出模型,模型按"文件生成信息"中"新建数据源"指定的路径生成 * . udb 模型文件。

通过以上步骤完成建筑信息模型到地理信息模型转换。生成的地理信息模型可用于组装综合信息模型。

采用 SuperMap 软件加载塔房一体化地理信息模型,加载过程如下:

Step 1:右键单击"工作空间管理器"面板中的"数据源"按钮,在弹出的右键菜单中打开塔房一体化模型,如图 12.1-3 所示。

Step 2:展开塔房一体化模型,选择其包含的所有模型数据集,单击右键,弹出右键菜单,选择"添加到新球面场景",即可完成在地球模型中放置塔房一体化模型,如图 12.1-4 所示。

此外,针对具有城市场景数据集的区域,可将塔房一体化模型数据集添加到城市场景数据集中,使得塔房一体化模型能够在相应的城市场景模型中展示,如图 12.1-5 所示。

采用 SuperMap 软件可对建筑信息模型进行轻量化处理,生成场景缓冲以适应大场景性能,并可对信息模型进行属性、空间位置、子对象等编辑。该软件具有空间查询能力,可对模型对象进行布尔运算得到新的模型对象,具备二三维一体化网络分析能力,三维空间分析能力等,具体内容介绍和操作方法详见 SuperMap 软件说明手册。

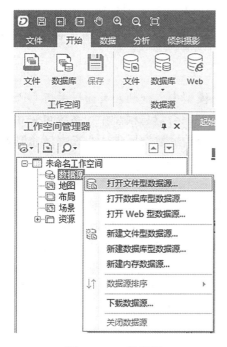

图 12.1-2　模型精细度设置

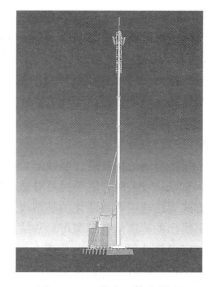

图 12.1-3　数据源　　　　　　　　图 12.1-4　塔房一体化模型

图 12.1-5　结合城市场景模型

4. GIS 应用

GIS 应用主要可用于以下方面：

1）站址规划

综合信息模型不仅具有建筑信息模型的信息数据，且具有地理信息与空间位置关系数据，其信息涵盖了通信基站工程绝大部分数据，可满足三维空间选址要求。在三维地理信息系统中，可清楚判断基站建设位置的合理性。无论基站建设于城市建筑物顶部、道路、广场等，还是建设于田野、山坡、山顶等，均可采用地理信息系统提供的地形地物数据，及时准确地分析基站的覆盖范围和覆盖效果，并可对基站与相邻基站的传输通道进行精确分析，充分提高选址阶段的工作效率，可避免现场选址出现"不识庐山真面目，只缘身在此山中"的不利局面。

2）实址分析

在实际选址阶段，可将 GPS 融合到综合信息模型中，查勘人员通过手持 GPS，将查勘站址的 GPS 卫星定位信息通过云平台实时传递到综合信息模型中，系统可采用软件对基站位置数据进行深度分析，以判断选址位置是否满足建设要求。在灾害应急基站选址中，其快速的反应能力远高于传统实址分析方法。

3）资源管理

通信基站站点数量众多，以往的资源管理模式为二维地图、表格以及文件夹结合模式，通常仅能对站址位置进行准确记录，对基站设备内容并不能准确记录，导致实际工作中需要调整基站设备时，需要反复对基站进行现场查勘，以确定现阶段基站设备。该种资源管理方式无法适应频繁变化的基站改造模式，迫切需要提出新的资源管理模式。

本书提出的建筑信息模型可对基站内部各构件和设备进行资源统计及管理，对于外部基站站点资源管理可采用 GIS 实现。例如在城市地理信息系统中通过布置通信基站，可对各通信基站进行精确定位，真实确定基站与周边地物的关系，并可真实看到实际基站使用的机房、铁塔、设备等类型，从而实现整个城市通信基站资源管理数字信息化。

4）财产管理

财产管理属于资源管理的延伸，采用资源管理数据，配合统计分析功能，即可实现通信基站的财产管理。结合资产编码和资产类型编码，可对各构件和设备进行编码化，从而可实现在通信基站工程全生命周期对财产进行管理。

12.1.2　碰撞检测管理

采用软件对信息模型进行碰撞检测是信息模型优于传统模型的重要特征，可将构件冲突消除在设计阶段，避免在后期施工中出现构件冲突，导致增加工程变更费用。由于冲突主要集中在建筑信息模型中，因而主要研究建筑信息模型的碰撞检测方法。Revit 软件和 Navisworks 软件均可实现碰撞检测功能，其中 Navisworks 软件可对多种软件生成的建筑信息模型进行碰撞检测。本节采用 Navisworks 软件进行建筑信息模型碰撞检测管理。

Navisworks 软件中的 Clash Detective 工具可以检测场景中模型图元是否发生碰撞，该工具根据用户指定的两个选择集，按照指定条件对图元进行碰撞检测。在碰撞检测前，应先完成建立选择集和搜索集。本节采用单管塔与土建机房组合的通信基站工程，对碰撞检测进行相应讲述。

1. 选择集

Navisworks 软件可对图元按照选择集进行管理，采用选择集的方式进行保存，还可利用图元的特性信息，采用搜索和查找的方式选择图元。选择集可灵活选择、添加、删除图元，形成按需要保存的选择集，可用于场景查看、碰撞检测、校对审核、动画制作、施工过程模拟等。

1）单管塔

根据单管塔工程各构件组成特点，对单管塔可按如下原则设置选择集：

（1）单管塔基础，包含基础相关内容，如钢筋笼、混凝土等；

（2）地脚锚栓，包含地脚锚栓、螺母、垫片等；

（3）第三塔段，包含底脚法兰，加劲肋，第三塔段爬钉、馈线孔等；

（4）第二塔段，包括第二塔段爬钉、检修孔等；

（5）第一塔段，包括第一塔段爬钉、馈线孔等；

（6）第一平台，包含第一平台所有构件，若需要第一平台进行分解式组装，应将第一平台单独作为 nwc 文件载入 Navisworks 软件中进行组合；

（7）第二平台、第三平台；

（8）塔头封板；

（9）避雷针、避雷针螺栓等。

单管塔选择集设置步骤如下：

Step 1：单击"常用"选项卡"选择和搜索"面板中的"集合"工具下拉菜单，单击"管理集"按钮，打开"集合"工具窗口，如图 12.1-6 所示。

Step 2：单击"常用"选项卡"选择和搜索"面板中的"选择"按钮，选择需要操作的图元。如果需要选择多个图元，可按住 Ctrl 键，同时选择多个图元，也可在选择树中选择多个图元。

Step 3：单击"集合"工具窗口"保存选择"按钮，在窗口中会出现"选择集"，修改名称为相应的选择集名称。

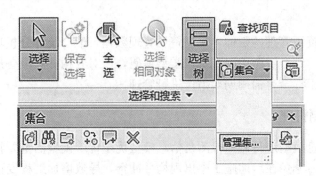

图 12.1-6　集合工具

重复 Step 2、Step 3 完成单管塔 13 个选择
集的创建工作，如图 12.1-7 所示。当需要进一
步细化时，可在采用 Revit 建立单管塔模型时
对嵌套族进行细分，根据工程需要减少嵌套族
使用，在 Navisworks 软件中调用建筑信息模型
时实现嵌套族模型分离，从而实现细化模型。

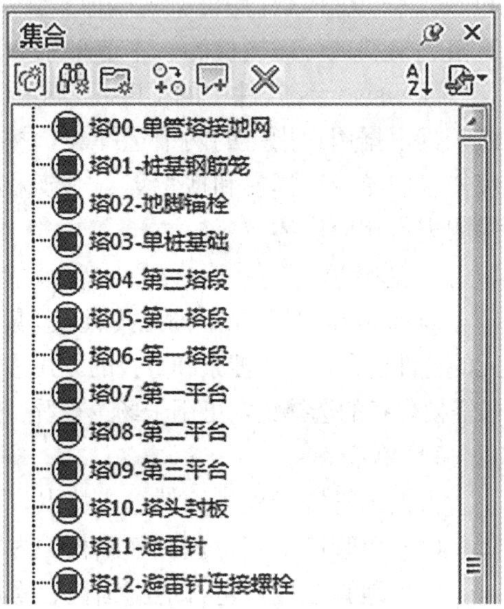

2）机房

采用同样的步骤可对机房设置选择集。根据
土建机房各建筑构件组成特点，制定如下选择集：

（1）条形基础及地梁；

（2）砖砌墙体；

（3）构造柱及圈梁；

（4）屋顶结构楼板及建筑面层；

（5）室内地面、室外地面；

（6）防盗门、防盗笼、馈线防盗窗；

图 12.1-7　选择集

（7）外墙粉刷、内墙粉刷；

（8）电气、空调设备；

（9）走线架、电源设备、通信设备等。

为模拟机房真实的建造过程，在实际建立选择集时可对上述选择集进行细化，且可加
入钢筋模拟。土建机房构成图元较多，在选择集创建过程中，为能更清楚地对各图元进行
选择，可对模型进行切割剖面处理，以利于观察各图元。

土建机房选择集主要操作步骤参考如下：

Step 1：单击"视点"选项卡"剖分"面板中的"启用剖分"按钮，上下文选项卡中
弹出"剖分工具"选项卡。

Step 2：单击"剖分工具"选项卡"模式"面板中的"长方体"按钮，如图 12.1-8 所示。

Step 3：使用"剖分工具"选项卡"变换"面板中的"移动"工具，在"场景区域"
单击移动变换编辑控件，选择合适的剖切位置。

Step 4：在"选择树"工具窗口选择基础钢筋，单击"集合"工具窗口"保存选择"
按钮，在窗口中会出现"选择集"，修改名称为相应选择集名称，形成土建机房"基础钢
筋选择集"。

图 12.1-8　剖分设置

为方便后期应用，可对机房图元按规则顺序制定选择集名称，如基础钢筋可命名为"机房 03-基础钢筋"。采用相同步骤可对土建机房不同施工过程进行选择集命名。此外，可根据工程需要区分不同的划分精度，如创建室内瓷砖地面时，通过对"地砖嵌板族"分别指定选择集，可模拟地板铺装顺序，当工程无此要求时，可将全部"地砖嵌板族"指定为单个选择集。通过以上制定方法，重复 Step 3、Step 4 完成土建机房全部选择集的建立，如图 12.1-9～图 12.1-11 所示。

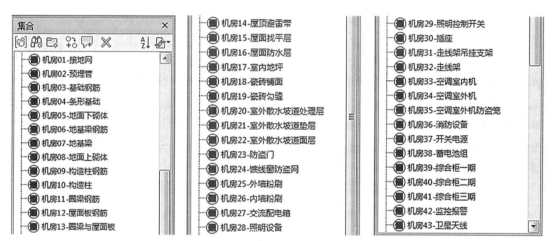

图 12.1-9　土建机房选择集 1　　图 12.1-10　土建机房选择集 2　　图 12.1-11　土建机房选择集 3

2. 搜索集

Navisworks 软件除提供选择集功能外，还提供搜索集功能。搜索集可根据指定的信息条件对图元进行检索，选择满足条件的图元组成搜索集，搜索集可以保存或导出搜索条件。

单击"常用"选项卡"选择和搜索"面板中的"查找项目"工具，可打开"查找项目"对话框，在该对话框内可对"搜索范围"和"搜索条件"进行指定。单击"查找全部"按钮可自动查找所有满足搜索条件的图元，单击"集合"工具窗口中的"保存搜索"按钮，可将搜索结果保存在搜索集。"集合"工具窗口中的"导入/导出"按钮可将搜索条件导出为 ∗.xml 格式文件，从而实现在不同项目之间传递搜索条件，提高工作效率。

通信基站工程涉及专业较少，采用选择集分类方式对基站内部各构件设备进行详细划分，可直接采用选择集进行碰撞检测。选择集具有可以灵活控制图元数量的优点，根据碰撞检测需要增加或减少选择集中的图元，可快速完成通信基站工程碰撞检测。但选择集也有自身相应的缺点，选择集仅适用于当前场景，不能将定义导出为外部 ∗.xml 格式文件，当场景图元发生修改时，选择集存在失效风险，因而其不适用于专业较多的大型复杂工程。

涉及专业较多的大型复杂工程，采用搜索集进行碰撞检测更为便利。使用搜索集可选择所有满足搜索条件的图元，用于场景中碰撞检测，利用不同搜索条件组合可得到任意的搜索集，用于场景的管理与检验。搜索集可以导出为外部 * . xml 格式文件，可用于不同项目之间的搜索条件传递，或相同项目的反复性修改。当场景发生变化时，搜索集会按照既定的搜索条件重新在当前场景中进行搜索，从而快速重构搜索集。

3. 碰撞检测

Navisworks 软件提供硬碰撞、硬碰撞（保守）、间隙和重复项四种碰撞检测方式。其中硬碰撞指两个图元直接发生冲突，间隙指两个图元之间间距不满足要求，重复项指图元完全重叠。在通信基站工程中，通常使用硬碰撞和间隙碰撞检测方式进行碰撞检查。

采用 Navisworks 软件进行碰撞检测需要指定参加碰撞检测的两组图元，并设置碰撞检测条件，本节以走线架图元与照明设备图元为例，讲述碰撞检测过程。

Step 1：单击"常用"选项卡"选择和搜索"面板中的"集合"下拉列表，在列表中单击"管理集"按钮，打开"集合"面板。创建需要进行碰撞检测的选择集或搜索集，本节采用前述过程创建的"机房 28-照明设备"选择集与"机房 32-走线架"选择集进行碰撞检测。

Step 2：单击"常用"选项卡"工具"面板中的"Clash Detective"按钮，打开"Clash Detective"工具窗口。

Step 3：在"Clash Detective"工具窗口中定义碰撞检测，单击"添加检测"按钮进入碰撞检测。将碰撞检测名称修改为"照明设备 VS 走线架"。"选择 A"和"选择 B"中选择树的显示方式均为"集合"，"选择 A"选择照明设备选择集，"选择 B"选择走线架选择集。单击"曲面"按钮，选择在碰撞冲突中包括曲面几何图形，设置碰撞类型为"硬碰撞"，公差设置为"0.01m"，勾选"复核对象碰撞"，单击"运行检测"按钮进行碰撞检测，设置结果如图 12.1-12 所示。

图 12.1-12　碰撞检测设置

Step 4：碰撞检测运行完毕后，"Clash Detective"工具窗口中的"选择"选项卡切换到"结果"选项卡，碰撞检测结果显示在"结果"选项卡中，如图 12.1-13 所示。

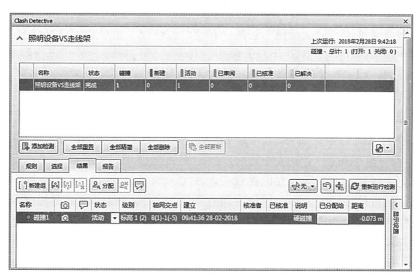

图 12.1-13　碰撞检测结果

单击碰撞结果，相应碰撞检测结果显示在图形操作界面中，如图 12.1-14 所示。

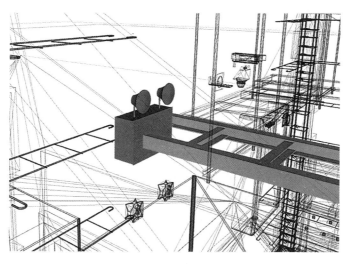

图 12.1-14　碰撞检测结果显示

Navisworks 软件提供导入/导出碰撞检测功能，可将碰撞检测列表中的任务导出为 *.xml 格式文件，以便在不同通信基站工程中传递碰撞检测任务。除可采用集合作为选择方案，还可采用标准、紧凑、特性三种方式提供选择集。此外，Navisworks 软件提供了规则定义，用于定义碰撞检测中的忽略规则，通过设置规则控制碰撞检测任务中的检测规则，满足规则条件的图元不参与碰撞检测计算，软件中提供的规则包括：同一图层中的项目、同一个组/块/单元中的项目、同一文件中的项目、捕捉点重合的项目。

碰撞检测完成后，需要对程序计算的碰撞结果进行审核判断。碰撞检测结果以列表形式排列在"Clash Detective"工具窗口中，各碰撞结果均可通过"级别"和"轴网交点"进行定位，同时软件为各碰撞位置提供了视点，可直观显示各碰撞结果，以便使用者对碰撞结果进行审阅。审阅完成可修改相应的碰撞检测状态。Navisworks 软件提供"新建"、"活动"、"已审阅"、"已核准"、"已解决"五种碰撞检测状态，同时可添加核准者和核准时间。

此外，软件提供了"分配碰撞"功能，在"分配碰撞"中可指定接受该任务的人员以及处理意见注释，供相应专业设计人员根据注释意见进行修改。Navisworks 软件还可导出碰撞检测报告，用于讨论和存档使用，此处不再介绍。

4. 审阅修改

Navisworks 软件在审阅工具中，提供了"红线批注"功能对碰撞检查结果进行红线批注，以便协调其他专业进行修改。还可通过"添加标记"功能添加标记和注释信息，"添加标记"与"红线批注"无直接关系，可分别独立使用。此外，需注意"红线批注"和"添加标记"仅显示在当前保存的视点中，在实际工程中可通过创建多个不同视点用于储存不同的红线批注和标记内容。详细操作过程可参考 Navisworks 软件操作手册。

对碰撞检测出的模型问题，通过审阅"添加标记"或"红线批注"，将审阅结果返回至设计人员进行修改。通常需要在创建建筑信息模型的软件中对模型进行相应修改。修改完毕后将模型重新载入到 Navisworks 软件中进行模型总装配，对装配结果，可导入搜索条件，按原碰撞检测要求进行碰撞检测。当建筑信息模型通过碰撞检测时，即可完成该阶段工作。

在通信基站工程中，碰撞检测管理有助于解决工程设计阶段存在的各种冲突，避免设计阶段考虑不周带来的工程风险。当该风险在施工阶段出现时，往往导致工程变更，增加费用、推迟竣工日期、降低交付率、延缓基站开通等不利结果。因而有效地执行碰撞检测管理，将充分提高工程质量，降低因设计问题带来的工程风险。

12.1.3 工程量统计

通信基站工程项目工程量统计可为投资控制、工程结算、审计等工作提供准确的数据支持。采用 Revit 软件完成的建筑信息模型本身具备了准确可靠的工程量信息，采用不同的工程量统计软件可提取工程量信息并计算出工程量统计数据。

目前通信基站工程采用的工程量计算方法较为简单。例如，混凝土构件按混凝土体积和混凝土强度等级进行结算，不涉及内部钢筋数量与等级；钢结构按总重量计算，不涉及内部节点制作方法等。因而在工程量统计环节统计几何尺寸和物理参数即可，无需按国家规范和标准图集进行工程量清单统计。

采用 Navisworks 软件 Quantification 模块实现几何尺寸和物理参数的工程量统计，以下采用单管塔和土建机房模型为例，简述 Navisworks 软件工程量统计过程，主要操作过程如下：

Step 1：打开项目文件，单击"常用"选项卡"工具"工具面板中的"Quantification"按钮，打开"Quantification 工具簿"工具窗口。

Step 2：单击"项目设置"启动"Quantification"，在设置向导中将"使用列出的目录"选择为"无"，"测量单位"选择"公制"，"算量特性"选择"量纲一致的单位"。

Step 3："Quantification 工具簿"工具窗口中单击"显示或隐藏项目目录或资源目录"按钮，单击打开"项目目录"工具窗口，对各类主要构件创建新分组，并创建各分组下对应的项目资源。

Step 4：在使用资源中，对项目资源涉及的工程内容新建主资源及其相关计算参数，并将该资源添加至对应的项目资源类别中。

Step 5：在项目目录中为各项目添加图元，在图元列表中输入模型的几何参数，可根据 Step 4 中定义的计算参数完成工程量计算。

Navisworks 软件支持工程量计算结果导出为 *.xml 格式文件，用于采用 Excel 软件进行计算编辑。该软件通过定义项目目录和资源目录作为工程量计算的基础，对于复杂项目而言，其定义过程偏烦琐，导致工作效率较低。

实际工程还可以使用内置中国规范的国产算量软件，如广联达算量软件、鲁班算量软件、品茗算量软件、新点比目云 5D 算量软件等。国产算量软件通常内置国家规范和标准图集，会自行计算扣减关系，且可根据全国各地现行定额计算规则进行计算。目前使用较为广泛的国产算量软件有广联达算量软件和新点比目云 5D 算量软件。

广联达算量软件可针对土建、安装、钢筋、精装、市政、钢结构等按规范计算工程量。其特点如下：土建算量软件内置《房屋建筑与装饰工程工程量计算规范》及全国各地现行定额计算规则，通过 IFC 格式文件识别建筑信息模型，可考虑构件之间的扣减关系，提供表格输入辅助算量；钢筋算量软件内置国家结构相关规范和平法标准图集标准构造，可考虑构件之间钢筋内部的扣减关系及竖向构件上下层钢筋的搭接关系，同时提供表格输入辅助钢筋工程量计算；安装算量软件集成多种算量模式等。

新点比目云 5D 算量软件直接在 Revit 软件平台上开发，与 Revit 软件共用相同模型，实现一模多用，可消除各软件之间转换模型时由于数据格式不一致导致的模型丢失问题，且可避免重复建模，节约建模时间。该软件为用户提供了三维辅助设计，可按照不同地区清单、定额计算规则计算工程量，提供智能套价和进度管理。该软件实现量价一体化，打破算量与计价之间的壁垒，实现了计算工程量和工程组价的一体化，同时用户可结合 5D 管理功能按进度查看工程量、价变化情况，实现项目多维度的动态监控。有助于在全生命周期中实现对工程造价的管控。

12.2　施工阶段

本书讨论的通信基站工程施工阶段包括施工准备阶段、施工阶段、竣工验收阶段。其中采用建筑信息模型的工作主要包括设计交底、施工组织模拟、施工过程模拟、施工管理等。以下将重点讨论采用建筑信息模型进行施工过程模拟和施工管理。

12.2.1　施工过程模拟

采用 Revit 软件创建的建筑信息模型，结合 Navisworks 软件可实现对工程项目的施工过程模拟，可为探讨施工方案及解决施工疑难问题提供帮助。Navisworks 软件 TimeLiner 模块可用于定义和展示施工过程，生成具有施工顺序信息的 4D 信息模型，根据施工时间可生成用于施工过程模拟的施工动画，有助于设计交底及施工组织管理等工作开展。施工过程模拟需要先定义各施工任务，通过定义任务名称、状态、计划开始时间、计划结束时间、实际开始时间、实际结束时间、任务类型、人工费、材料费、机械费、分包商费用、总费用、管理场景图元以及相应的施工动画等信息，进而模拟施工过程。

施工过程涉及通信基站工程所有工程内容，要对施工过程进行完整模拟，必须将施工过程涉及的全部内容建立图元，且将施工任务与模型图元一一对应。本书第 12.1.2 节创建的选择集包含了单管塔和土建机房模型图元，但并未包含通信基站工程施工过程中涉及的部分工程内容，如土体开挖、土体回填、基坑支护等。采用与第 12.1.2 节相同的创建方法创建土体开挖、土体回填、基坑支护等选择集，如图 12.2-1、图 12.2-2 所示。

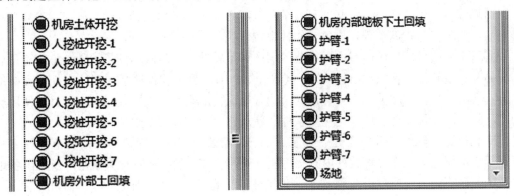

图 12.2-1　土体开挖选择集　　　　　　　图 12.2-2　基坑支护选择集

以下采用单管塔和土建机房项目进行施工过程模拟讲述，主要操作步骤如下：

Step 1：单击"常用"选项卡"工具"面板中的"TimeLiner"按钮，打开"Time-Liner"工具窗口。

Step 2：在"TimeLiner"工具窗口"任务"选项卡中，通过"列"下拉列表，可选择"基本"、"标准"、"扩展"、"自定义"等列信息。在不统计各项费用的施工过程模拟中，可选择"基本"选项。

"标准"选项较"基本"选项增加"实际开始时间"、"实际结束时间"、"总费用"列信息。"扩展"选项除增加各项详细费用外，还增加了"脚本"和"动画"列信息。"扩展"选项提供的"动画"列，可用于定义施工任务动画。打开"Animator"工具窗口，可针对选择集定义施工动画，将定义完成的施工动画选择到列表中，并选择相应的"动画行为"，即可用于模拟施工任务动画。

Step 3：单击"添加任务"按钮添加施工任务，定义施工任务名称"地面上砌体"、计划开始时间选择"2017-12-10"，计划结束时间"2017-12-12"，任务类型选择"构造"，将"机房 08-地面上砌体"选择集附给该任务，完成"地面上砌体"施工任务定义。

重复 Step 3 对其余 75 步施工任务进行定义，分别定义其任务名称、计划开始时间、计划结束时间、任务类型、附着的任务信息，任务类型均选择"构造"，计划时间按顺序开展，将相应的选择集附给各施工任务，创建完成的局部施工过程如图 12.2-3 所示。

Step 4：切换至"TimeLiner"工具窗口中的"模拟"选项卡，单击"播放"按钮可在当前场景中预览施工任务进展情况，能够显示各施工任务对应的图元先后施工关系。如图 12.2-4 所示。

Step 5：单击"TimeLiner"工具窗口中的"设置"按钮，可对模拟时间间隔、回访持续时间、动画链接、视图等进行设置，按要求设置后，单击"确定"退出"模拟设置"对话框。

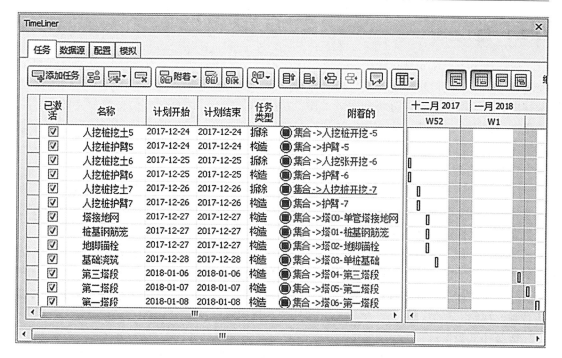

图 12.2-3　施工过程

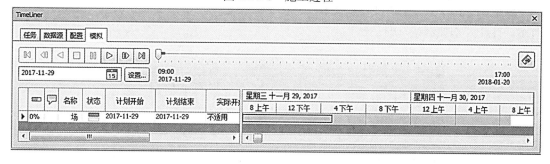

图 12.2-4　施工模拟

Step 6：单击"TimeLiner"工具窗口中的"导出"按钮，打开"导出动画"对话框，设置"源"、"渲染"、"输出格式"、"尺寸类型"等，导出施工过程模拟动画。

除以上介绍的施工任务基本信息外，施工任务的实际开始时间、实际结束时间、人工费、材料费、机械费、分包商费用、总费用与施工过程管理密切相关，在施工过程中应结合需要输入相关信息，并可针对施工过程中出现的各种情况，采用"TimeLiner"工具窗口"任务"选项卡中的"添加注释"工具记录原因。

施工过程模拟可直观表达通信基站工程中各种构件的空间关系及生成过程，为施工过程的动态控制提供有效支撑，通过动态数据可优化资源配置，合理制定施工计划，精确掌握施工进度。通过可视化表达手段，向工程各参建方直观展现通信基站工程各施工阶段涉及的工程内容，有助于合理布置场地、制定科学施工计划、提高工程效率，并可根据实时情况进行调整，提高施工进度、质量、安全、信息管理水平。从而达到降低工程风险、减小工程浪费、缩短工期、降低成本、提高质量、确保安全等多方面要求。

12.2.2　施工管理

通信基站工程在实施过程中应按施工组织设计安排进行施工，在施工中需要做好动态控制工作，保证质量目标、进度目标、成本目标、安全目标的实现，对工程发生的事情要做好记录、协调、检查、分析和改进工作。在施工阶段，可结合建筑信息模型完备性、参数化、一致化、可视化、协调性、模拟性、优化性等特点，开展信息管理、质量管理、进度管理、成本管理、安全管理等工作。

1. 信息管理

Navisworks 软件可用于整合照片、表格、文档、超链接等多种不同格式的数据，通过整合工程施工数据，形成完整的施工现场过程记录，有助于监控工程施工质量，并可为项目全生命周期运营建立施工数据库。

Navisworks 软件采用链接工具，将外部数据文件链接至当前场景中，并与场景中制定的图元进行关联，对相应图元的施工数据进行记录。可记录施工现场照片、施工现场视频、施工单位信息、施工现场会议、突发情况、自然灾害情况、签证信息等，记录格式包括音频、视频、图像、网页、文档等多种外部数据信息。

链接外部数据过程如下：

Step 1：选择场景中需要链接外部数据的图元，切换到"项目工具"选项卡。

Step 2：单击"项目工具"选项卡"链接"面板中的"添加链接"按钮，如图 12.2-5 所示。打开"添加链接"对话框。

图 12.2-5　添加链接

Step 3：在"添加链接"对话框中，根据需要添加外部数据。例如，记录现场单管塔平台施工照片的外部数据添加设置为："名称"填写"单管塔平台施工照片"，"链接到文件或 URL"选择"单管塔平台施工照片.jpg"文件。此外，可通过单击"添加"按钮持续添加外部链接数据，如添加第二平台挂载天线照片。

Step 4：单击"项目工具"选项卡"链接"面板中的"编辑链接"按钮，打开"编辑链接"对话框。可查看选中图元添加的链接信息，并可对链接进行"添加"、"编辑"、"跟随"、"删除"等操作。

通过链接工具可为通信基站工程建筑信息模型记录各类外部信息，形成完善的信息模型，提升通信基站工程施工信息管理。

2. 质量管理

在通信基站工程中，施工质量和安装质量直接影响到基站的正常运行。影响工程质量的因素包括：人工、材料、机械、方法和环境。在施工过程中通过对影响因素进行有效控制，可保证工程建设质量，可从产品质量管理、技术质量管理、组织管理三方面进行质量管理。对各施工任务质量控制系统过程分为：事前控制、事中控制和事后控制。

1）产品质量管理

通信基站工程不仅包含建筑构件类产品，还包含设备类产品。根据基站实际要求进行深化设计得到的建筑信息模型，其构件和设备均包含了大量信息，如构件外观尺寸、型号规格、材料信息、生产厂家、合格信息、实验证明等。可根据建筑信息模型中提供的信息对进场产品进行跟踪检查，判断进场产品是否符合工程要求。对于现场施工类构件，可采用监测手段进行跟踪、记录和分析，避免不合格产品出现。对发现的不合格产品需及时处理，避免影响到下个工序，或成为工程隐患。产品质量管理主要集中在事前控制、事中控制。对于复杂构件可采用建筑信息模型进行合理的过程模拟，努力将产品质量管理控制在事前控制阶段，在工程实施过程中应避免产品质量管理发生在事后控制阶段，避免给工程造成较大损失。

2）技术质量管理

通信基站工程中采用的成品产品由加工厂家控制，不属于通信基站工程施工阶段，其相应的技术质量控制在企业内部完成。除成品外，实际工程中还涉及众多的现场施工作业，对现场施工作业，施工工艺流程和施工技术的合理是保证产品质量合格的基础，尤其是对于采用新工艺、新材料、新技术、新设备的基站工程，制定合理的施工工艺流程和施工技术方案，对指导施工单位正确施工，提供合格的产品质量尤为重要。

采用 Navisworks 软件 TimeLiner 模块提供的施工过程模拟方法，将经过多专业讨论形成的施工工艺流程进行四维模拟，通过解决各种问题，并进行多次讨论验证解决施工工艺中存在的细节问题，形成合理的施工工艺流程。根据施工工艺流程制定合理的施工技术方案，再采用施工技术方案对通信基站工程进行施工过程模拟，确保工程各参建单位在工程做法上取得一致性，通过"先试后建"为现场施工作业产品质量提供最基础的施工工艺流程和施工技术方案保证。

此外，可结合多种监测工具对现场施工作业产品进行事中控制。各参建单位既是方案实施者，又是方案实施过程的观察者，同时还是方案是否合理的分析者。通过多角度全程参与，解决复杂工程现场施工作业产品存在的质量管理难度。通过技术质量管理，全方位提高产品质量。

3）组织管理

工程实施过程中，应对影响工程质量的人工、材料和机械因素进行相应管理。其中最主要的是对三者进行合理高效的组织管理。

（1）人工

建筑信息模型的制作和使用均由人工完成，人工工作效率和工作效果对通信基站工程质量产生直接影响，要求通信基站工程各参建方熟悉建筑信息模型技术。项目各参建方包含规划设计人员、施工技术人员、监理技术人员、建设方技术人员、设备供货方技术人员、设备维护方技术人员、综合运行管理人员、最高系统管理人员等。各相应团队均应建立熟知并可操作建筑信息模型的团队，各团队按各自负责的部分对建筑信息模型进行创建、监测、维护、更新。在各团队的维护下，建筑信息模型处于持续可发展的健康状态。各人员应给予相应的工作权限，以方便操作相应部分内容，最高系统管理人员拥有整个系统的最高权限，可为各专业制定并分配相应权限。通过对各团队人工进行合理高效的管理，使得建筑信息模型能正确高效地指导施工过程。团队组织分级如图 12.2-6 所示。

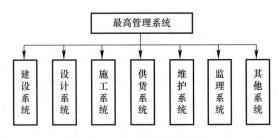

图 12.2-6　团队组织分级

（2）材料

除按照产品质量控制管理工程材料外，还应进行材料组织管理控制。结合施工过程模拟与资源配置，编制符合工程实际情况的材料供应计划，结合项目的实际进度情况，及时对项目所需要的材料类型和材料量进行调整，确保工程项目的材料供应合理高效，为工程项目的顺利开展提供保障，并可实现资源的合理化利用。

（3）机械

机械在施工现场的布置位置、数量以及运行路线均与工程施工相关。结合建筑信息模型可模拟不同机械位置对工程施工过程的影响，通过研究工程特征、施工工艺流程、施工技术方案以及施工现场环境，选择最优化机械布置方案、机械型号及数量，以节约、高效、安全的原则选择机械组织方案。

通过对以上三类因素进行合理高效的组织管理，并根据管理过程与结果及时更新建筑信息模型，可提升组织管理效率，有效保证工程质量。

3. 进度管理

Navisworks 软件 TimeLiner 模块可在三维模型中增加时间参数，形成工程项目四维进度模型。生成的四维模型具有时间坐标，可结合施工进度数据进行施工进度管理。该模块支持用户导入多种进度计划软件编制的施工计划，有助于采用各种施工管理软件结合四维模型进行施工进度管理。

施工过程中存在影响施工进度的各种问题，既有共性问题，又有个性问题。通过施工过程模拟，可预测施工中容易出现的部分问题，并给出解决方案。此外，通过施工过程模拟，可结合资源配置情况优化施工过程，得到最优的施工进度模型，指导施工以最优化施工计划开展工作。

采用建筑信息模型进行施工进度管理主要包括基础信息要求、施工计划编制、进度跟踪分析三部分内容。

1）基础信息要求

基础信息要求分为进度计划编制要求和建筑信息模型要求。通常由施工总包单位按照施工合同要求组织各参建单位进行编制，在总进度计划要求范围内，根据各参建单位资源配置情况，将施工任务进行分解，并确定可行的进度控制目标。

2）施工计划编制

施工计划编制分为进度计划模型编制和进度计划模拟评审。首先应将工程进行合理施工任务分解，通常采用传统工程分解方法，分解过程详见施工过程模拟。对分解后的施工任务合理安排进度计划，结合施工过程模拟进行进度计划模拟评审，以便确定各施工任务分配时间的合理性，以及资源利用的合理性。

3）进度跟踪分析

进度跟踪分析分为进度信息收集和进度跟踪控制。进度跟踪主要采用各种收集的施工信息进行判断，收集手段包含现场拍照、实时录像、仪器监测等手段。根据收集的信息数据进行进度跟踪，分析进度提前或推迟的原因，通过对症下药、提出改进措施、修改施工计划等，使得施工进度在合理的控制范围内，实现施工进度管理。

4. 成本管理

在通信基站工程实施过程中，应根据工程预算对施工成本进行全程管理与控制，避免在竣工决算时超出预算。工程实施过程中工程量及资源均处于动态变化中，且根据实际工程变化，通常会出现工程变更。以上因素都会影响到工程成本发生变化，对工程进行成本管理贯穿于整个施工阶段。

采用 Navisworks 软件 TimeLiner 模块建立的施工任务，可使用扩展列加入施工任务的实际开始时间、实际结束时间、人工费、材料费、机械费、分包商费用、总费用等信息，形成包含费用和时间的信息模型。结合可导出工程量清单和定额、费率的其他软件，可形成预算信息模型。可通过以下多个方面对工程进行成本管理。

1）工程量管理

采用 TimeLiner 模块建立的施工任务，可统计各时间段计划工程量，结合时间段实际工程量可实时管理各施工任务的开始时间和完成时间，根据完成时间进行工程结算。

2）资源动态管理

将工程资源计划与进度、成本信息关联，有助于合理安排出各时间段资源计划，避免出现人员窝工和资源浪费。根据工程实施过程中出现的各种情况，及时更新资源计划，达到资源动态管理，高效利用的目的。同时可对资源实际消耗量与预算量进行监控，分析各项资源是否存在超过预算用量的情况，如果实际进度与计划进度不匹配，信息系统发出预警信号，引导施工管理者及时查找原因，调整进度方案和资源配置方案，促使实际进度与计划进度匹配，从而实现成本管理目标。

3）成本实时监控

根据预算信息模型可得到工程任意节点的直接成本、管理费、利润、规费、税金及总造价等预算信息，并可根据变更动态调整预算成本。通过跟踪工程施工情况，可分析工程任意节点的计划工作预算费用、已完工作预算费用、计划工作实际费用、已完工作实际费用、进度偏差和成本偏差。根据分析结果，可对已完成分部分项工程进行成本评价。还可根据成本的实时消耗情况，对未完工工程进行成本预测，为成本实时监控和动态管理提供数据支撑。

4）变更与合同管理

在工程的施工过程中，工程变更会影响到成本变化，及时将工程变更数据载入建筑信息模型中，有利于施工单位及时调整资源投入方案，并可准确计算工程变更后的成本变化。通过合同管理可对合同执行情况进行精确管理，有助于控制工程进程和工程结算。

5. 安全管理

通信基站工程可采用建筑信息模型辅助安全管理。主要包括以下内容：危险因素识别、危险区域划分、施工空间冲突管理、安全措施制定、安全评价、安全监控以及基于 BIM 的数字化安全培训。

采用建筑信息模型进行施工过程模拟，通过施工过程模拟可识别潜在的施工现场危险因素，用于施工现场的安全管理和事故规避。根据危险源识别结果，在建筑信息模型中可对施工区域进行危险程度分级划分，在模型中采用不同颜色对危险程度进行标记，在相应区域列出明确禁止的施工活动，有效降低由于危险区域划分不明确引发的安全事故。采用施工过程模拟结果可预测合理的施工流程，从而合理安排施工材料、机械位置、高效运用工地资源和工作空间，减少安全事故发生的可能性。通过施工过程模拟，对识别到的危险因素进行判断，可指定相应的安全防护措施。当识别到的危险因素超出普通范围时，应针对相应的施工过程，进行施工安全专项设计，重新制定符合要求的施工工艺及相应的安全防护措施，并调整到建筑信息模型中。

除对危险源及危险施工过程控制外，还可将数字化信息技术融入监控和培训中。各参建单位可采用多种监测工具对现场施工作业进行事中控制，并及时调整施工安全措施。在工程中可采用建筑信息模型进行数字化交底，同样可制作相应的工程数字化信息数据库，可供各参建人员通过多维虚拟环境学习掌握特种工序施工和大型机械使用等方法。对于涉及新工艺、新材料、新技术、新设备的工程，采用数字化培训技术，可提高培训效率，降低工序中存在的安全风险隐患。

12.3 运维阶段

运维阶段主要涉及数据标准、数据监测、应用平台和智能化等内容，可通过网络传输，将具有统一格式的监测数据传递至监控中心，通过应用平台完成数据分析，采用智能化设备完成结果处理，从而实现对通信基站工程的运维管理。

12.3.1 数据标准

数据标准是通信基站工程各工程阶段传递模型的基础，为工程各阶段提供标准化的数据储存方式和共享方式，统一的数据标准有助于提高信息模型的集成度，进一步提高模型共享度，方便工程各阶段数据互相传导，充分提高管理效率。数据标准不仅指各类模型数据互导采用的格式，同时也包含对模型的定义方法和注释标准，高效的数据标准应遵循开放式标准原则，可满足向工程各参建方的直观性展示，使用户能够充分理解和利用数字信息。

结合通信基站工程特点，采用行业术语和规范标准，对各构件和设备进行参数化定义，建立统一的信息平台对数据进行管理。建筑信息模型创建时已完成构件和设备的物理、功能、名称参数化，还应对空间坐标和时间进行参数化。参数化的坐标体系可以满足构件和设备在不同参考体系中的快速定位。采用时间参数化可在通信基站工程全生命周期中，实现构件和设备的时间管理。此外，运维阶段的数据标准还应包含资产编码和资产类型编码等。

1. 坐标参数化

在建筑信息模型中，构件和设备应采用具有统一参照的坐标系。对不同专业、不同使用范围的构件和设备，为达到其快速定位的要求，可对坐标系进行简化处理，处理后的各坐标系采用公式进行换算。根据通信基站工程特点可将坐标系分为 5 级：基于整体的全局坐标系、基于场地的整体坐标系、基于楼层的楼层坐标系、基于机房的机房坐标系和基于设备的设备坐标系。参数化坐标系内容如表 12.3-1 所示，坐标系相互关系如

图 12.3-1 所示。

坐标系及相应内容　　　　　　　　　　　　　　表 12.3-1

坐标系	内容
全局坐标系	场地布置、机房位置、铁塔位置、构筑物间距等
整体坐标系	单栋建筑物的建筑、结构构件位置等
楼层坐标系	设备高度、天线高度等
机房坐标系	通信设备、电源设备、空调设备位置等
设备坐标系	机柜方向、细部构造、模块安装位置等

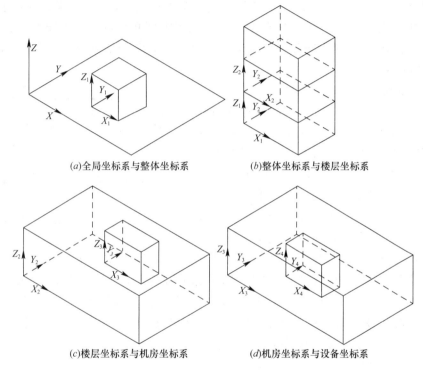

(a)全局坐标系与整体坐标系　　　　　　(b)整体坐标系与楼层坐标系

(c)楼层坐标系与机房坐标系　　　　　　(d)机房坐标系与设备坐标系

图 12.3-1　坐标系相互关系

在全局坐标系基础上建立整体坐标系，用于定位各构筑物坐标；在整体坐标系中，对于含有多楼层的机房或多平台的铁塔，通过设立楼层坐标系区分不同楼层；在楼层坐标系基础上设置机房坐标系可详细描述设备在机房中的实际位置，采用设备坐标系可以描述具体设备内部子模块的详细位置。采用不同级别坐标系可将设备内部子模块与建筑场地建立联系，并在场地中进行准确定位。通信基站工程通常为单层单个机房，因而楼层坐标系和机房坐标系使用较少，可根据实际情况进行调整。对各坐标系间建立换算公式，可满足从空间上对任何设备在不同坐标系中的准确定位。各坐标系换算关系如式 12.3-1 所示。

$$\begin{cases} X_1 = X + A_1 \\ Y_1 = Y + B_1 \\ Z_1 = Z + C_1 \end{cases} \quad \begin{cases} X_2 = X_1 + A_2 \\ Y_2 = Y_1 + B_2 \\ Z_2 = Z_1 + C_2 \end{cases} \quad \begin{cases} X_3 = X_2 + A_3 \\ Y_3 = Y_2 + B_3 \\ Z_3 = Z_2 + C_3 \end{cases} \quad \begin{cases} X_4 = X_3 + A_4 \\ Y_4 = Y_3 + B_4 \\ Z_4 = Z_3 + C_4 \end{cases}$$

（式 12.3-1）

注：其中 X、Y、Z 代表全局坐标系；X_1、Y_1、Z_1 代表整体坐标系；X_2、Y_2、Z_2 代表楼层坐标系；X_3、Y_3、Z_3 代表机房坐标系；X_4、Y_4、Z_4 代表设备坐标系；A_1、B_1、C_1、A_2、B_2、C_2、A_3、B_3、C_3、A_4、B_4、C_4 为各坐标系的相互关系。

2. 时间参数化

全生命周期涉及不同时间段，跨越时间段很长，不同时间段有不同工作内容。规划设计阶段，通过建立建筑信息模型，分析选择最优化设备指标；正常使用阶段，通过合理维护使得构件和设备使用效率最大化。由于全生命周期各阶段工作内容均涉及时间，因而需要对时间进行参数化定义，以便描述设备处于全生命周期中的哪个阶段。

时间参数采用两级表达：T 代表一级时间参数，从项目立项开始，直到整个项目报废的全生命周期时间参数；t 代表二级时间参数，即阶段时间参数，不同阶段通过下标区别。通过两级时间参数表达既可知道设备在全生命周期中所处的时间段，也能得知设备在各阶段中所处的时间段。两级时间段划分方法可为设备更新后新设备的重新计量提供可操作性。两级时间参数如图 12.3-2 所示。

3. 资产编码化

在通信基站工程运营过程中，各构件和设备均属于资产。传统的铁塔管理模式需要对资产进行编码，通过资产编码和资产类型编码实现同类别资产统一管理，进而实现网上平台采购、结算以及管理分析等功能。在采用建筑信息模型增加数据形成的运维模型中，也应对各构件和设备进行资产编码和资产类型编码，以便与铁塔系统原统计方式接轨。资产编码和资产类型编码主要特点为：

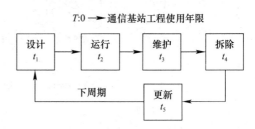

图 12.3-2　两级时间参数

1）各构件和设备应在管理范围内保持资产编码和资产类型编码的唯一性和准确性；

2）空间类资产类型编码宜按功能分类，并在建筑信息模型的空间构件中定义，设备类资产类型编码应根据设备的具体型号区分，并在建筑信息模型的设备元素中定义；

3）资产编码和资产类型编码规则宜由运维管理方规定。

4. 运维信息模型

通信基站工程创建的建筑信息模型已包含进行物理参数化和功能参数化的各构件和设备，在施工阶段增加各种工程信息，更新模型使之成为满足交付要求的竣工信息模型。在竣工模型的基础上，对各构件和设备进行坐标参数化、时间参数化、资产编码化等处理，可创建运维信息模型。将竣工信息模型转化为运维信息模型时，宜针对运维阶段管理需求对模型进行适当的补充和简化。运维信息模型应包含运维管理所需的系统、元素、构件和属性。可结合相关信息系统软件对运维信息模型进行操作，实现四维可视化运维管理，并可根据通信基站工程相应特点和管理需求，制定相应的通信基站运维管理系统功能模块和对应的运维信息模型，以方便高效管理通信基站工程。

12.3.2　数据监测

运维信息模型要在实际运维管理中发挥优势，还需要将运维管理对象与数据监测设备联立，通过数据监测为运维管理提供信息支撑，方便运维人员及时作出反馈。数据监测主要采用传感器和无线射频识别技术，可用于构件识别、施工定位、机房运营状态、设备运营状态等信息数据获取。

1. 传感器

通信基站工程中主要包含的传感器类型为：断电传感器、电压传感器、电流传感器、门禁传感器、温湿度传感器、水浸传感器、烟雾传感器等。此外，还可以根据实际工程需求，开发相应的传感器类型，如天线方位传感器等。各传感器简要介绍如下：

1）断电传感器

基站外市电断电传感器是用于检测判断外市电断电情况的设备。在靠近基站机房内外市电供电线路处采用非接触式安装，可感应供电线路中的电场。当供电线路有外市电时，外市电产生电场，传感器可感应到此电场，从而指示有电；反之则指示无电。通过感知电场变化，侦测交流电场是否存在，进而判断外市电的运行情况。发电取信方式包含近端发电场景取信方案和远端发电场景取信方案。

（1）近端发电场景取信方案

在交流电输入开关前端安装断电传感器，通过有线传输方式连接至 FSU AI 接口。FSU 结合市电状态和开关电源直流母线电压变化自动识别基站供电性质，通过传感器向监控中心输出发电取信统计报表。

（2）远端发电场景取信方案

在远端交流电输入开关前端安装断电传感器，采用无线传输模式，通过无线传输通道，将远端的市电状态信息传输至机房内的 FSU。FSU 结合市电状态、开关电源直流母线电压变化自动识别基站供电性质，计算发电时长输出至监控中心。

2）电压传感器

电压传感器是用于监测交流电压、直流电压、脉冲电压转换成按线性比例输出直流电压或直流电流并隔离输出模拟信号或数字信号的装置。在通信基站中需要对外市电、交流配电箱、蓄电池、开关电源、设备等进行电压监测，避免电压超出设备的正常使用范围。对开关电源可以监控电源有无告警、一次下电电压、二次下电电压等参数；对蓄电池可以监控蓄电池的电池过压告警电压、电池欠压告警电压、负载脱离电压、传输脱离电压、浮充电压、均充电压等参数；交流配电箱可以监测防雷器、负载电流、交流配电屏指示灯、告警信号等。

3）电流传感器

电流传感器可应用于通信基站中设备工作状态监测，电流传感器通过对通信电源的监测，在监控中心可对各设备工作状态进行管理。电流传感器监测方式包含对基站内的各设备分别监测和整体总动力线监测两种方式。整体总动力线监测类似于断电传感器，用于检测总的配电系统，而对各设备的分别检测则直接对基站内部各设备工作状态进行详细监测。

4）门禁传感器

通信基站工程采用门禁传感器对进入机房的人员进行授权管理，当机房出现非法闯入人员时，门禁传感器可实时报警，并触发视频监控系统进行录像报警。

5）温湿度传感器

基站中设备的运行均有相应要求的温湿度范围，温湿度在设备正常使用范围内时，各设备可发挥最大使用效率，且其生命周期较长。当温湿度超出正常使用范围时，设备容易出现故障，导致基站退服，且基站设备的使用寿命将会降低，如高温对蓄电池的使用寿命有致命影响。因而需要对机房温湿度进行实时监控，当出现异常时，应进行异常及时排查，对出现问题的空调设施等及时进行更换。

此外，基站通过温湿度传感器反馈的实时数据可及时调整基站内空调制冷温度或制热温度，保证机房在合理的温湿度范围。对于结合自然通风的节能型机房，对机房温湿度的实时监控有助于科学管理自然通风设施的开启与关闭时间。

6）水浸传感器

水浸传感器可用于探测机房内设备被水浸泡的情况，通过及时反馈浸水情况，监测平台可触发防洪设施，阻止水流的继续进入，将浸水高度控制在机柜底座范围内，避免基站设备被水浸泡损坏。

7）烟雾传感器

烟雾传感器用于探测机房内火灾情况，通过及时反馈机房内部烟雾数据，结合视频监控系统对机房内火灾情况进行判断，可自动或联动设置气体灭火系统，从而阻止火灾扩大，降低基站损失。

8）天线方位传感器

目前通信基站工程中天线挂载于铁塔顶部检修平台或天线支架上，在天线安装时根据图纸要求设置天线方向和下倾角，当后期需要调整时，往往需要人工登塔进行调整。当调整频率较高时，会严重影响调整效率，如抢险救灾型基站需要具有及时调整天线方位的功能。天线方位传感器可结合天线电动调整系统使用，根据实际需要，在监控中心通过传感器数据结合电动调整系统快速实现天线方位调整。

除采用传感器收集的各种数据监测值外，基站设备各模块还会自动反馈模块运行数据，可根据模块返回的运行数据，对存在告警的情况及时在监控中心进行处理，对无法远程处理的告警数据，可进行现场处理，检测各模块之间的连线、机柜系统电压等是否存在异常。通过监控中心处理和现场处理两种手段，确保基站主设备正常运转。基站传输设备的运行监测与基站主设备类似。

对机房建筑构件和铁塔构件的数据监测主要集中在应力和变形两个方面，可在构件中贴设相应的数据监测仪器进行数据监测，对于处于边坡坡体的基站还可埋设测斜仪器用于收集边坡变化数据，为基站的安全运行提供准确的数据支撑。

2. 无线射频识别技术

通信基站工程可采用无线射频识别技术作为辅助工具，采用无线信号识别特定目标并读写相关数据，用于识别基站工程中的各构件和设备等物体，采用该技术辅助运维管理者对基站各构件和设备进行跟踪，有助于产品供应链和库存跟踪、资产管理、防盗及监测等。

无线射频识别技术主要由标签、阅读器和天线组成。其中标签由耦合元件及芯片组成，每个标签具有唯一的电子编码，附着在物体上标识目标对象；阅读器是用于读取标签信息的设备；天线在标签和读取器间传递射频信号。无线射频识别技术属于非接触式识别，能穿透雪、雾、冰、涂料、尘垢以及条形码无法使用的恶劣环境。

无线射频识别技术的基本工作原理为标签进入磁场后，接收解读器发出的射频信号，凭借感应电流所获得的能量发送存储在芯片中的产品信息（无源标签），或者由标签主动发送某频率信号（有源标签）。解读器读取信息并解码后，送至中央信息系统进行有关数据处理。通信基站工程中使用的门禁卡为典型的无源标签。有源标签由于具有远距离自动识别的特性，其在远距离自动识别领域发展迅速，有源标签可用于通信基站工程流程跟踪和维修跟踪等交互式业务。

12.3.3　应用平台

通信基站工程全生命周期应用平台可分为信息模型应用平台、数据监测应用平台和智能化应用平台。采用信息模型应用平台，完成基站建筑信息模型设备、安全、运维等各种数据录入，为运维人员提供从宏观到微观的三维展示模型，方便运维人员直观操作，提高运维效率；采用数据监测应用平台可对基站各构件和设备进行实时监测，为基站的安全运行提供监测支撑；采用智能化应用平台可及时对出现的问题进行科学处理，从而避免和减少由于缺乏维修或过度维修导致的浪费，充分提高运维的管理水平。

1. 信息模型应用平台

信息模型应用平台主要包括直接应用型平台、基于通用平台的二次开发软件和自主研发系统三种平台。直接应用型平台主要有 Archibus 和 Allplan Allfa，其中 Archibus 运维管理软件主要应用于基于平面数据的运营管理模式；Allplan Allfa 运维管理软件则可提供基于 BIM 技术的运营管理，覆盖了设计、施工和成本管理等，可采用 BIM 技术理念进行全生命周期管理。基于通用平台的二次开发软件，平台通常选用 Autodesk Design Review、Revit、Navisworks 等软件，具有开发周期较短，可以满足一般工程需求的特点。自主研发系统大多数处于开发阶段，距离功能完整的系统还存在很大差距，目前开发成功的系统通常是针对运维阶段的某一个或几个特定领域，覆盖范围狭窄。

综上所述，目前还不具备完善的信息模型应用平台，由于通信基站工程规模较小，且设备类型较为简单，可考虑采用基于通用平台的二次开发软件或自主研发系统方式实现。

2. 数据监测应用平台

对通信基站工程进行数据监测，会产生海量数据，需要采用高效的数据监测应用平台对各种监测数据进行汇总管理，建立合理的技术架构体系，将自动监控系统、物联网技术、云计算平台、大数据技术等进行深度整合，对监测数据进行深度计算分析，并给出相应的处理指导意见，用于指导基站的正常运行。

3. 智能化应用平台

通过数据监测可对运维阶段各构件和设备状态进行详细描述，通过应用平台可对数据监测和信息模型进行高度整合，经过详细分析给出处理意见，针对处理意见可进行相应的调整维修。科技发展促使流程实现自动化和智能化，运维阶段调整维修工作可采用智能化设备结合人工智能完成。如采用带有舵机的电动型支架系统，在天线方位传感器监测出天线方向偏离原方位，或根据要求需要调整方向时，可在监控中心对电动型支架系统发出指令，控制其实现天线方位调整。

随着智能化设备发展和人工智能算法开发，智能化会成为运维管理系统对通信基站工程进行管理的显著特点。智能化体现在采用物联网技术采集数据、通信网络传输数据、大数据平台对比数据库、人工智能分析计算、智能化设备联动系统等方面。具体而言，采用物联网技术可将基站内设备与互联网相连接，可提供实时监测、定位追溯、报警联动、调度指挥、预案管理、远程控制、安全防范、远程维保、在线升级、统计报表、决策支持、领导桌面等管理和服务功能；采用大数据平台对比数据库可获得基站建设与运营的相关数据；采用人工智能分析计算可对基站相关数据按相应算法进行神经计算、模糊计算、进化计算等分析计算，为创建合理的各类数学模型和方案决策提供支撑；智能化设备联动系统作为实际操作的环节，主要通过人工智能和机械自动化实现基站设备控制。

将信息模型应用平台、数据监测应用平台和智能化应用平台进行组合，即可得到能够为运维阶段提供详细数据支撑的运维信息模型及相应的支撑系统，必然会在运维管理中触发革命性变革，展开运维管理的新局面。

12.4 云计算

在通信基站工程中使用建筑信息模型技术和相应的运维管理技术，会产生大量的信息数据。在建立模型的过程中以及运维管理中，不仅需要收集大量的信息数据，还需要对信息数据划分归类并保存，需要采用复杂的全生命周期应用平台对各种信息数据进行分析计算，根据大数据平台对比数据库以及人工智能计算结果对相应的信息数据做出判断，经过人工复核后发出相应的处理指令。整个工作环节中，海量数据和高度集成应用平台成为最主要的特点。采用传统的计算机储存设备和计算设备已无法满足其工作内容，应及时引入云计算。采用云计算相关方法收集、整理并储存海量数据，对数据进行分析计算，并给出判断以及处理指令。

通信基站工程全生命周期涉及的数据服务主要为物联、储存和计算，因而在基站中使用云计算，主要可从云物联、云储存、云计算三类服务进行深入讨论。

1. 云物联

基站中设备传感器和无线射频识别结果可通过互联网回传至监控中心。目前监测对象主要为设备，且监测数据较为简单，对建筑构件并未进行监测。随着对各建筑构件以及地理信息的监测，以及监测数据的全面化发展，监测信息呈几何倍数增加，物联网业务量呈几何倍数增加，采用传统的物联技术已无法满足海量的物联数据传输。此时可采用虚拟化云计算技术实现云物联，采用云物联技术扩充物联传输通道，以满足海量数据的物联传输要求。

2. 云储存

通信基站工程中使用建筑信息模型技术和运维管理技术会产生海量数据，采用单台计算机已经不能满足其管理要求。此时需要采用云计算系统对海量数据进行存储和管理。通过集群应用、网格技术、分布式文件系统等功能，将多台存储设备通过应用软件集合起来协同工作，共同提供数据存储和业务访问，以满足通信基站工程海量数据的储存要求。

3. 云计算

在基站运维管理阶段，需要对海量数据进行分析，进而对数据监测反馈的信息给出正确判断，当数据众多时，单台计算机不能满足分析计算需求。此时可采用云计算技术，将分析计算任务纳入到可配置的计算资源共享池，通过大量的分布式计算机资源来解决庞大繁杂的分析计算服务。同时可采用互联网进行数据传输，实现具有超大规模计算器且可扩展式的虚拟化按需服务，其计算能力较单台计算器高出很多，甚至可处理超级计算任务。与超级计算机相比，采用云计算费用极其低廉，可作为合适的通信基站工程计算服务类型。

随着云计算技术的成熟与快速应用，运维管理系统可选择采用云计算架构来构建，采用云平台架构的应用系统优化了传统架构的诸多缺点。同时传输网络带宽和传输速度也需要进入相应的匹配发展阶段，以便能够适应云计算爆炸式增长的海量数据，且能够将网络延迟控制在可接受范围，满足通信基站工程中控制类数据、实时数据和流式等数据的传输需求，对便能够实时对基站各构件和设备的监测与控制。

云计算除能在运维阶段为通信基站工程提供技术支撑外，还可为设计阶段及施工阶段提供服务支撑。如在设计阶段可通过云计算的前端手持型设备进行基站选址，采用手持平板提供直观的三维信息模型，以便设计人员和工程各参建方交流方案；在施工阶段，通过手持设备和数据监测设备，工程各参建方可实施对工程进行监控，以及进行技术交流。可以采用云计算分析工程信息，提供精准安全的施工方案，为工程决策提供强有力的技术支撑。云计算伴随 BIM 在通信基站工程中的应用逐步发展，必将会成为通信基站工程全生命周期应用中的显著特点。

附 录 A

A.1 槽钢数据文件

热轧槽钢采用现行国家标准《热轧型钢》GB/T 706。各尺寸标注详见图 A.1-1。

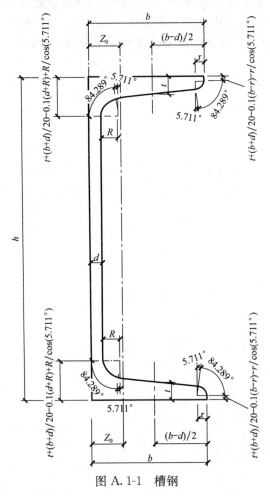

图 A.1-1 槽钢

热轧槽钢数据格式文件为：

，W＃＃other＃＃，A＃＃area＃＃millimeters，h＃＃length＃＃millimeters，b＃＃length＃＃millimeters，d＃＃length＃＃millimeters，t＃＃length＃＃millimeters，Z_0＃＃length＃＃millimeters，R＃＃length＃＃millimeters，r＃＃length＃＃millimeters

GB-C5，10400，692.8，50，37，4.5，7，13.5，7，3.5

GB-C6.3，16100，845.1，63，40，4.8，7.5，13.6，7.5，3.8

GB-C6.5，17000，854.7，65，40，4.3，7.5，13.8，7.5，3.8

GB-C8，25300，1024.8，80，43，5，8，14.3，8，4

GB-C10，39700，1274.8，100，48，5.3，8.5，15.2，8.5，4.2

GB-C12，57700，1536.2，120，53，5.5，9，16.2，9，4.5

GB-C12.6，62100，1569.2，126，53，5.5，9，15.9，9，4.5

GB-C14a，80500，1851.6，140，58，6，9.5，17.1，9.5，4.8

GB-C14b，87100，2131.6，140，60，8，9.5，16.7，9.5，4.8

GB-C16a，108000，2196.2，160，63，6.5，10，18，10，5

GB-C16b，117000，2516.2，160，65，8.5，10，17.5，10，5

GB-C18a，141000，2569.9，180，68，7，10.5，18.8，10.5，5.2

GB-C18b，152000，2929.9，180，70，9，10.5，18.4，10.5，5.2

GB-C20a，178000，2883.7，200，73，7，11，20.1，11，5.5

GB-C20b，19100，3283.7，200，75，9，11，19.5，11，5.5

GB-C22a，218000，3184.6，220，77，7，11.5，21，11.5，5.8

GB-C22b，234000，3624.6，220，79，9，11.5，20.3，11.5，5.8

GB-C24a，254000，3421.7，240，78，7，12，21，12，6

GB-C24b，274000，3901.7，240，80，9，12，20.3，12，6

GB-C24c，293000，4381.7，240，82，11，12，20，12，6

GB-C25a，270000，3491.7，250，78，7，12，20.7，12，6

GB-C25b，283000，3991.7，250，80，9，12，19.8，12，6

GB-C25c，295000，4491.7，250，82，11，12，19.2，12，6

GB-C27a，323000，3928.4，270，82，7.5，12.5，21.3，12.5，6.2

GB-C27b，347000，4468.4，270，84，9.5，12.5，20.6，12.5，6.2

GB-C27c，372000，5008.4，270，86，11.5，12.5，20.3，12.5，6.2

GB-C28a，340000，4003.4，280，82，7.5，12.5，21，12.5，6.2

GB-C28b，366000，4563.4，280，84，9.5，12.5，20.2，12.5，6.2

GB-C28c，393000，5123.4，280，86，11.5，12.5，19.5，12.5，6.2

GB-C30a，403000，4390.2，300，85，7.5，13.5，21.7，13.5，6.8

GB-C30b，433000，4990.2，300，87，9.5，13.5，21.3，13.5，6.8

GB-C30c，463000，5590.2，300，89，11.5，13.5，20.9，13.5，6.8

GB-C32a，475000，4851.3，320，88，8，14，22.4，14，7

GB-C32b，509000，5491.3，320，90，10，14，21.6，14，7

GB-C32c，543000，6131.3，320，92，12，14，20.9，14，7

GB-C36a，660000，6091，360，96，9，16，24.4，16，8

GB-C36b，703000，6811，360，98，11，16，23.7，16，8

GB-C36c，746000，7531，360，100，13，16，23.4，16，8

GB-C40a，879000，7506.8，400，100，10.5，18，24.9，18，9

GB-C40b，932000，8306.8，400，102，12.5，18，24.4，18，9

GB-C40c，986000，9106.8，400，104，14.5，18，24.2，18，9

A.2　角钢数据文件

热轧等边角钢采用现行国家标准《热轧型钢》GB/T 706。各尺寸标注详见图 A.2-1。

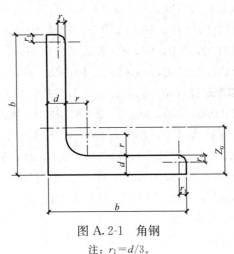

图 A.2-1　角钢

注：$r_1 = d/3$。

热轧等边角钢数据格式文件为：

，Wx＃＃other＃＃，A＃＃area＃＃millimeters，b＃＃length＃＃millimeters，d＃＃length＃＃millimeters，r＃＃length＃＃millimeters，Z_0＃＃length＃＃millimeters

GB-L40X3，1230，235.9，40，3，5，10.9

GB-L40X4，1600，308.6，40，4，5，11.3

GB-L40X5，1960，379.1，40，5，5，11.7

GB-L45X3，1580，265.9，45，3，5，12.2

GB-L45X4，2050，348.6，45，4，5，12.6

GB-L45X5，2510，429.2，45，5，5，13

GB-L45X6，2950，507.6，45，6，5，13.3

GB-L50X3，1960，297.1，50，3，5.5，13.4

GB-L50X4，2560，389.7，50，4，5.5，13.8

GB-L50X5，3130，480.3，50，5，5.5，14.2

GB-L50X6，3680，568.8，50，6，5.5，14.6

GB-L56X3，2480，334.3，56，3，6，14.8

GB-L56X4，3240，439，56，4，6，15.3

GB-L56X5，3970，541.5，56，5，6，15.7

GB-L56X6，4680，642，56，6，6，16.1

GB-L56X7，5360，740.4，56，7，6，16.4

GB-L56X8，6030，836.7，56，8，6，16.8

GB-L60X5，4590，582.9，60，5，6.5，16.7

GB-L60X6，5410，691.4，60，6，6.5，17

GB-L60X7，6210，797.7，60，7，6.5，17.4

GB-L60X8，6980，902，60，8，6.5，17.8

GB-L63X5，5080，614.3，63，5，7，17.4

GB-L63X6，6000，728.8，63，6，7，17.8

GB-L63X7，6880，841.2，63，7，7，18.2

GB-L63X8，7750，951.5，63，8，7，18.5

GB-L70X5，6320，687.5，70，5，8，19.1

GB-L70X6，7480，816，70，6，8，19.5

GB-L70X7，8590，942.4，70，7，8，19.9

GB-L70X8，9680，1066.7，70，8，8，20.3

GB-L75X5，7320，741.2，75，5，9，20.4

GB-L75X6，8640，879.7，75，6，9，20.7

GB-L75X7，9930，1016，75，7，9，21.1

GB-L75X8，11200，1150.3，75，8，9，21.5

GB-L75X9，12430，1282.5，75，9，9，21.8

GB-L75X10，13640，1412.6，75，10，9，22.2

GB-L80X5，8340，791.2，80，5，9，21.5

GB-L80X6，9870，939.7，80，6，9，21.9

GB-L80X7，11370，1086，80，7，9，22.3

GB-L80X8，12830，1230.3，80，8，9，22.7

GB-L80X9，14250，1372.5，80，9，9，23.1

GB-L80X10，15640，1512.5，80，10，9，23.5

GB-L90X6，12610，1063.7，90，6，10，24.4

GB-L90X7，14540，1230.1，90，7，10，24.8

GB-L90X8，16420，1394.4，90，8，10，25.2

GB-L90X9，18270，1556.6，90，9，10，25.5

GB-L90X10，20070，1716.7，90，10，10，25.9

GB-L90X12，23570，2030.6，90，12，10，26.7

GB-L100X6，15680，1193.2，100，6，12，26.7

GB-L100X7，18100，1379.6，100，7，12，27.1

GB-L100X8，20470，1563.8，100，8，12，27.6

GB-L100X9，22790，1746.2，100，9，12，28

GB-L100X10，25060，1926.1，100，10，12，28.4

A.3　螺栓数据文件

1. 普通六角头螺栓

普通六角头螺栓数据格式可将螺栓、螺母、平垫圈结合在同一数据文件中。普通 U 形卡螺栓可采用相同的数据格式。采用的相关现行国家标准如下：

《六角头螺栓》GB/T 5782

《六角头螺栓　C 级》GB/T 5780

《1 型六角螺母》GB/T 6170

《1 型六角螺母　C 级》GB/T 41

《平垫圈　A 级》GB/T 97.1

《平垫圈　C 级》GB/T 95

螺栓、螺母、平垫圈各尺寸标注详见图 A.3-1～图 A.3-4。

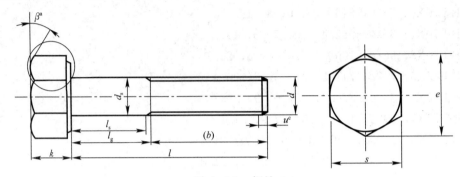

图 A.3-1　螺栓

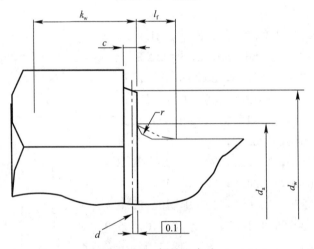

图 A.3-2　螺栓六角头

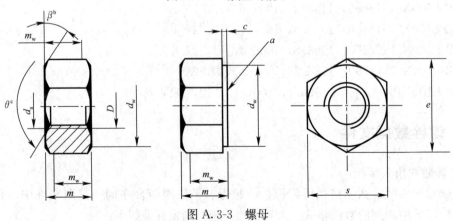

图 A.3-3　螺母

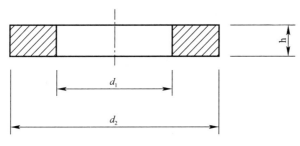

图 A.3-4　垫片

普通六角头螺栓数据格式文件为：

，d＃＃length＃＃millimeters，s＃＃length＃＃millimeters，k＃＃length＃＃milli-meters，c＃＃length＃＃millimeters，dw＃＃length＃＃millimeters，d_1＃＃length＃＃millimeters，d_2＃＃length＃＃millimeters，h＃＃length＃＃millimeters，m＃＃length＃＃millimeters

M5，5，8，3.5，0.5，6.88，5.3，10，1，4.7

M6，6，10，4，0.5，8.88，6.4，12，1.6，5.2

M8，8，13，5.3，0.6，11.63，8.4，16，1.6，6.8

M10，10，16，6.4，0.6，14.63，10.5，20，2，8.4

M12，12，18，7.5，0.6，16.63，13，24，2.5，10.8

M16，16，24，10，0.8，22.49，17，30，3，14.8

M20，20，30，12.5，0.8，28.19，21，37，3，18

M24，24，36，15，0.8，33.61，25，44，4，21.5

M30，30，46，18.7，0.8，42.75，31，56，4，25.6

M36，36，55，22.5，0.8，51.11，37，66，5，31

M42，42，65，26，1，59.95，45，78，8，34

M48，48，75，30，1，69.45，52，92，8，38

M56，56，85，35，1，78.66，62，105，10，45

M64，64，95，40，1，88.16，70，115，10，51

M14，14，21，8.8，0.6，19.64，15，28，2.5，12.8

M18，18，27，11.5，0.8，25.34，19，34，3，15.8

M22，22，34，14，0.8，31.71，23，39，3，19.4

M27，27，41，17，0.8，38，28，50，4，23.8

M33，33，50，21，0.8，46.55，34，60，5，28.7

M39，39，60，25，1，55.86，42，72，6，33.4

M45，45，70，28，1，64.7，48，85，8，36

M52，52，80，33，1，74.2，56，98，8，42

M60，60，90，38，1，83.41，66，110，10，48

2. 地脚螺栓

地脚螺栓相对普通六角头螺栓需要增加地脚螺栓总长度 H、地脚螺栓下紧固模板到地脚螺栓底部距离 h_1，如图 A.3-5 所示。

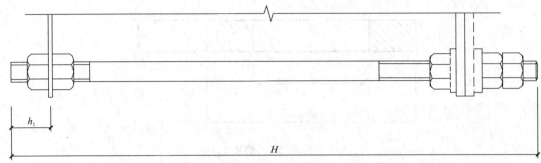

图 A. 3-5　地脚螺栓

地脚螺栓数据格式文件为：

，d＃＃length＃＃millimeters，s＃＃length＃＃millimeters，k＃＃length＃＃milli-
meters，c＃＃length＃＃millimeters，dw＃＃length＃＃millimeters，d_1＃＃length＃＃
millimeters，d_2＃＃length＃＃millimeters，h＃＃length＃＃millimeters，m＃＃length＃
＃millimeters，H＃＃length＃＃millimeters，h_1＃＃length＃＃millimeters

M5，5，8，3.5，0.5，6.88，7，30，4，4.7，400，20

M6，6，10，4，0.5，8.88，8，30，4，5.2，600，20

M8，8，13，5.3，0.6，11.63，10，40，6，6.8，700，30

M10，10，16，6.4，0.6，14.63，12，40，6，8.4，800，30 M12，12，18，7.5，
0.6，16.63，14，50，8，10.8，1000，40

M16，16，24，10，0.8，22.49，18，60，10，14.8，1000，50

M20，20，30，12.5，0.8，28.19，22，70，10，18，1300，80

M24，24，36，15，0.8，33.61，26，70，12，21.5，1400，60

M30，30，46，18.7，0.8，42.75，32，80，16，25.6，1600，80

M36，36，55，22.5，0.8，51.11，38，90，16，31，1700，90

M42，42，65，26，1，59.95，44，100，20，34，1900，90

M48，48，75，30，1，69.45，50，110，20，38，2100，100

M56，56，85，35，1，78.66，58，120，20，45，2300，100

M64，64，95，40，1，88.16，66，130，22，51，2500，110

M14，14，21，8.8，0.6，19.64，16，50，10，12.8，1000，40

M18，18，27，11.5，0.8，25.34，20，60，10，15.8，1200，50

M22，22，34，14，0.8，31.71，24，70，12，19.4，1500，60

M27，27，41，17，0.8，38，29，80，14，23.8，1600，80

M33，33，50，21，0.8，46.55，35，90，16，28.7，1700，80

M39，39，60，25，1，55.86，41，90，16，33.4，1800，90

M45，45，70，28，1，64.7，47，100，20，36，2000，90

M52，52，80，33，1，74.2，54，110，20，42，2200，100

M60，60，90，38，1，83.41，62，120，20，48，2400，100

3. 螺栓长度

螺栓长度与通过厚度及螺帽数量相关，单螺帽对应的螺栓规格与通过厚度关系详表
A. 3-1，双螺帽对应的螺栓规格与通过厚度关系详表 A. 3-2。根据工程中使用的螺栓规格

及螺帽数量可确定相应的螺栓长度，可在普通六角头螺栓数据格式中增加"l＃＃length＃＃millimeters"，用于描述采用的螺栓长度。

单螺帽螺栓规格 表 A.3-1

序号	级别	规格	使用范围		每个螺栓理论重量（kg）	
			无扣长（mm）	通过厚度（mm）	不带弹簧垫	带弹簧垫
1	4.8级	M12×30	7	8～12	0.0594	0.0640
2		M12×35	12	13～17	0.0633	0.0679
3		M12×40	15	18～22	0.0673	0.0719
4		M16×35	7	8～12	0.1248	0.1326
5		M16×45	12	13～22	0.1381	0.1459
6		M16×55	22	23～32	0.1536	0.1614
7		M16×65	32	33～42	0.1694	0.1772
8	6.8级	M20×40	9	10～15	0.2302	0.2454
9		M20×50	15	16～25	0.2510	0.2662
10		M20×60	25	26～35	0.2737	0.2889
11		M20×70	35	36～45	0.2983	0.3135
12		M20×80	45	46～55	0.3229	0.3381
13		M20×90	55	56～65	0.3475	0.3627
14		M20×100	65	66～75	0.3721	0.3873
15	6.8级或8.8级	M24×50	15	16～20	0.4148	0.4410
16		M24×60	20	21～30	0.4448	0.4710
17		M24×70	30	31～40	0.4776	0.5038
18		M24×80	40	41～50	0.5132	0.5394
19		M24×90	50	51～60	0.5488	0.5750
20		M24×100	60	61～70	0.5844	0.6106

双螺帽螺栓规格 表 A.3-2

序号	级别	规格	使用范围		每个螺栓理论重量（kg）
			无扣长（mm）	通过厚度（mm）	
1	4.8级	M12×40	7	8～12	0.0853
2		M12×45	12	13～17	0.0902
3		M12×50	15	18～22	0.0946
4		M16×45	7	8～12	0.1741
5		M16×55	12	13～22	0.1896
6		M16×65	22	23～32	0.2054
7		M16×75	32	33～42	0.2212
8	6.8级	M20×55	9	10～15	0.3304
9		M20×65	15	16～25	0.3550
10		M20×75	25	26～35	0.3796
11		M20×85	35	36～45	0.4042
12		M20×95	45	46～55	0.4288
13		M20×105	55	56～65	0.4537
14		M20×115	65	66～75	0.4785
15	6.8级或8.8级	M24×70	15	16～20	0.5956
16		M24×80	20	21～30	0.6312
17		M24×90	30	31～40	0.6668
18		M24×100	40	41～50	0.7024
19		M24×110	50	51～60	0.7380
20		M24×120	60	61～70	0.7736

参 考 文 献

1. 清华大学 BIM 课题组，互联立方（isBIM）公司 BIM 课题组. 设计企业 BIM 实施标准指南 [M]. 北京：中国建筑工业出版社，2013.

2. 清华大学 BIM 课题组. 中国建筑信息模型标准框架研究 [M]. 北京：中国建筑工业出版社，2011.

3. 何关培. BIM 总论 [M]. 北京：中国建筑工业出版社，2011.

4. 中国勘察设计协会等. Autodesk BIM 实施计划/实用的 BIM 实施框架 [M]. 北京：中国建筑工业出版社，2010.

5. 葛清. BIM 第一维度——项目不同阶段的 BIM 应用 [M]. 北京：中国建筑工业出版社，2013.

6. 葛文兰. BIM 第二维度——项目不同参与方的 BIM 应用 [M]. 北京：中国建筑工业出版社，2011.

7. 中建《建筑工程设计 BIM 应用指南》编委会. 建筑工程设计 BIM 应用指南（第二版）[M]. 北京：中国建筑工业出版社，2017.

8. 中建《建筑工程施工 BIM 应用指南》编委会. 建筑工程施工 BIM 应用指南 [M]. 北京：中国建筑工业出版社，2014.

9. 中国建筑业协会工程建设质量管理分会. 施工企业 BIM 应用研究（一）[M]. 北京：中国建筑工业出版社，2013.

10. 李久林. 大型施工总承包工程 BIM 技术研究与应用 [M]. 北京：中国建筑工业出版社，2014.

11. 李云贵. 建筑工程施工 BIM 应用指南（第二版）[M]. 北京：中国建筑工业出版社，2017.

12. 中国设计勘察协会. 实用的 BIM 实施框架 [M]. 北京：中国建筑工业出版社，2010.

13. 廖小烽，王君峰. Revit 2013/2014 建筑设计火星课堂 [M]. 北京：人民邮电出版社，2013.

14. 王君峰. Autodesk Navisworks 实战应用思维课堂 [M]. 北京：机械工业出版社，2015.

15. 柏慕进业，黄压斌等. Autodesk Revit Structure 实例详解 [M]. 北京：中国水利水电出版社，2013.

16. Autodesk Asia Pte Ltd. Autodesk Revit 2012 族达人速成 [M]. 上海：同济大学出版社，2012.

17. 黄亚斌，徐钦. Autodesk Revit 族详解 [M]. 北京：中国水利水电出版社，2013.

18. 刘占省，赵雪锋. BIM 技术与施工项目管理 [M]. 北京：中国电力出版社，2015.

19. 卡伦·M·肯塞克. BIM 导论 [M]. 林谦，孙上，陈亦雨译. 北京：中国电力出版社，2017.

20. 朱溢镕，黄丽华，肖跃军. BIM 造价应用 [M]. 北京：化学工业出版社，2016.

21. 袁帅. 广联达 BIM 建筑工程算量软件应用教程 [M]. 北京：机械工业出版社，2016.

22. 张鹏飞. 基于 BIM 的大型工程全寿命周期管理 [M]. 上海：同济大学出版社，2016.

23. 《民用建筑信息模型设计标准》导读编制组. 北京市地方标准 DB11/T 1069—2014《民用建筑信息模型设计标准》导读 [M]. 北京：中国建筑工业出版社，2014.

24. 中华人民共和国国家标准. GB/T 51212—2016 建筑信息模型应用统一标准 [S]. 北京：中国建筑工业出版社，2017.

25. 中华人民共和国国家标准. GB/T 51235—2017 建筑信息模型施工应用标准 [S]. 北京：中国建筑工业出版社，2018.

26. 中华人民共和国国家标准. GB/T 7027—2002 信息分类和编码的基本原则与方法 [S]. 北京：中国标准出版社，2003.

27. 中华人民共和国国家标准. GB 50856—2013 通用安装工程工程量计算规范 [S]. 北京：中国计划出版社，2013.

28. 上海市工程建设规范. DG/TJ 08—2201—2016 建筑信息模型应用标准 [S]. 上海：同济大学出版社，

2016.

29. 中华人民共和国国家标准. GB 50001—2017 房屋建筑制图统一标准［S］. 北京：中国建筑工业出版社，2018.

30. 四川省建筑设计研究院. DBJ51/T 047—2015 四川省建筑工程设计信息模型交付标准［S］. 成都：西南交通大学出版社，2015.

31. 中华人民共和国通信行业标准. YD/T 5015—2015 通信工程制图与图形符号规定［S］. 北京：北京邮电大学出版社，2016.

32. 中华人民共和国国家标准. GB 50135—2006 高耸结构设计规范［S］. 北京：中国计划出版社，2006.

33. 中国工程建设协会标准. CECS 236：2008 钢结构单管通信塔技术规程［S］. 北京：中国计划出版社，2008.

34. 中华人民共和国通信行业标准. YD/T 5131—2005 移动通信工程钢铁塔结构设计规范［S］. 北京：北京邮电大学出版社，2006.

35. 中华人民共和国通信行业标准. YD 5003—2014 通信建筑工程设计规范［S］. 北京：北京邮电大学出版社，2014.

36. 中华人民共和国国家标准. HG/T 21545—2006 地脚螺栓（锚栓）通用图［S］. 北京：中国计划出版社，2007.

37. 中华人民共和国国家标准. GB/T 6170—2015 1 型六角螺母［S］. 北京：中国标准出版社，2016

38. 中华人民共和国国家标准. GB/T 41—2016 1 型六角螺母 C 级［S］. 北京：中国标准出版社，2016.

39. 中华人民共和国国家标准. GB/T 5782—2016 六角头螺栓［S］. 北京：中国标准出版社，2016

40. 中华人民共和国国家标准. GB/T 5780—2016 六角头螺栓 C 级［S］. 北京：中国标准出版社，2016.

41. 中华人民共和国国家标准. GB/T 97.1—2002 平垫圈　A 级［S］. 北京：中国标准出版社，2002

42. 中华人民共和国国家标准. GB/T 95—2002 平垫圈 C 级［S］. 北京：中国标准出版社，2002.

43. 中华人民共和国国家标准. GB 50010—2010 混凝土结构设计规范［S］. 北京：中国建筑工业出版社，2010.

44. 中华人民共和国国家标准. GB 50007—2011 建筑地基基础设计规范［S］. 北京：中国建筑工业出版社，2011.

45. 中华人民共和国国家标准. GB 50003—2011 砌体结构设计规范［S］. 北京：中国建筑工业出版社，2011.

46. 中华人民共和国国家标准. GB 50017—2003 钢结构设计规范［S］. 北京：中国计划出版社，2003.

47. 中华人民共和国国家标准. GB/T 50104—2010 建筑制图标准［S］. 北京：中国建筑工业出版社，2011.

48. 中华人民共和国国家标准. GB/T 50105—2010 建筑结构制图标准［S］. 北京：中国建筑工业出版社，2011.

49. 中华人民共和国国家标准. GB/T 50106—2010 给水排水制图标准［S］. 北京：中国建筑工业出版社，2001.

50. 中华人民共和国国家标准. GB/T 50114—2010 暖通空调制图标准［S］. 北京：中国建筑工业出版社，2001.

51. 侯永春. 建设项目集成化信息分类体系研究［D］. 南京：东南大学，2003.

52. 刘娟花. 基于 BIM 的虚拟施工技术应用研究［D］. 西安：西安建筑科技大学，2012.

53. 陆皞，姚云龙. BIM 技术在既有建筑改造设计中的应用研究［C］//结构与地基处理可持续发展——杭州结构与地基处理研究会成立 30 周年论文集. 杭州：浙江大学出版社，2015.

54. 姚云龙，陆皞，屈海宁. 基于 BIM 技术的云计算信息园全生命周期参数化管理研究［J］. 工程管理学报，2015，29（3）：45-49.

55. 何关培. BIM 和 BIM 相关软件 [J]. 土木建筑工程信息技术, 2010, 2 (4): 110-117.

56. 薛刚, 冯涛, 王晓飞. 建筑信息建模构件模型应用技术标准分析 [J]. 工业建筑, 2017, 45 (2): 184-188.

57. 徐迪, 潘东婴, 谢步瀛. 基于 BIM 的结构平面简图三维重建 [J]. 结构工程师, 2011, 27 (5): 17-21.

58. 刘占省, 王泽强, 张桐睿, 徐瑞龙. BIM 技术全寿命周期一体化应用研究 [J]. 施工技术, 2013, 42 (18): 91-95.

59. 李华峰, 崔建华, 甘明, 张胜. BIM 技术在绍兴体育馆开合结构设计中的应用 [J]. 建筑结构, 2013, 43 (17): 144-148.

60. 张学斌. BIM 技术在杭州奥体中心主体育场项目设计中的应用 [J]. 土木建筑工程信息技术, 2010, 2 (4): 50-54.

61. 曾松林. BIM 在某卷烟厂技改工程设计阶段的应用 [J]. 企业技术开发, 2013, 32 (13): 51-53.

62. 李德超, 张瑞芝. BIM 技术在数字城市三维建模中的应用研究 [J]. 土木建筑工程信息技术, 2012, 4 (1): 47-51.

63. 王延魁, 张睿奕. 基于 BIM 的建筑设备可视化管理研究 [J]. 工程管理学报, 2014, 28 (3): 32-36.

64. 薛梅, 李锋. 面向建设工程全生命周期应用的 CAD/GIS/BIM 在线集成框架 [J]. 地理与地理信息科学, 2015, 31 (6): 30-34.

65. 郑云, 苏振民, 金少军. BIM-GIS 技术在建筑供应链可视化中的应用研究 [J]. 施工技术, 2015, 44 (6): 59-63.

66. 邓绍伦. 基于 BIM-GIS 技术的建设方案与区域规划协调性评价研究 [J]. 建筑经济, 2016, 37 (6): 41-44.

67. 吕慧玲, 李佩瑶, 汤圣君等. BIM 模型到多细节层次 GIS 模型转换方法 [J]. 地理信息世界, 2016, 23 (4): 64-70.

68. 韩学才. BIM 在工程造价管理中的应用分析 [J]. 施工技术, 2014, 43 (18): 97-99.

69. 朱佳佳, 谈飞. BIM 技术在项目进度管理系统中的应用 [J]. 项目管理技术, 2014, 12 (5): 38-42.

70. 林佳瑞, 张建平, 钟耀锋. 基于 4D-BIM 的施工进度-资源均衡模型自动构建与应用 [J]. 土木建筑工程信息技术, 2016, 6 (6): 44-49.

71. 张建平, 范喆, 王阳利等. 基于 4D-BIM 的施工资源动态管理与成本实时监控 [J]. 施工技术, 2011, 40 (4): 37-40.

72. 张建平, 李丁, 林佳瑞等. BIM 在工程施工中的应用 [J]. 施工技术, 2012, 41 (16): 10-17.

73. 翟越, 李楠, 艾晓芹等. BIM 技术在建筑施工安全管理中的应用研究 [J]. 施工技术, 2015, 44 (12): 81-83.

74. 胡振中, 彭阳, 田佩龙等. 基于 BIM 的运维管理研究与应用综述 [J]. 图学学报, 2015, 36 (5): 802-810.

75. 汪再军. BIM 技术在建筑运维管理中的应用 [J]. 建筑经济, 2013, (9): 94-97.

76. 过均, 张颖. 基于 BIM 的建筑空间与设备运维管理系统研究 [J]. 土木建筑工程信息技术, 2013, 5 (3): 41-49.

77. 王延魁, 赵一洁, 张睿奕等. 基于 BIM 和 RFID 的建筑设备运行维护管理系统研究 [J]. 建筑经济, 2013, (11): 113-116.

78. 李铁纯, 王佳, 周小平. 基于 BIM 的建筑设备运维管理平台研究 [J]. 暖通空调, 2017, 47 (6): 29-127.

79. 李寒曦, 金振训, 汪炎平等. WLAN 室内定位技术在 BIM 模型中的应用探讨 [J]. 科技通报,

2016，32（9）：145-148.

80. 毕振波，王慧琴，潘文彦等. 云计算模式下 BIM 的应用研究［J］. 建筑技术，2013，44（10）：917-919.

81. 武大勇. 基于云计算的 BIM 建筑运营维护系统设计及挑战［J］. 土木建筑工程信息技术，2014，6（5）：46-52.

82. 乐云，郑威，余文德. 基于 Cloud-BIM 的工程项目数据管理研究［J］. 工程管理学报，2015，29（1）：91-96.

83. 张菖，陈志文，韦猛等. 基于 BIM 的三维滑坡地质灾害监测方法及应用［J］. 成都理工大学学报，2017，44（3）：377-384.

84. 孟小峰，慈祥. 大数据管理：概念. 技术与挑战［J］. 计算机研究与发展，2013，50（1）：146-169.

85. 黄恒振. 基于大数据和 BIM 的工程造价管理研究［J］. 建筑经济，2016，37（9）：56-59.

86. 孙昊，韩豫，马国鑫等. 融合 BIM 和 RFID 的建筑工人智能管理系统［J］. 工程管理学报，2017，31（2）：95-99.